普通高等教育基础课系列教材

高等数学

下册

主　编　吴志丹　卢立才　耿　莹
副主编　刘　智　杨淑辉　王　娜
参　编　罗敏娜　孙　丽　富爱宁

机　械　工　业　出　版　社

本书是在教育部启动实施"六卓越一拔尖"计划2.0，提升高等教育质量的大背景下，依据普通高等学校非数学专业高等数学课程的教学大纲要求，借鉴同类优秀教材，结合沈阳师范大学高等数学教学团队二十多年的实践经验，并融入课程思政内容编写而成的. 全书共5章，包括空间解析几何、多元微分学及其应用、重积分、曲线积分与曲面积分、无穷级数. 每章开篇配有要点和知识结构图，便于学生构建知识体系. 每章末有数学家的故事，拓展学生的知识面，激发其学习兴趣. 每节配有同步习题，每章配有基础题、拓展题、考研真题和自测题，供不同需求层次的读者使用.

本书适合作为理工类、经管类本科生的公共数学课程教材，也可用作自学考试、硕士研究生考试的参考用书.

图书在版编目（CIP）数据

高等数学.下册/吴志丹，卢立才，耿莹主编. —北京：机械工业出版社，2024.2（2025.1重印）

普通高等教育基础课系列教材

ISBN 978-7-111-75141-0

Ⅰ.①高…　Ⅱ.①吴…　②卢…　③耿…　Ⅲ.①高等数学–高等学校–教材　Ⅳ.①O13

中国国家版本馆 CIP 数据核字（2024）第 024442 号

机械工业出版社（北京市百万庄大街22号　邮政编码100037）

策划编辑：汤　嘉　　　　　　责任编辑：汤　嘉

责任校对：韩佳欣　李小宝　　封面设计：张　静

责任印制：单爱军

北京虎彩文化传播有限公司印刷

2025年1月第1版第2次印刷

184mm×260mm · 14.75印张 · 374千字

标准书号：ISBN 978-7-111-75141-0

定价：45.00 元

电话服务　　　　　　　　　　网络服务

客服电话：010-88361066　　机　工　官　网：www.cmpbook.com

　　　　　010-88379833　　机　工　官　博：weibo.com/cmp1952

　　　　　010-68326294　　金　书　网：www.golden-book.com

封底无防伪标均为盗版　　机工教育服务网：www.cmpedu.com

前　　言

教育部启动实施"六卓越一拔尖"计划 2.0,全面推进新工科、新医科、新农科、新文科建设,深化高等教育教学改革.一流专业建设"双万计划"和一流课程建设"双万计划"的启动,对课程改革和人才培养提出了更高的要求.本书结合新时代人才培养的需要,在原有教材内容的基础上进行了修订.现对本书的特点做如下介绍:

1. 落实课程思政

教材注重思政元素的有机融入.结合每章的教学内容,挖掘高等数学学习内容中的中国元素,介绍中国古代或当代卓越数学家的故事和成就,将思政育人元素有效地融入高等数学课程中,在拓展读者知识面的同时,也能激发读者的民族自豪感和深入研究的兴趣.在每一章都设置了专门的思政栏目,制作 PPT 并录制了思政微课视频,扫描书中的二维码即可观看.

2. 植入微课讲解

教材注重知识体系的构建和重难点的剖析.每章开篇设置了知识要点和知识结构图,便于读者把握重点知识和构建知识体系.对重点和难点对应的例题进行微课设计和视频录制,将微课视频植入教材,扫描随附的二维码,即可观看重点和难点例题的分析讲解.

3. 分层设计习题

教材注重满足不同层次的学习需求.每节配有同步习题,每章有总复习题,总复习题的设计分为基础题、拓展题和考研真题,以满足读者的个性需求.每章均设有自测题,并且配有二维码,读者通过扫码可以作答,并自动给出分数,实现了教材与信息化的深度融合.

在本书编写过程中,我们参考了同类优秀教材,听取了各院校同行的建议.全书最后由罗敏娜教授和吴志丹副教授共同审核完成.本书得到机械工业出版社领导、编辑的大力支持和帮助,在此一同表示深深的感谢!

尽管我们在编写过程中力图体现上述特点,但由于编者水平有限,书中难免有不足之处,恳请读者不吝赐教.

编　者
2023 年 8 月

目　录

第7章

空间解析几何

本章要点:首先介绍向量和向量的运算,然后用向量的工具讨论平面及其方程,以及空间直线及其方程,最后学习空间曲线和曲面,为学习多元函数微积分做准备.

　　空间解析几何是用代数的方法研究空间几何图形,同时利用空间几何图形直观的特点,反过来去解决代数问题,它是平面解析几何的推广.本章将介绍空间解析几何的有关知识,它是多元函数微积分的基础.

本章知识结构图

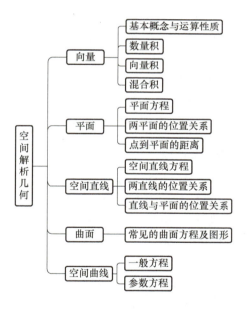

7.1　向量及其线性运算

本节要点:通过本节的学习,学生应理解向量的概念,会进行向量的线性运算,理解向量的坐标,并会求向量的模与方向余弦.

　　向量在物理学以及其他应用学科中用途很广泛,向量代数是研究空间解析几何的工具.

7.1.1　向量的概念

在物理学以及其他应用科学中,常会遇到这样一类量:它们既有大小又有方向,例如力、力矩、位移、速度、加速度等,这类量叫作向量或矢量.

向量常用有向线段来表示.以 A 为起点、B 为终点的向量记作 $\overrightarrow{AB}$,也可用粗体字母(书写时,在字母上面加箭头,即 $\vec{a}$)表示,如 a,b,F 等,如图 7-1 所示.

图　7-1

向量的大小叫作向量的模.向量 $\overrightarrow{AB}$ 的模记作 $|\overrightarrow{AB}|$;向量 a 的模记作 $|\vec{a}|$ 或 $|a|$;模为 0 的向量记作 $\vec{0}$ 或 0,0 向量无确定方向;模等于 1 的向量叫作单位向量.

在实际问题中,有些向量与其起点有关,有些向量与其起点无关,我们只研究与起点无关的向量,即一个向量在保持其大小和方向不变的前提下可以自由平移,这种向量称为自由向量(简称向量).

如果向量 $\vec{a}$ 与 $\vec{b}$ 的模相等,方向相同,就称 $\vec{a}$ 与 $\vec{b}$ 相等,记作 $\vec{a}=\vec{b}$;如果向量 $\vec{a}$ 与 $\vec{b}$ 的模相等、方向相反,则称向量 $\vec{a}$,$\vec{b}$ 互为负向量,记作 $\vec{a}=-\vec{b}$ 或 $\vec{b}=-\vec{a}$.

7.1.2　向量的线性运算

1. 向量的加法

将向量 a 与 b 的起点放在一起,并以 a 和 b 为邻边作平行四边形,则从起点到对角顶点的向量称为向量 a 与 b 的和向量,记作 $a+b$,如图 7-2 所示.这种求向量和的方法称为向量加法的平行四边形法则.

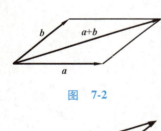

图　7-2

由于向量可以平移,所以,若把向量 b 的起点放到向量 a 的终点上,则自 a 的起点到 b 的终点的向量即为 $a+b$ 向量(见图 7-3),这种求向量和的方法称为向量加法的三角形法则.

图　7-3

向量加法满足:

交换律:$a+b=b+a$

结合律:$(a+b)+c=a+(b+c)$

向量的减法可视为:$a-b=a+(-b)$

向量的减法也可按三角形法则进行,只要把 a 与 b 的起点放在一起,$a-b$ 即是以 b 的终点为起点,以 a 的终点为终点的向量(见图 7-4).

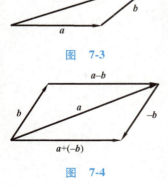

图　7-4

2. 数与向量的乘法

向量 **a** 与数 λ 的乘积仍是一个向量,记作 λ**a**,其模为 $|\lambda$**a**$|=|\lambda||$**a**$|$.当 $\lambda>0$ 时,λ**a** 与 **a** 同向;当 $\lambda<0$ 时,λ**a** 与 **a** 反向;当 $\lambda=0$ 或 **a**=**0** 时,λ**a**=**0**.

数与向量的乘积满足:

结合律:$\lambda(\mu$**a**$)=(\lambda\mu)$**a**$=\mu(\lambda$**a**$)$ (λ,μ 为常数);

分配律:$(\lambda+\mu)$**a**$=\lambda$**a**$+\mu$**a**;$\lambda($**a**$+$**b**$)=\lambda$**a**$+\lambda$**b**.

向量的加法运算及数与向量的乘法统称为<u>向量的线性运算</u>.

设 **a** 是一个非零向量,常把与 **a** 同向的<u>单位向量</u>记为 **a**°,那么

$$\boldsymbol{a}^{\circ}=\frac{\boldsymbol{a}}{|\boldsymbol{a}|}.$$

例 7.1.1 证明:三角形两边中点连线平行于第三边,且等于第三边的一半.

证明 如图 7-5 所示,已知 D、E 分别是 $\triangle ABC$ 的边 AB 和 AC 的中点.

设 $\overrightarrow{AB}=$**a**$,\overrightarrow{AC}=$**b**,则 $\overrightarrow{BC}=$**b**$-$**a**.

又 $\overrightarrow{AD}=\dfrac{1}{2}\overrightarrow{AB}=\dfrac{1}{2}$**a**$,\overrightarrow{AE}=\dfrac{1}{2}\overrightarrow{AC}=\dfrac{1}{2}$**b**,

$\overrightarrow{DE}=\overrightarrow{AE}-\overrightarrow{AD}=\dfrac{1}{2}$**b**$-\dfrac{1}{2}$**a**$=\dfrac{1}{2}($**b**$-$**a**$)$,

所以 $\overrightarrow{DE}=\dfrac{1}{2}\overrightarrow{BC}$.

故 $\overrightarrow{DE}//\overrightarrow{BC}$,且 $\overrightarrow{DE}=\dfrac{1}{2}\overrightarrow{BC}$.

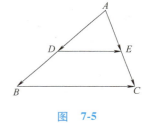

图 7-5

7.1.3 空间直角坐标系

1. 空间直角坐标系

为了确定空间任意一点的位置,需要建立空间直角坐标系.过空间一定点 O,作三条互相垂直的数轴,它们都是以 O 为原点,且一般具有相同的长度单位.这三条坐标轴分别称为 x 轴(横轴)、y 轴(纵轴)、z 轴(竖轴),统称为<u>坐标轴</u>.通常把 x 轴和 y 轴配置在水平面上,z 轴则是铅垂线.这样的配置要符合<u>右手定则</u>,即以右手握住 z 轴,当右手的四个手指从 x 轴正向以 $\dfrac{\pi}{2}$ 的角度转向 y 轴正向时,大拇指的指向就是 z 轴的正向(见图 7-6).这样的三条坐标轴就组成了一个<u>空间直角坐标系</u>,点 O 称为<u>坐标原点</u>.

空间直角坐标系中任意两条坐标轴都可以确定一个平面,称为<u>坐标平面</u>.由 x 轴和 y 轴所确定的平面称为 xOy 平面;由 y 轴和 z 轴所确定的平面称为 yOz 平面;由 x 轴和 z 轴所确定的平面称为 zOx 平面.三个坐标平面把整个空间分成八个部分,依次称为 Ⅰ、Ⅱ、Ⅲ、

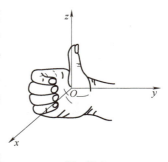

图 7-6

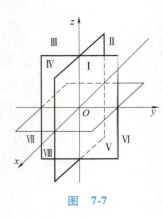

图 7-7

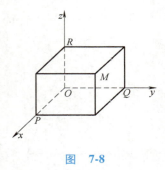

图 7-8

Ⅳ、Ⅴ、Ⅵ、Ⅶ、Ⅷ卦限(见图 7-7),坐标平面不属于任何卦限.

确定了空间直角坐标系后,就可以建立起空间的点与有序实数组(x,y,z)之间的对应关系(见图 7-8).

设 M 为空间中的一点,过点 M 分别作一个垂直于 x 轴、y 轴和 z 轴的平面,它们与坐标轴的交点 P,Q,R 对应的三个实数依次为 x,y,z,于是点 M 唯一确定了一个有序实数组(x,y,z).反之,如果给定了一个有序实数组(x,y,z),我们依次在 x 轴、y 轴、z 轴上取与 x,y,z 相应的点 P,Q,R,然后过点 P,Q,R 分别作垂直于 x 轴、y 轴和 z 轴的三个平面,这三个平面交于空间一点 M.因此,有序实数组(x,y,z)与空间点 M 一一对应.并依次称 x,y,z 为点 M 的横坐标、纵坐标和竖坐标,也为向量 $\overrightarrow{OM}$ 分别在 x 轴、y 轴和 z 轴上的投影.坐标为(x,y,z)的点 M,记为 $M(x,y,z)$.

显然,原点的坐标为 $O(0,0,0)$;x 轴、y 轴和 z 轴上点的坐标分别为$(x,0,0)$,$(0,y,0)$,$(0,0,z)$;xOy、yOz、zOx 坐标平面上的点的坐标分别为$(x,y,0)$,$(0,y,z)$,$(x,0,z)$.

2. 空间两点间的距离

设 $M_1(x_1,y_1,z_1)$,$M_2(x_2,y_2,z_2)$ 为空间两点,我们可以用这两个点的坐标来表示它们之间的距离 d.过 M_1,M_2 各作三个平面分别垂直于三个坐标轴,这六个平面围成一个以线段 M_1M_2 为对角线的长方体(见图 7-9),这些平面与坐标轴的交点如图 7-9 所示.由于

$$d^2 = |M_1M_2|^2 = |M_1N|^2 + |NM_2|^2$$
$$= |M_1P|^2 + |PN|^2 + |NM_2|^2$$
$$= |P_1P_2|^2 + |Q_1Q_2|^2 + |R_1R_2|^2$$
$$= (x_2-x_1)^2 + (y_2-y_1)^2 + (z_2-z_1)^2,$$

所以

$$d = \sqrt{(x_2-x_1)^2 + (y_2-y_1)^2 + (z_2-z_1)^2},$$

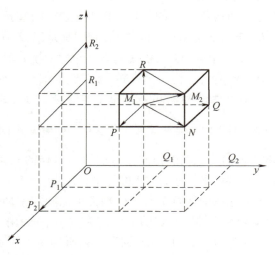

图 7-9

即为空间**两点间的距离公式**.

特别地,点 $M(x,y,z)$ 到原点 $O(0,0,0)$ 的距离为 $|OM|=\sqrt{x^2+y^2+z^2}$.

例 7.1.2　在 z 轴上求与两点 $A(-1,2,3)$ 和 $B(2,6,-2)$ 等距离的点.

解　由于所求的点在 z 轴上,设该点的坐标为 $P(0,0,z)$,依题意有 $|PA|=|PB|$,由两点间的距离公式,得

$$\sqrt{(0+1)^2+(0-2)^2+(z-3)^2}=\sqrt{(0-2)^2+(0-6)^2+(z+2)^2},$$

解得 $z=-3$.所以,所求的点为 $P(0,0,-3)$.

7.1.4　向量的坐标

在给定的空间直角坐标系中,沿 x 轴、y 轴和 z 轴的正方向各取一单位向量,分别记为 $\boldsymbol{i},\boldsymbol{j},\boldsymbol{k}$,称它们为**基本单位向量**.

设点 $M(x,y,z)$,过点 M 分别作 x 轴、y 轴和 z 轴的垂面,交 x 轴、y 轴、z 轴于 A,B,C(见图 7-10).显然,

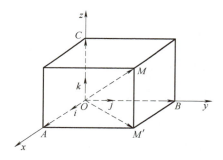

图　7-10

$$\overrightarrow{OA}=x\boldsymbol{i},\ \overrightarrow{OB}=y\boldsymbol{j},\ \overrightarrow{OC}=z\boldsymbol{k}.$$

于是

$$\overrightarrow{OM}=\overrightarrow{OM'}+\overrightarrow{M'M}=\overrightarrow{OA}+\overrightarrow{OB}+\overrightarrow{OC}=x\boldsymbol{i}+y\boldsymbol{j}+z\boldsymbol{k}.$$

上式表明,任一以原点为起点,以点 $M(x,y,z)$ 为终点的向量 $\overrightarrow{OM}$ 都可表示为坐标与所对应的基本单位向量乘积之和.这个表达式叫作向量 $\overrightarrow{OM}$ 的坐标表达式,简记为

$$\overrightarrow{OM}=(x,y,z).$$

利用向量的坐标,可得向量的加法及向量与数量乘积的运算法则:

设 $\boldsymbol{a}=(a_1,a_2,a_3),\boldsymbol{b}=(b_1,b_2,b_3)$,则

(1) $\boldsymbol{a}\pm\boldsymbol{b}=(a_1\pm b_1,a_2\pm b_2,a_3\pm b_3)$;

(2) $\lambda\boldsymbol{a}=(\lambda a_1,\lambda a_2,\lambda a_3),\lambda\in\mathbf{R}$.

例 7.1.3　设 $M_1(1,-1,2),M_2(0,1,3),M_3(3,0,-2)$ 为空间三点,求:(1) $3\overrightarrow{M_1M_2}+2\overrightarrow{M_2M_3}$;(2) $\overrightarrow{M_3M_1}-4\overrightarrow{M_2M_3}$.

解　$\overrightarrow{M_1M_2}=(0-1,1+1,3-2)=(-1,2,1)$，

$\qquad\overrightarrow{M_2M_3}=(3-0,0-1,-2-3)=(3,-1,-5)$，

$\qquad\overrightarrow{M_3M_1}=(1-3,-1-0,2+2)=(-2,-1,4)$，

因此

（1）$3\overrightarrow{M_1M_2}+2\overrightarrow{M_2M_3}=(-3,6,3)+(6,-2,-10)=(3,4,-7)$.

（2）$\overrightarrow{M_3M_1}-4\overrightarrow{M_2M_3}=(-2,-1,4)-(12,-4,-20)$

$\qquad\qquad\qquad\qquad\qquad=(-14,3,24)$.

例7.1.4　设向量 $\boldsymbol{a}=(a_1,a_2,a_3)$，$\boldsymbol{b}=(b_1,b_2,b_3)$，且 b_1,b_2,b_3

不等于零.试证：如果 $\boldsymbol{a}/\!/\boldsymbol{b}$，则 $\dfrac{a_1}{b_1}=\dfrac{a_2}{b_2}=\dfrac{a_3}{b_3}$；反之，结论也成立.

证明　由 $\boldsymbol{a}/\!/\boldsymbol{b}$，得 $\boldsymbol{a}=\lambda\boldsymbol{b}$，即 $(a_1,a_2,a_3)=\lambda(b_1,b_2,b_3)$，则由法

则（2）得 $a_1=\lambda b_1,a_2=\lambda b_2,a_3=\lambda b_3$，于是有 $\dfrac{a_1}{b_1}=\dfrac{a_2}{b_2}=\dfrac{a_3}{b_3}$.

反之，令 $\dfrac{a_1}{b_1}=\dfrac{a_2}{b_2}=\dfrac{a_3}{b_3}=\lambda$，则 $a_1=\lambda b_1,a_2=\lambda b_2,a_3=\lambda b_3$，所以

$\qquad(a_1,a_2,a_3)=(\lambda b_1,\lambda b_2,\lambda b_3)=\lambda(b_1,b_2,b_3)$.

即 $\boldsymbol{a}=\lambda\boldsymbol{b}$，于是 $\boldsymbol{a}/\!/\boldsymbol{b}$.

7.1.5　方向角与方向余弦

先引进两向量的夹角的概念.

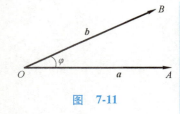

图　**7-11**

定义7.1.1　设有两个非零向量 $\boldsymbol{a},\boldsymbol{b}$，任取空间一点 O，作 $\overrightarrow{OA}=\boldsymbol{a},\overrightarrow{OB}=\boldsymbol{b}$，规定不超过 $\boldsymbol{\pi}$ 的 $\angle AOB$（设 $\varphi=\angle AOB,0\leqslant\varphi\leqslant\pi$）称为**向量 $\boldsymbol{a}$ 与 $\boldsymbol{b}$ 的夹角**（见图7-11），记作 $(\boldsymbol{a},\boldsymbol{b})$ 或 $(\boldsymbol{b},\boldsymbol{a})$，即 $(\boldsymbol{a},\boldsymbol{b})=\varphi$.如果向量 $\boldsymbol{a}$ 与 $\boldsymbol{b}$ 中有一个是零向量，规定它们的夹角可以是 0 与 π 之间的任意取值.

类似地，可以规定向量与坐标轴的夹角.

设向量 $\boldsymbol{a}=(a_x,a_y,a_z)$，它是以原点为起点，以 $M(a_x,a_y,a_z)$ 为终点的向量（见图7-12），由两点间距离公式，向量的模可以用向量的坐标表示：

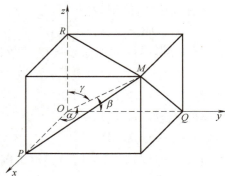

图　**7-12**

$$|\boldsymbol{a}| = |\overrightarrow{OM}| = \sqrt{a_x^2 + a_y^2 + a_z^2}$$

定义 7.1.2　设向量 $\boldsymbol{a}$ 与 x 轴、y 轴、z 轴正向的夹角分别为 α,β,γ（其中 $0 \leqslant \alpha \leqslant \pi, 0 \leqslant \beta \leqslant \pi, 0 \leqslant \gamma \leqslant \pi$），则称它们为向量 $\boldsymbol{a}$ 的**方向角**，它们的余弦 $\cos\alpha,\cos\beta,\cos\gamma$ 称为向量 $\boldsymbol{a}$ 的**方向余弦**.

一个向量 $\boldsymbol{a}$，当它的三个方向角确定时，则它的方向也就确定了，当 $|\boldsymbol{a}| \neq 0$ 时，

$$\cos\alpha = \frac{a_x}{|\boldsymbol{a}|} = \frac{a_x}{\sqrt{a_x^2 + a_y^2 + a_z^2}},$$

$$\cos\beta = \frac{a_y}{|\boldsymbol{a}|} = \frac{a_y}{\sqrt{a_x^2 + a_y^2 + a_z^2}},$$

$$\cos\gamma = \frac{a_z}{|\boldsymbol{a}|} = \frac{a_z}{\sqrt{a_x^2 + a_y^2 + a_z^2}},$$

$$\cos^2\alpha + \cos^2\beta + \cos^2\gamma = 1,$$

显然

$$\boldsymbol{a}^\circ = (\cos\alpha, \cos\beta, \cos\gamma).$$

例 7.1.5　已知 $M_1(1,2,-1)$，$M_2(0,4,-3)$ 两点，求向量 $\overrightarrow{M_1M_2}$ 的模和方向余弦.

解　$\overrightarrow{M_1M_2} = (0-1, 4-2, -3+1) = (-1, 2, -2)$，

所以　　　　$|\overrightarrow{M_1M_2}| = \sqrt{(-1)^2 + 2^2 + (-2)^2} = 3$.

$$\cos\alpha = -\frac{1}{3}, \cos\beta = \frac{2}{3}, \cos\gamma = -\frac{2}{3}.$$

微课:例 7.1.5

7.1.6　同步习题

1. 求平行于向量 $\boldsymbol{a} = (1,-1,1)$ 的单位向量.

2. 设 $\boldsymbol{m} = 3\boldsymbol{i} + 4\boldsymbol{j} + 5\boldsymbol{k}$，$\boldsymbol{n} = 2\boldsymbol{i} - 7\boldsymbol{j} + 3\boldsymbol{k}$，$\boldsymbol{p} = 4\boldsymbol{i} + 2\boldsymbol{j} - 7\boldsymbol{k}$，求向量 $\boldsymbol{a} = 3\boldsymbol{m} - 2\boldsymbol{n} + \boldsymbol{p}$ 在 x 轴上的投影，及在 y 轴上的分向量.

3. 在空间直角坐标系中，指出点 $M_1(1,-1,1)$，$M_2(2,2,2)$，$M_3(1,-1,-4)$，$M_4(-1,-1,5)$ 所在的卦限.

4. 自点 $P_0(x_0,y_0,z_0)$ 分别作各坐标面和各坐标轴的垂线，写出各垂足的坐标.

5. 在空间直角坐标系下，设点 $P(2,-3,1)$ 关于 x 轴的对称点为 P_1，P 关于 zOx 平面的对称点为 P_2，关于原点 O 的对称点为 P_3，求 P_1,P_2,P_3 三点的坐标.

6. 设已知两点 $M_1(1,2,3)$ 和 $M_2(2,3,3)$，计算向量 $\overrightarrow{M_1M_2}$ 的模、方向余弦及方向角.

7. 设点 A 位于第 I 卦限，向量 $\overrightarrow{OA}$ 与 x 轴，y 轴的夹角依次为 $\frac{\pi}{3}$ 和 $\frac{\pi}{4}$，且 $|\overrightarrow{OA}| = 6$，求点 A 的坐标.

7.2   向量的数量积和向量积

本节要点:通过本节的学习,学生应理解向量的数量积和向量积的概念,了解混合积.熟练掌握向量的数量积和向量积的计算.

7.2.1   向量的数量积

1. 数量积的概念

设一物体在常力 F 的作用下,沿直线从点 M_1 移动到点 M_2(见图 7-13),则由物理学知识可知,力 F 所做的功为 $W = |F| |\overrightarrow{M_1 M_2}| \cos\theta$,其中 θ 为 F 与 $\overrightarrow{M_1 M_2}$ 的夹角.

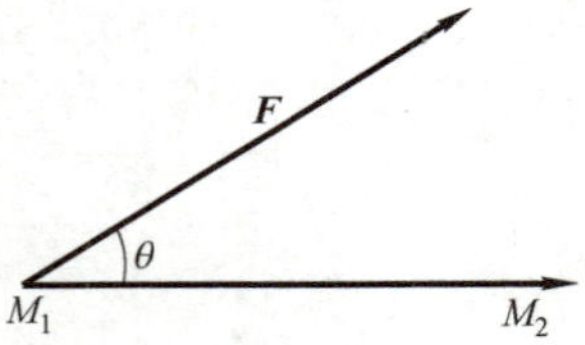

图   7-13

现实生活中,还会遇到许多由两个向量的模及其夹角的余弦之积构成的算式,为此,我们引入向量数量积的概念.

定义 7.2.1   设向量 a 与 b 的夹角为 $\theta(0 \leqslant \theta \leqslant \pi)$,则称
$$|a| |b| \cos\theta$$
为向量 a 与 b 的数量积(或点积),记作 $a \cdot b$,即
$$a \cdot b = |a| |b| \cos\theta.$$

2. 数量积的运算律

由数量积的定义不难发现,数量积满足下列运算规律:

交换律:$a \cdot b = b \cdot a$;

分配律:$a \cdot (b+c) = a \cdot b + a \cdot c$;

结合律:$\lambda(a \cdot b) = (\lambda a) \cdot b = a \cdot (\lambda b)$ (λ 是常数).

3. 数量积的坐标表示

因为 i, j, k 三个基本单位向量互相垂直,所以
$$i \cdot j = j \cdot k = k \cdot i = 0, i \cdot i = j \cdot j = k \cdot k = 1.$$

设向量 $a = (a_x, a_y, a_z), b = (b_x, b_y, b_z)$,则

$$
\begin{aligned}
a \cdot b &= (a_x i + a_y j + a_z k) \cdot (b_x i + b_y j + b_z k) \\
&= a_x b_x i \cdot i + a_x b_y i \cdot j + a_x b_z i \cdot k + a_y b_x j \cdot i + a_y b_y j \cdot j + a_y b_z j \cdot k + \\
&\quad a_z b_x k \cdot i + a_z b_y k \cdot j + a_z b_z k \cdot k \\
&= a_x b_x + a_y b_y + a_z b_z.
\end{aligned}
$$

两个向量的数量积等于其对应坐标乘积之和,即
$$a \cdot b = (a_x, a_y, a_z) \cdot (b_x, b_y, b_z) = a_x b_x + a_y b_y + a_z b_z.$$

由定义知,当两向量 a 与 b 互相垂直时,夹角 $\theta = \dfrac{\pi}{2}$,则有

$$a \cdot b = |a| |b| \cos\frac{\pi}{2} = 0.$$

反之,若非零向量 a,b 的数量积 $a \cdot b = 0$,则 $\theta = \dfrac{\pi}{2}$,即 a 与 b 互相垂直.因此有结论:

$$a \perp b \Leftrightarrow a \cdot b = 0,\ \text{即}\ a_x b_x + a_y b_y + a_z b_z = 0.$$

例 7.2.1　求使向量 $a = 2i - 3j + 5k, b = 3i + mj - 2k$ 互相垂直的 m 的值.

解　因为 $a \perp b$

所以　　　　　　$a \cdot b = 2 \times 3 - 3 \times m + 5 \times (-2) = 0,$

解得　　　　　　　　　　$m = -\dfrac{4}{3}.$

例 7.2.2　设有一质点开始位于点 $M_1(1,2,-1)$ 处(坐标的长度单位为 m),现有一方向角分别为 $60°,60°,45°$,大小为 100N 的力 F 作用于该质点,求该质点从点 M_1 做直线运动至 $M_2(2,5,-1+3\sqrt{2})$ 时,力 F 所做的功.

解　因为力 F 的方向角分别为 $60°,60°,45°$,所以,与力 F 同向的单位向量为

$$F° = \cos 60° i + \cos 60° j + \cos 45° k$$

$$= \dfrac{1}{2}i + \dfrac{1}{2}j + \dfrac{\sqrt{2}}{2}k.$$

又因为 $F = |F| F° = 100\left(\dfrac{1}{2}i + \dfrac{1}{2}j + \dfrac{\sqrt{2}}{2}k\right)$

$$= 50i + 50j + 50\sqrt{2}k,$$

质点从点 $M_1(1,2,-1)$ 移动到点 $M_2(2,5,-1+3\sqrt{2})$,其位移矢量为

$$\overrightarrow{M_1 M_2} = (2-1)i + (5-2)j + (-1+3\sqrt{2}+1)k$$

$$= i + 3j + 3\sqrt{2}k,$$

力 F 所做的功为

$$W = F \cdot \overrightarrow{M_1 M_2} = (50, 50, 50\sqrt{2}) \cdot (1, 3, 3\sqrt{2})$$

$$= 50 + 150 + 300 = 500(\text{J}).$$

微课:例 7.2.2

7.2.2　向量的向量积

1. 向量积的概念

引例　设 O 为杠杆 L 的支点,有一个力 F 作用于杠杆上 P 点处,F 与 $\overrightarrow{OP}$ 的夹角为 θ(见图 7-14),求力 F 对支点 O 的力矩.

由力学知识知道,力 F 对支点 O 的力矩是一个向量 M,其大小为

$$|M| = |F| |\overrightarrow{OP}| \sin\theta$$

力矩 M 的方向规定:M 的方向垂直于 $\overrightarrow{OP}$ 与 F 所在平面,其正方向按右手法则确定(见图 7-15),即当右手四指从 $\overrightarrow{OP}$ 以小于

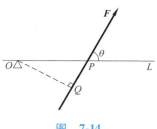

图　7-14

π 的角度到 F 方向握拳时,大拇指伸直所指的方向就是 M 的方向.

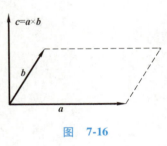

图　7-15

在工程技术领域,有许多向量具有上述特征,为此,我们引入向量的向量积的概念.

> **定义 7.2.2**　设有两个向量 a,b,其夹角为 θ,若向量 c 满足:
> (1) $|c| = |a||b|\sin\theta$;
> (2) c 垂直于由向量 a,b 所确定的平面,它的正方向由右手定则确定.则称向量 c 为向量 a 与 b 的**向量积**(或**叉积**),记作 $a \times b$,即
> $$c = a \times b.$$

由上述定义,作用在点 P 的力 F 对杠杆上支点 O 的力矩 M 可表示为
$$M = \overrightarrow{OP} \times F.$$

若把向量 a,b 的起点放在一起,并以 a,b 为邻边作一平行四边形,则向量 a 与 b 的向量积的模 $|a \times b| = |a||b|\sin\theta$ 即为该平行四边形的面积(见图 7-16).

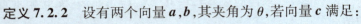

图　7-16

2. 向量积的运算律

由向量积的定义可得,向量积满足运算规律:

反交换律:$a \times b = -b \times a$;

分配律:$a \times (b+c) = a \times b + a \times c$;
$\qquad (b+c) \times a = b \times a + c \times a$;

结合律:$\lambda(a \times b) = (\lambda a) \times b = a \times (\lambda b)$　　(λ 是常数).

注意　向量的向量积一般不满足交换律,即 $a \times b \neq b \times a$(除非 $a \times b = 0$)

由向量积的定义可知:

(1) $i \times j = k, j \times k = i, k \times i = j$;

(2) 两个非零向量 a,b 相互平行的充分必要条件是 $a \times b = 0$.特别地,$a \times a = 0$.

我们规定零向量与任何向量平行.

3. 向量积的坐标表示

设向量 $a = a_x i + a_y j + a_z k, b = b_x i + b_y j + b_z k$,由于 $i \times i = 0, j \times j = 0, k \times k = 0$.则

$$\begin{aligned}
a \times b &= (a_x i + a_y j + a_z k) \times (b_x i + b_y j + b_z k) \\
&= a_x b_x i \times i + a_x b_y i \times j + a_x b_z i \times k + a_y b_x j \times i + a_y b_y j \times j + a_y b_z j \times k + \\
&\quad a_z b_x k \times i + a_z b_y k \times j + a_z b_z k \times k \\
&= (a_y b_z - a_z b_y)i + (a_z b_x - a_x b_z)j + (a_x b_y - a_y b_x)k.
\end{aligned}$$

即　　　　$a \times b = (a_y b_z - a_z b_y)i + (a_z b_x - a_x b_z)j + (a_x b_y - a_y b_x)k.$

为了便于记忆,可将 $a \times b$ 表示成一个三阶行列式,计算时,只

需将其按第一行展开即可.即

$$a \times b = \begin{vmatrix} i & j & k \\ a_x & a_y & a_z \\ b_x & b_y & b_z \end{vmatrix}.$$

由于两个非零向量 a、b 平行的充分必要条件是 $a \times b = 0$,可表示为

$$a_y b_z - a_z b_y = 0, a_z b_x - a_x b_z = 0, a_x b_y - a_y b_x = 0.$$

当 b_x, b_y, b_z 全不为零时,有

$$a /\!/ b \Leftrightarrow a \times b = 0, 即 \frac{a_x}{b_x} = \frac{a_y}{b_y} = \frac{a_z}{b_z}.$$

例 7.2.3　设 $a = 2i + 5j + 7k, b = i + 2j + 4k$,求 $a \times b$ 及 $|a \times b|$.

解　由向量积的坐标表示式得

$$a \times b = \begin{vmatrix} i & j & k \\ 2 & 5 & 7 \\ 1 & 2 & 4 \end{vmatrix}$$

$$= (5 \times 4 - 7 \times 2)i + (7 \times 1 - 2 \times 4)j + (2 \times 2 - 5 \times 1)k$$

$$= (6, -1, -1),$$

$$|a \times b| = \sqrt{6^2 + (-1)^2 + (-1)^2} = \sqrt{38}.$$

例 7.2.4　求以 $A(2, -2, 1), B(-2, 0, 1), C(1, 2, 2)$ 为顶点的 $\triangle ABC$ 的面积.

解　由向量积的定义可知 $\triangle ABC$ 的面积为

$$S = \frac{1}{2} |\overrightarrow{AB}||\overrightarrow{AC}| \sin\theta = \frac{1}{2} |\overrightarrow{AB} \times \overrightarrow{AC}|.$$

角 θ 为向量 $\overrightarrow{AB}$ 与 $\overrightarrow{AC}$ 的夹角.

因为 $\overrightarrow{AB} = (-4, 2, 0), \overrightarrow{AC} = (-1, 4, 1)$,

$$\overrightarrow{AB} \times \overrightarrow{AC} = \begin{vmatrix} i & j & k \\ -4 & 2 & 0 \\ -1 & 4 & 1 \end{vmatrix}$$

$$= (2 \times 1 - 0 \times 4)i + [-1 \times 0 - 1 \times (-4)]j + [-4 \times 4 - 2 \times (-1)]k$$

$$= 2i + 4j - 14k,$$

所以 $\triangle ABC$ 的面积

$$S = \frac{1}{2} |\overrightarrow{AB} \times \overrightarrow{AC}| = \frac{1}{2} \sqrt{2^2 + 4^2 + (-14)^2} = 3\sqrt{6}.$$

例 7.2.5　求与向量 $a = (2, 4, 3)$ 和 $b = (1, 0, 1)$ 都垂直的单位向量 c°.

解　由向量积的定义可知,若 $a \times b = c$,则 c 同时垂直于 a 和 b,且

$$c = a \times b = \begin{vmatrix} i & j & k \\ 2 & 4 & 3 \\ 1 & 0 & 1 \end{vmatrix} = 4i + j - 4k,$$

因此,与 $c=a\times b$ 平行的单位向量应有两个:

$$c^\circ = \frac{c}{|c|} = \frac{a\times b}{|a\times b|} = \frac{4i+j-4k}{\sqrt{4^2+1^2+(-4)^2}} = \frac{\sqrt{33}}{33}(4i+j-4k),$$

和

$$-c^\circ = \frac{\sqrt{33}}{33}(-4i-j+4k).$$

7.2.3　向量的混合积

定义 7.2.3　给定空间的三个向量 a,b,c,先作向量 a 和 b 的向量积 $a\times b$,再把所得的向量与向量 c 作数量积,得到的数量 $(a\times b)\cdot c$,称为三个向量 a,b,c 的 **混合积**,记作 (abc) 或 $[abc]$.

定理 7.2.1　设向量 $a=(a_x,a_y,a_z)$, $b=(b_x,b_y,b_z)$, $c=(c_x,c_y,c_z)$,那么

$$(abc) = \begin{vmatrix} a_x & a_y & a_z \\ b_x & b_y & b_z \\ c_x & c_y & c_z \end{vmatrix}.$$

证　由向量积的计算知

$$a\times b = \begin{vmatrix} i & j & k \\ a_x & a_y & a_z \\ b_x & b_y & b_z \end{vmatrix} = \begin{vmatrix} a_y & a_z \\ b_y & b_z \end{vmatrix} i - \begin{vmatrix} a_x & a_z \\ b_x & b_z \end{vmatrix} j + \begin{vmatrix} a_x & a_y \\ b_x & b_y \end{vmatrix} k,$$

再根据数量积可得

$$(abc) = (a\times b)\cdot c = \begin{vmatrix} a_y & a_z \\ b_y & b_z \end{vmatrix} c_x - \begin{vmatrix} a_x & a_z \\ b_x & b_z \end{vmatrix} c_y + \begin{vmatrix} a_x & a_y \\ b_x & b_y \end{vmatrix} c_z$$

$$= \begin{vmatrix} a_x & a_y & a_z \\ b_x & b_y & b_z \\ c_x & c_y & c_z \end{vmatrix}.$$

定理 7.2.2　轮换混合积的三个因子,并不改变它的值;对调任何两个因子要改变混合积的符号,即

$$(abc) = (bca) = (cab) = -(bac) = -(cba) = -(acb).$$

例 7.2.6　设 $(a\times b)\cdot c=2$ 计算 $[(a+b)\times(b+c)]\cdot(c+a)$.

解　$[(a+b)\times(b+c)]\cdot(c+a)$

$= [a\times b+a\times c+b\times b+b\times c]\cdot(c+a)$

$= (a\times b)\cdot c+(a\times b)\cdot a+(a\times c)\cdot c+(a\times c)\cdot a+(b\times c)\cdot c+(b\times c)\cdot a$

$= (a\times b)\cdot c+(b\times c)\cdot a$

$= 2(a\times b)\cdot c = 4.$

7.2.4　同步习题

1. 若 $\boldsymbol{a} \cdot \boldsymbol{b} = \boldsymbol{a} \cdot \boldsymbol{c}$,则有(　　).

A. $\boldsymbol{a} = \boldsymbol{0}$ 或 $\boldsymbol{b} - \boldsymbol{c} = \boldsymbol{0}$ 　　　　B. $\boldsymbol{a} \perp \boldsymbol{b}$ 且 $\boldsymbol{a} \perp \boldsymbol{c}$

C. $\boldsymbol{b} = \boldsymbol{c}$ 　　　　　　　　　　D. $\boldsymbol{a} \perp (\boldsymbol{b} - \boldsymbol{c})$

2. 下列关系式错误的是(　　).

A. $\boldsymbol{a} \cdot \boldsymbol{b} = \boldsymbol{b} \cdot \boldsymbol{a}$ 　　　　　　　B. $\boldsymbol{a} \times \boldsymbol{b} = -\boldsymbol{b} \times \boldsymbol{a}$

C. $\boldsymbol{a} \cdot \boldsymbol{a} = |\boldsymbol{a}|$ 　　　　　　　D. $\boldsymbol{a} \times \boldsymbol{a} = \boldsymbol{0}$

3. 设两向量分别为 $\boldsymbol{a} = (1, -3, 4)$ 和 $\boldsymbol{b} = (-1, 2, 1)$,则数量积 $\boldsymbol{a} \cdot \boldsymbol{b} = $ _____.

4. 设 $\boldsymbol{b} = (2, -1, 2)$,向量 $\boldsymbol{a}$ 与 $\boldsymbol{b}$ 平行,$\boldsymbol{a} \cdot \boldsymbol{b} = -18$,则向量 $\boldsymbol{a} = $ _____.

5. 设向量 $\boldsymbol{a} = (3, 2, -1)$,$\boldsymbol{b} = (2, 1, k)$.已知 $\boldsymbol{a} \perp \boldsymbol{b}$,则 $k = $ _____.

6. 设 $\boldsymbol{a} = 3\boldsymbol{i} + \boldsymbol{j} - 2\boldsymbol{k}$,$\boldsymbol{b} = \boldsymbol{i} - 2\boldsymbol{j} + 3\boldsymbol{k}$,求

(1) $\boldsymbol{a} \cdot \boldsymbol{b}$ 及 $\boldsymbol{a} \times \boldsymbol{b}$;

(2) $(2\boldsymbol{a}) \cdot (-\boldsymbol{b})$ 及 $\boldsymbol{a} \times (3\boldsymbol{b})$;

(3) 向量 $\boldsymbol{a}$ 与 $\boldsymbol{b}$ 的夹角的余弦.

7. 已知空间三点 $M_1(1, 1, -2)$,$M_2(3, -1, 2)$,$M_3(3, -1, 3)$,求与向量 $\overrightarrow{M_1 M_2}$,$\overrightarrow{M_2 M_3}$ 同时垂直的单位向量.

8. 设 $(\boldsymbol{a} \times \boldsymbol{b}) \cdot \boldsymbol{c} = 3$,计算 $(\boldsymbol{a} + \boldsymbol{b}) \cdot [(\boldsymbol{b} + \boldsymbol{c}) \times (\boldsymbol{c} + \boldsymbol{a})]$.

7.3　平面及其方程

本节要点:通过本节的学习,掌握平面的点法式方程和一般式方程,会确定两个平面的位置关系.

平面是最简单的空间曲面,下面以向量作为工具来讨论空间平面的有关内容.

7.3.1　平面的点法式方程

垂直于平面的任一非零向量称为该平面的法向量.显然平面内任一向量都与其法向量垂直.

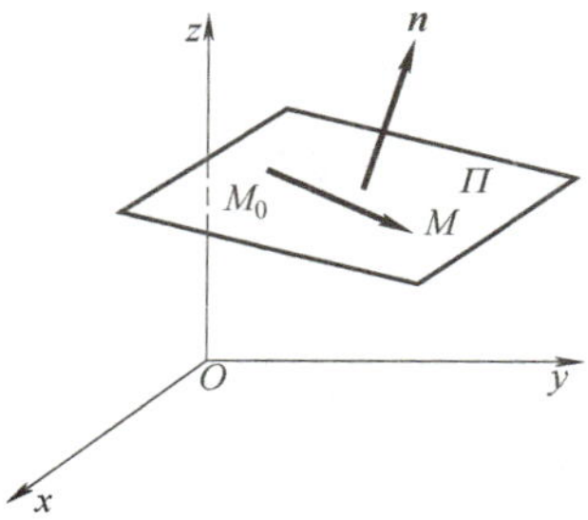

设在空间直角坐标系中,一平面 $\varPi$ 经过点 $M_0(x_0, y_0, z_0)$ 且法向量 $\boldsymbol{n} = (A, B, C)$,(见图 7-17).下面推导平面 $\varPi$ 的方程.

在平面 $\varPi$ 上任取一点 $M(x, y, z)$,作向量 $\overrightarrow{M_0 M}$,则向量 $\overrightarrow{M_0 M}$ 在平面 $\varPi$ 内.因为向量 $\boldsymbol{n}$ 垂直于平面 $\varPi$,因此

$$\boldsymbol{n} \perp \overrightarrow{M_0 M}.$$

于是　　　　　　　　　　$$\boldsymbol{n} \cdot \overrightarrow{M_0 M} = 0.$$

图　**7-17**

又 $\boldsymbol{n}=(A,B,C)$，$\overrightarrow{M_0M}=(x-x_0,y-y_0,z-z_0)$，所以

$$A(x-x_0)+B(y-y_0)+C(z-z_0)=0.$$

这就是平面 Π 的方程.由于这种形式的方程是由平面上一个点和平面的法向量确定的,因此称之为平面的点法式方程.

例 7.3.1 求过点 $(2,-3,0)$，且法向量 $\boldsymbol{n}=(1,-2,3)$ 的平面方程.

解 根据平面的点法式方程,所求平面方程为

$$1\cdot(x-2)-2(y+3)+3(z-0)=0,$$

即

$$x-2y+3z-8=0.$$

例 7.3.2 求过三点 $A(2,-1,4)$，$B(-1,3,-2)$ 和 $C(0,2,3)$ 的平面方程.

解 由于过三个已知点的平面的法向量 $\boldsymbol{n}$ 与向量 $\overrightarrow{AB}$、$\overrightarrow{AC}$ 都垂直,而

$$\overrightarrow{AB}=(-3,4,-6),\overrightarrow{AC}=(-2,3,-1),$$

所以可取

$$\boldsymbol{n}=\overrightarrow{AB}\times\overrightarrow{AC}=(14,9,-1).$$

根据平面的点法式方程,得所求平面方程为

$$14(x-2)+9(y+1)-(z-4)=0,$$

即

$$14x+9y-z-15=0.$$

7.3.2 平面的一般式方程

过点 $M_0(x_0,y_0,z_0)$，且以 $\boldsymbol{n}=(A,B,C)$ 为法向量的点法式平面方程为

$$A(x-x_0)+B(y-y_0)+C(z-z_0)=0,$$

将此式展开整理得

$$Ax+By+Cz+(-Ax_0-By_0-Cz_0)=0.$$

令 $D=-Ax_0-By_0-Cz_0$，则点法式平面方程可化为

$$Ax+By+Cz+D=0.$$

该方程称为平面的一般式方程,其中 A,B,C 是不全为零的常数,向量 $\boldsymbol{n}=(A,B,C)$ 为平面的法向量.

如果平面方程中的某些常数为零,则相应的平面在空间直角坐标系中就有特殊位置:

(1) 如果 $D=0$，则方程 $Ax+By+Cz=0$ 表示通过原点的平面方程;

(2) 如果 A,B,C 中有一个为零,则方程 $Ax+By+D=0$、$Ax+Cz+D=0$ 和 $By+Cz+D=0$ 分别表示平行于 z 轴、y 轴和 x 轴的平面方程;

(3) 如果 A,B,C 中有两个为零,则方程 $Cz+D=0$、$Ax+D=0$ 和 $By+D=0$ 分别表示平行于 xOy 面、yOz 面和 zOx 面的平面方程;

(4) 特别地,方程 $z=0$、$x=0$ 和 $y=0$ 分别表示 xOy 面、yOz 面和 zOx 面的平面方程.

例 7.3.3　指出下列平面方程所代表的平面.

（1）$2x-y+z=0$；（2）$x+z=1$；（3）$2x-y=0$；（4）$z-2=0$.

解　（1）$D=0$，表示过原点的平面（见图 7-18a）；

（2）$B=0$，表示平行于（或包含）y 轴的平面（见图 7-18b）；

（3）$C=D=0$，表示过 z 轴的平面（见图 7-18c）；

（4）$A=B=0$，表示平行于（或重合于）xOy 面的平面（见图 7-18d）.

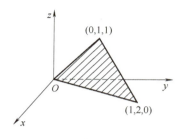

a)

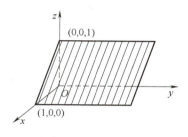

b)

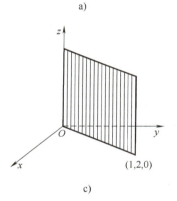

c)

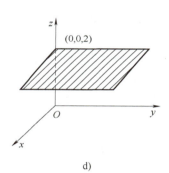

d)

图　**7-18**

例 7.3.4　求与三个坐标轴分别交于 $(a,0,0)$，$(0,b,0)$ 和 $(0,0,c)$ 三个点的平面方程，其中 a,b,c 都不为零.

解　设所求的平面方程为

$$Ax+By+Cz+D=0.$$

因为 $(a,0,0)$，$(0,b,0)$，$(0,0,c)$ 三点在该平面上，所以

$$\begin{cases} Aa+D=0, \\ Bb+D=0, \\ Cc+D=0. \end{cases}$$

解得

$$A=-\frac{D}{a},\ B=-\frac{D}{b},\ C=-\frac{D}{c},$$

代入所设方程并除以 $D(D\neq0)$，则所求的平面方程为

$$\frac{x}{a}+\frac{y}{b}+\frac{z}{c}=1.$$

此方程称为平面的**截距式方程**，a,b,c 依次称为在 x,y,z 三个轴上的截距（见图 7-19）.

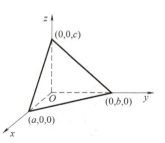

图　**7-19**

例 7.3.5　求过点 $M_0(2,3,5)$ 且与平面 $5x-3y+2z-10=0$ 平行

的平面方程.

解　已知平面 $5x-3y+2z-10=0$ 的法向量 $\boldsymbol{n}=(5,-3,2)$ 就是所求平面的法向量.根据平面的点法式方程,所求平面的方程为

$$5(x-2)-3(y-3)+2(z-5)=0,$$

即

$$5x-3y+2z-11=0.$$

例 7.3.6　求通过 x 轴和点 $M_0(4,-3,-1)$ 的平面方程.

解　因为平面通过 x 轴,所以 $A=D=0$,设所求平面方程为

$$By+Cz=0.$$

又平面过点 $(4,-3,-1)$,所以

$$B\cdot(-3)+C\cdot(-1)=0,\ 即\ C=-3B,$$

化简得所求平面方程为

$$y-3z=0.$$

7.3.3　两平面的位置关系

定义 7.3.1　两平面的法向量的夹角(常指锐角)称为**两平面的夹角**(见图 7-20).

设平面 Π_1 和平面 Π_2 的方程分别为

$$\Pi_1:A_1x+B_1y+C_1z+D_1=0,$$

$$\Pi_2:A_2x+B_2y+C_2z+D_2=0,$$

由于平面 Π_1 有法向量 $\boldsymbol{n}_1=(A_1,B_1,C_1)$,平面 Π_2 有法向量 $\boldsymbol{n}_2=(A_2,B_2,C_2)$,由两向量的夹角的余弦公式,$\boldsymbol{n}_1\cdot\boldsymbol{n}_2=|\boldsymbol{n}_1||\boldsymbol{n}_2|\cos(\widehat{n_1,n_2})$,平面 Π_1 与平面 Π_2 的夹角 θ 可由公式

$$\cos\theta=|\cos(\widehat{n_1,n_2})|=\frac{|A_1A_2+B_1B_2+C_1C_2|}{\sqrt{A_1^2+B_1^2+C_1^2}\sqrt{A_2^2+B_2^2+C_2^2}}$$

来确定.

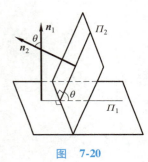

图　7-20

从两向量垂直、平行的条件可以推出以下结论:

平面 Π_1 与 Π_2 相互垂直的充分必要条件为

$$\Pi_1\perp\Pi_2\Leftrightarrow A_1A_2+B_1B_2+C_1C_2=0.$$

平面 Π_1 与 Π_2 相互平行的充分必要为

$$\Pi_1 /\!/ \Pi_2\Leftrightarrow\frac{A_1}{A_2}=\frac{B_1}{B_2}=\frac{C_1}{C_2}.$$

例 7.3.7　已知平面 Π 过点 $M_0(1,3,2)$ 且垂直于平面 $\Pi_1:x+2z=0$ 和 $\Pi_2:x+y+z=0$,求平面 Π 的方程.

解　因为平面 Π_1 和 Π_2 的法向量为

$$\boldsymbol{n}_1=(1,0,2),\boldsymbol{n}_2=(1,1,1).$$

取所求平面的法向量

$$\boldsymbol{n}=\boldsymbol{n}_1\times\boldsymbol{n}_2=(-2,1,1),$$

则所求平面 Π 的方程为

微课:例 7.3.7

$$-2(x-1)+1 \cdot (y-3)+1 \cdot (z-2)=0,$$

即
$$2x-y-z+3=0.$$

7.3.4　点到平面的距离

点 $M_0(x_0,y_0,z_0)$ 到平面 $\Pi:Ax+By+Cz+D=0$ 的距离为 d,则

$$d=\frac{|Ax_0+By_0+Cz_0+D|}{\sqrt{A^2+B^2+C^2}}.$$

例 7.3.8　求点 $M(1,2,1)$ 到平面 $x+2y+2z-10=0$ 的距离.

解　$d=\dfrac{|Ax_0+By_0+Cz_0+D|}{\sqrt{A^2+B^2+C^2}}=\dfrac{|1+2\times2+2\times1-10|}{\sqrt{1^2+2^2+2^2}}=\dfrac{3}{3}=1.$

即点到平面的距离为 1.

7.3.5　同步习题

1. 指出下列平面方程的位置特点:

（1） $x-3=0$;　（2） $3y+2z=0$;　（3） $x-3y+2z-6=0$.

2. 求满足下列条件的平面方程:

（1）平行于 y 轴,且过点 $M_1(1,-5,1)$ 和 $M_2(3,2,-1)$ 的平面;

（2）过点 $M(1,2,3)$ 且平行于平面 $2x+y+2z-5=0$ 的平面;

（3）过点 $M_1(1,1,1)$ 和 $M_2(0,1,-1)$ 且垂直于平面 $x+y+z=0$;

（4）过点 $M(1,1,-1)$,且平行于向量 $\boldsymbol{a}=(2,1,1)$ 和 $\boldsymbol{b}=(1,-1,0)$ 的平面;

（5）平行于 zOx 面且过点 $M(2,-5,3)$ 的平面;

（6）过三点 $M_1(1,-1,4),M_2(-1,2,-2),M_3(0,1,3)$ 的平面.

3. 判定下列两平面之间的位置关系:

（1）平面 $-3x+2y-z=0$ 与 $6x-4y+2z=7$;

（2）平面 $-3x+2y+z=0$ 与 $x+4y-5z=7$.

4. 求平面 $x-y+2z-6=0$ 与 $2x+y+z=7$ 的夹角.

5. 计算点 $M(1,2,3)$ 到平面 $3x+4y-12z+12=0$ 的距离.

7.4　空间直线及其方程

本节要点:通过本节的学习,掌握空间直线的一般式方程、参数方程及点向式方程,会确定两条直线间的位置关系、直线与平面间的位置关系.

直线是最简单的空间图形,下面以向量为工具来讨论空间直线的有关内容.

7.4.1 空间直线的方程

1. 一般式方程

空间直线 L 可以看作两个平面 Π_1、Π_2 的交线(见图 7-21).

直线 L 上任一点的坐标应同时满足这两个平面的方程,即

$$\begin{cases} A_1x+B_1y+C_1z+D_1=0, \\ A_2x+B_2y+C_2z+D_2=0 \end{cases}$$

叫作**空间直线的一般式方程**.

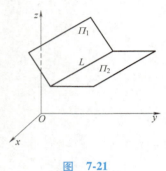

图 7-21

2. 参数方程

设非零向量 s 平行于直线 L,则称 s 为直线 L 的方向向量.设直线 L 过点 $M_0(x_0,y_0,z_0)$,其方向向量 $s=(m,n,p)$,现推导直线 L 的方程.

设点 $M(x,y,z)$ 为直线 L 上任意一点,由于 $\overrightarrow{M_0M}$ 在直线 L 上,所以 $\overrightarrow{M_0M} /\!/ s$,即

$$\overrightarrow{M_0M}=t\,s,\,(t \text{ 为实数}).$$

因为

$$\overrightarrow{M_0M}=(x-x_0,y-y_0,z-z_0),$$

所以,有

$$\begin{cases} x-x_0=mt, \\ y-y_0=nt, \\ z-z_0=pt, \end{cases}$$

即

$$\begin{cases} x=x_0+mt, \\ y=y_0+nt, \\ z=z_0+pt. \end{cases}$$

称此方程为直线 L 的**参数方程**,其中 t 为参数.

3. 点向式方程

设直线 L 过点 $M_0(x_0,y_0,z_0)$,其方向向量 $s=(m,n,p)$,则把直线 L 的参数方程消去参数 t,L 的方程可变形为

$$\frac{x-x_0}{m}=\frac{y-y_0}{n}=\frac{z-z_0}{p}.$$

此式称为直线 L 的**点向式方程**.

若分母 m,n,p 某些值为零,其分子也理解为零.例如,$m=n=0$,$p\neq0$,则直线方程为

$$\begin{cases} x=x_0, \\ y=y_0. \end{cases}$$

例 7.4.1 求过点 $M_0(2,-3,1)$ 且垂直于平面 $5x+2y-3z+8=0$ 的直线的方程.

解　已知平面的法向量可作为所求直线的方向向量,即 $\boldsymbol{s} = \boldsymbol{n} = (5, 2, -3)$,由直线的点向式方程得所求直线方程为

$$\frac{x-2}{5} = \frac{y+3}{2} = \frac{z-1}{-3}.$$

例 7.4.2　用点向式方程及参数方程表示直线 L:

$$\begin{cases} x + y + z + 1 = 0, \\ 2x - y + 3z + 4 = 0. \end{cases}$$

解　先求直线 L 上的一点 $M_0(x_0, y_0, z_0)$,例如,可以取 $x_0 = 1$,代入原方程组,得

$$\begin{cases} y + z = -2, \\ y - 3z = 6. \end{cases}$$

解得 $y_0 = 0, z_0 = -2$,即 $M_0(1, 0, -2)$ 是直线 L 上一点.

下面找出直线 L 的一个方向向量 $\boldsymbol{s}$,由于两个平面的交线 L 与这两个平面的法向量

$$\boldsymbol{n}_1 = (1, 1, 1), \boldsymbol{n}_2 = (2, -1, 3)$$

都垂直,所以可取 $\boldsymbol{s} = \boldsymbol{n}_1 \times \boldsymbol{n}_2 = (4, -1, -3)$,

所以已知直线 L 的点向式方程为

$$\frac{x-1}{4} = \frac{y}{-1} = \frac{z+2}{-3}.$$

令 $\dfrac{x-1}{4} = \dfrac{y}{-1} = \dfrac{z+2}{-3} = t$,得已知直线 L 的参数方程为

$$\begin{cases} x = 1 + 4t, \\ y = -t, \\ z = -2 - 3t. \end{cases}$$

7.4.2　两直线间的位置关系

定义 7.4.1　两条直线 L_1 和 L_2 的方向向量的夹角 φ(常指锐角)称为**两条直线的夹角**.

设直线 L_1 和 L_2 的方程分别为

$$L_1: \frac{x-x_1}{m_1} = \frac{y-y_1}{n_1} = \frac{z-z_1}{p_1} \text{ 和 } L_2: \frac{x-x_2}{m_2} = \frac{y-y_2}{n_2} = \frac{z-z_2}{p_2},$$

它们的方向向量

$$\boldsymbol{s}_1 = (m_1, n_1, p_1), \boldsymbol{s}_2 = (m_2, n_2, p_2),$$

由两向量的夹角的余弦公式,

$$\boldsymbol{s}_1 \cdot \boldsymbol{s}_2 = |\boldsymbol{s}_1||\boldsymbol{s}_2|\cos(\widehat{\boldsymbol{s}_1, \boldsymbol{s}_2}),$$

直线 L_1 和 L_2 的夹角 φ 可由公式

$$\cos\varphi = |\cos(\widehat{\boldsymbol{s}_1, \boldsymbol{s}_2})| = \frac{|m_1 m_2 + n_1 n_2 + p_1 p_2|}{\sqrt{m_1^2 + n_1^2 + p_1^2}\sqrt{m_2^2 + n_2^2 + p_2^2}}$$

来确定.

特别地有如下结论：

直线 L_1 与 L_2 相互垂直的充分必要条件为

$$L_1 \perp L_2 \Leftrightarrow s_1 \perp s_2, \text{即 } m_1 m_2 + n_1 n_2 + p_1 p_2 = 0.$$

直线 L_1 与 L_2 相互平行的充分必要为

$$L_1 /\!/ L_2 \Leftrightarrow s_1 /\!/ s_2, \text{即 } \frac{m_1}{m_2} = \frac{n_1}{n_2} = \frac{p_1}{p_2}.$$

例 7.4.3　求过点 $M_0(3, -2, 5)$ 且与两平面 $x - 4z - 3 = 0$ 和 $2x - y - 5z - 1 = 0$ 的交线平行的直线方程.

解　由于所求直线与两平面的交线平行，所以可取两平面交线的方向向量为所求直线的方向向量，即

$$s = (1, 0, -4) \times (2, -1, -5) = (-4, -3, -1),$$

由直线的点向式方程得直线 L 的方程为

$$\frac{x-3}{4} = \frac{y+2}{3} = \frac{z-5}{1}.$$

7.4.3　**直线与平面间的位置关系**

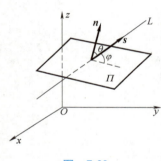

图 7-22

定义 7.4.2　当直线 L 与平面 Π 不垂直时，直线和它在平面上的投影直线所夹锐角 φ 称为**直线 L 与平面 Π 间的夹角**（见图 7-22）.

设直线 L 的方向向量为 $s = (m, n, p)$，平面 Π 的法向量为 $n = (A, B, C)$，向量 s 与 n 间的夹角为 θ，则 $\varphi = \dfrac{\pi}{2} - \theta$.

所以，直线 L 与平面 Π 的夹角 φ 满足：

$$\sin\varphi = |\cos\theta| = \frac{|s \cdot n|}{|s|\,|n|} = \frac{|Am + Bn + Cp|}{\sqrt{m^2 + n^2 + p^2}\sqrt{A^2 + B^2 + C^2}}$$

特别地有如下结论：

直线 L 与平面 Π 相互垂直的充分必要条件为

$$L \perp \Pi \Leftrightarrow s /\!/ n, \text{即 } s \times n = \mathbf{0}, \text{亦即 } \frac{A}{m} = \frac{B}{n} = \frac{C}{p}.$$

直线 L 与平面 Π 相互平行的充分必要为

$$L /\!/ \Pi \Leftrightarrow s \perp n, \text{即 } s \cdot n = 0, \text{亦即 } mA + nB + pC = 0.$$

例 7.4.4　求过点 $M_0(5, -2, 3)$，垂直于直线 $L_1 : \dfrac{x}{4} = \dfrac{y}{5} = \dfrac{z}{6}$ 且平行于平面 $\Pi : 7x + 8y + 9z - 1 = 0$ 的直线 L 的方程.

解　设直线 L 的方向向量为 $s = (m, n, p)$，已知直线 L_1 的方向向量为 $s_1 = (4, 5, 6)$，平面 Π 的法向量为 $n = (7, 8, 9)$，依题意有

$$s = s_1 \times n = \begin{vmatrix} i & j & k \\ 4 & 5 & 6 \\ 7 & 8 & 9 \end{vmatrix} = (-3, 6, -3).$$

微课：例 7.4.4

由直线的点向式方程得直线 L 的方程为

$$\frac{x-5}{-3}=\frac{y+2}{6}=\frac{z-3}{-3},$$

即

$$\frac{x-5}{1}=\frac{y+2}{-2}=\frac{z-3}{1}.$$

7.4.4 同步习题

1. 求过点 $M(1,2,3)$ 且平行于直线 $\dfrac{x}{2}=\dfrac{y-3}{1}=\dfrac{z-1}{5}$ 的直线方程.

2. 求过点 $M(0,2,4)$ 且与两平面 $x+2z=1$，$y-3z=2$ 平行的直线方程.

3. 求过点 $M(2,0,-3)$ 且与直线 $\begin{cases} x-2y+4z-7=0, \\ 3x+5y-2z+1=0 \end{cases}$ 垂直的平面方程.

4. 求过点 $M(3,1,-2)$ 且通过直线 $\dfrac{x-4}{5}=\dfrac{y+3}{2}=\dfrac{z}{1}$ 的平面方程.

5. 求直线 $\begin{cases} x+y+3z=0, \\ x-y-\ z=0 \end{cases}$ 与平面 $x-y-z+1=0$ 的夹角.

6. 判别直线 $\begin{cases} x+2y-z=7, \\ -2x+\ y+z=7 \end{cases}$ 与直线 $\dfrac{x-1}{2}=\dfrac{y-3}{-1}=\dfrac{z}{-1}$ 的位置关系.

7.5 空间曲面和曲线

本节要点：通过本节的学习，了解常见曲面的方程及图形.

在实践中常常会遇到各种曲面，例如，汽车车灯的镜面，圆柱体的外表面以及锥面等.下面我们来讨论常见的空间曲面及曲线.

7.5.1 曲面方程的概念

在平面解析几何中已经知道，平面上的一条曲线 L，是满足一定几何条件的平面上的轨迹.类似地，在空间解析几何中，把曲面 S 当作动点 M 按照一定规律运动而产生的轨迹.由于动点 M 可以用坐标 (x,y,z) 来表示，所以 M 所满足的规律通常可用含有三个变量 x,y,z 的方程 $F(x,y,z)=0$ 来表示，于是有：

定义 7.5.1   如果空间曲面 S 上任意一点的坐标都满足 $F(x,y,z)=0$，而不在曲面 S 上的点的坐标都不满足 $F(x,y,z)=0$，则称方程 $F(x,y,z)=0$ 为曲面 S 的方程，而曲面 S 称为方程 $F(x,y,z)=0$ 对应的曲面（或图形）（见图 7-23）.

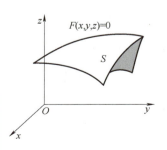

图 **7-23**

7.5.2 常见的曲面方程及其图形

1. 平面

平面是曲面中最简单的一种,在 7.3 节已经进行了讨论.

例 7.5.1　一平面垂直平分两点 $A(1,2,3)$ 和 $B(2,-1,4)$ 连线的线段,求此平面的方程.

解　设此平面上任意一点为 $M(x,y,z)$,则由题意知,所求平面就是与 A 点和 B 点等距离的点的轨迹,所以

$$|MA| = |MB|,$$

即

$$\sqrt{(x-1)^2+(y-2)^2+(z-3)^2} = \sqrt{(x-2)^2+(y+1)^2+(z-4)^2},$$

化简,得所求平面方程:

$$2x-6y+2z-7=0.$$

2. 球面

一动点到一定点的距离保持常数,此动点的轨迹即为球面.定点叫作**球心**,常数叫作球的**半径**.

设球心在点 $C(a,b,c)$,半径为 r,在球面上任取一点 $M(x,y,z)$,则有

$$|MC|=r,$$

即

$$\sqrt{(x-a)^2+(y-b)^2+(z-c)^2}=r,$$

整理,得

图　7-24

$$(x-a)^2+(y-b)^2+(z-c)^2=r^2.$$

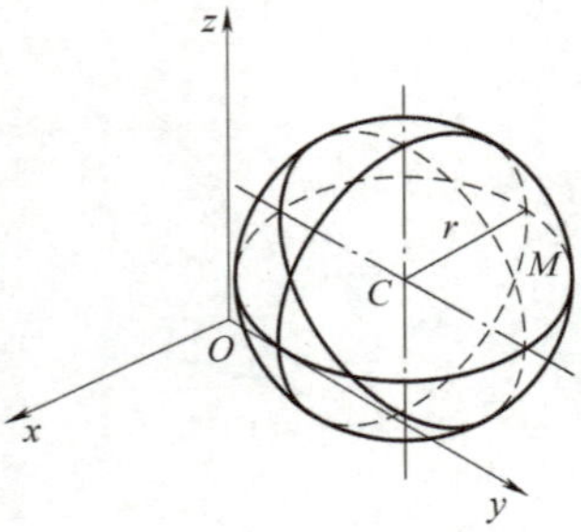

此方程即为所求的球面方程,其图形如图 7-24 所示.

当 $a=b=c=0$ 时,即球心在原点,半径为 r 的球面方程为

$$x^2+y^2+z^2=r^2.$$

将球面方程 $(x-a)^2+(y-b)^2+(z-c)^2=r^2$ 展开得

$$x^2+y^2+z^2-2ax-2by-2cz+(a^2+b^2+c^2-r^2)=0,$$

令 $D=-2a,E=-2b,F=-2c,G=a^2+b^2+c^2-r^2$,代入上式,得

$$x^2+y^2+z^2+Dx+Ey+Fz+G=0.$$

例 7.5.2　求 $x^2+y^2+z^2+2x-4y+6z-2=0$ 表示的曲面.

解　对所给的方程配方,即得

$$(x+1)^2+(y-2)^2+(z+3)^2=16.$$

所以,所给方程表示以 $P(-1,2,-3)$ 为球心,半径为 4 的球面.

3. 柱面

定义 7.5.2　平行于定直线 l 并沿定曲线 C 移动的直线 L 形成的轨迹叫作**柱面**.直线 L 叫作该柱面的**母线**,定曲线 C 叫作该柱面的**准线**.

下面我们只讨论准线在坐标平面上,而母线垂直于该坐标平面的柱面.

现在先来建立母线平行于 z 轴的柱面方程.设柱面的准线 C 是 xOy 面上的曲线,其方程为

$$F(x,y)=0.$$

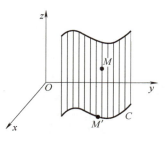

设 $M(x,y,z)$ 为柱面上任意一点,过 M 作柱面的母线 MM',母线上全部点在 xOy 面上的投影都是准线 C 上的点 M'(见图 7-25).所以,柱面上点的 z 坐标是任意的,而 x,y 坐标则满足准线方程 $F(x,y)=0$,从而点 M 的坐标 x、y、z 也满足准线方程 $F(x,y)=0$.

综上所述,以 xOy 面上的曲线 $F(x,y)=0$ 为准线,母线平行于 z 轴的柱面方程,就是不含变量 z 的准线方程 $F(x,y)=0$.

图　7-25

同理,在空间直角坐标系中,缺 y(或缺 x)的方程 $G(x,z)=0$(或 $H(y,z)=0$)表示母线平行于 y 轴(或 x 轴)的柱面.

常见的几个母线平行于 z 轴的柱面方程:

圆柱面方程:$x^2+y^2=a^2$.

椭圆柱面方程:$\dfrac{x^2}{a^2}+\dfrac{y^2}{b^2}=1$(见图 7-26).

抛物柱面方程:$y^2=2px(p>0)$(见图 7-27).

双曲柱面方程:$\dfrac{x^2}{a^2}-\dfrac{y^2}{b^2}=1$(见图 7-28).

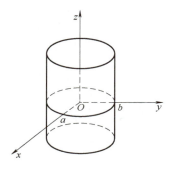

图　7-26

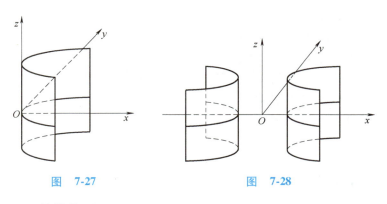

图　7-27　　　　　　　　　图　7-28

4. 旋转曲面

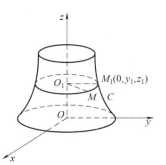

定义 7.5.3　一条平面曲线 C 绕其平面上一条定直线 L 旋转一周所形成的曲面叫作**旋转曲面**.曲线 C 称为旋转曲面的**母线**,定直线 L 称为旋转曲面的**旋转轴**.

下面我们只讨论母线在某个坐标面上,它绕某个坐标轴旋转所形成的旋转曲面.

设在 yOz 平面上的曲线 $C:f(y,z)=0$,绕 z 轴旋转一周,现在来建立这个旋转面的方程(见图 7-29).

在旋转曲面上任取一点 $M(x,y,z)$,设 M 可由母线 C 上的点 $M_1(0,y_1,z_1)$ 绕 z 轴旋转得到,由图 7-29 可知,点 M 和 M_1 与 z 轴距离相等(同在一个圆周上).即

图　7-29

$$\begin{cases} y_1 = \pm\sqrt{x^2+y^2}\,, \\ z_1 = z. \end{cases}$$

又因为点 M_1 在母线 C 上,所以 $f(y_1,z_1)=0$,于是有 $f(\pm\sqrt{x^2+y^2},z)=0$.

此方程就是 yOz 平面上母线为 C,旋转轴为 z 轴的旋转曲面的方程.把母线 C 的方程 $f(y,z)=0$ 中的 y 换成 $\pm\sqrt{x^2+y^2}$,就得到 yOz 平面上的曲线 C 绕 z 轴旋转的旋转曲面的方程.

同理,曲线 C 绕 y 轴旋转形成的旋转曲面的方程为 $f(y,\pm\sqrt{x^2+z^2})=0$.

对于其他坐标面上的曲线,绕该坐标面上任意一条坐标轴旋转所形成的旋转曲面,其方程可用上述类似方法求得.

例 7.5.3 求由 yOz 平面上的直线 $z=ay(a>0)$ 绕 z 轴旋转一周所形成的旋转曲面的方程.

解 在方程 $z=ay$ 中,把 y 换成 $\pm\sqrt{x^2+y^2}$,便得到以 z 轴为旋转轴的曲面方程,

$$z=\pm a\sqrt{x^2+y^2}\,,$$

即

$$z^2=a^2(x^2+y^2).$$

此曲面是顶点在原点,对称轴为 z 轴的圆锥面(见图 7-30).

在空间解析几何中,如果曲面方程 $F(x,y,z)=0$ 的 x,y,z 都是一次的,则它对应的曲面就是一个平面,平面也称为一次曲面.如果它的方程是二次的,则它所对应的曲面称为**二次曲面**.

5. 常见的二次曲面

(1) **椭球面**.方程

$$\frac{x^2}{a^2}+\frac{y^2}{b^2}+\frac{z^2}{c^2}=1$$

所表示的曲面称为**椭球面**,a,b,c 称为椭球面的半轴(见图 7-31).其中

$$|x|\leqslant a,\ |y|\leqslant b,\ |z|\leqslant c.$$

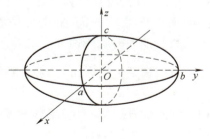

图 7-31

当 a,b,c 中有两个相等时,称为**旋转椭球面**,例如当 $a=b$ 时,原方程化为

微课:例 7.5.3

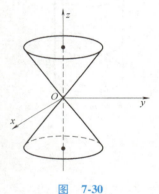

图 7-30

$$\frac{x^2+y^2}{a^2}+\frac{z^2}{c^2}=1.$$

它是一个 zOx 平面上的椭圆 $\dfrac{x^2}{a^2}+\dfrac{z^2}{c^2}=1$ 绕 z 轴旋转所形成的旋转椭

球面.

特别地,当 $a=b=c$ 时,原椭球面方程化为

$$x^2+y^2+z^2=a^2.$$

它是一个球心在坐标原点,球半径为 a 的球面.

（2）双曲面.方程

$$\frac{x^2}{a^2}+\frac{y^2}{b^2}-\frac{z^2}{c^2}=1$$

所表示的曲面称为单叶双曲面（见图 7-32）.

方程

$$\frac{x^2}{a^2}-\frac{y^2}{b^2}-\frac{z^2}{c^2}=1$$

所表示的曲面称为双叶双曲面（见图 7-33）.

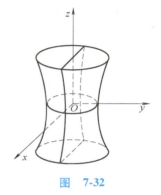

图　**7-32**

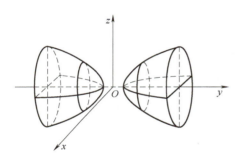

图　**7-33**

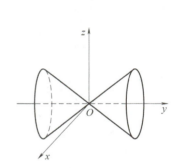

图　**7-34**

特别地,$x^2-y^2+z^2=0$ 所表示的曲面称为圆锥面（见图 7-34）.

（3）抛物面

1）椭圆抛物面.方程

$$z=\frac{x^2}{2p}+\frac{y^2}{2q}\,(p,q>0)$$

所表示的曲面叫作椭圆抛物面（见图 7-35）.

2）双曲抛物面.方程

$$\frac{x^2}{a^2}-\frac{y^2}{b^2}=z$$

所表示的曲面叫作双曲抛物面或马鞍面（见图 7-36）.

例 7.5.4　指出下列方程所表示的曲面,并指出哪些是旋转曲面,说明它们是如何产生的.

（1）$2x^2+3y^2+5z^2=6$;　（2）$\dfrac{x^2}{3}+\dfrac{y^2}{4}+\dfrac{z^2}{4}=1$;

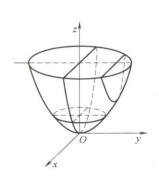

图　**7-35**

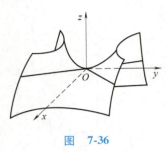

图   7-36

（3）$x^2 - \dfrac{y^2}{9} + z^2 = 1$;   （4）$\dfrac{x^2}{16} + \dfrac{y^2}{16} - \dfrac{z^2}{9} = -1$;

（5）$x^2 + y^2 = 6z$.

解 （1）方程 $2x^2 + 3y^2 + 5z^2 = 6$ 表示椭球面；

（2）方程 $\dfrac{x^2}{3} + \dfrac{y^2}{4} + \dfrac{z^2}{4} = 1$，即 $\dfrac{x^2}{3} + \dfrac{y^2 + z^2}{4} = 1$，表示旋转椭球面，它是 xOy 平面上的椭圆 $\dfrac{x^2}{3} + \dfrac{y^2}{4} = 1$ 绕 x 轴旋转所形成的旋转椭球面；

（3）方程 $x^2 - \dfrac{y^2}{9} + z^2 = 1$ 表示单叶旋转双曲面，它是 xOy 平面上的双曲线 $x^2 - \dfrac{y^2}{9} = 1$ 绕 y 轴旋转所形成的旋转双曲面；

（4）方程 $\dfrac{x^2}{16} + \dfrac{y^2}{16} - \dfrac{z^2}{9} = -1$ 表示双叶旋转双曲面，它是一个 xOz 平面上的双曲线 $\dfrac{x^2}{16} - \dfrac{z^2}{9} = -1$ 绕 z 轴旋转所形成的旋转双曲面；

（5）方程 $x^2 + y^2 = 6z$ 表示旋转抛物面，它是 xOz 平面上的抛物线 $x^2 = 6z$ 绕 z 轴旋转所形成的旋转抛物面.

7.5.3 空间曲线

1. 空间曲线的一般方程

空间直线可看作两个平面的交线，那么，空间曲线可看作两个曲面的交线. 设两个相交曲面 S_1 和 S_2 的方程分别为 $F(x,y,z) = 0$ 和 $G(x,y,z) = 0$，它们的交线为 C（见图 7-37），则曲线 C 由方程组

$$\begin{cases} F(x,y,z) = 0, \\ G(x,y,z) = 0 \end{cases}$$

所确定，它即为空间曲线 C 的一般方程.

图   7-37

例 7.5.5 指出方程组 $\begin{cases} z = \sqrt{a^2 - x^2 - y^2}, \\ \left(x - \dfrac{a}{2}\right)^2 + y^2 = \left(\dfrac{a}{2}\right)^2 \end{cases}$ 表示什么曲线?

解 方程组中的第一个方程表示球心在原点 O、半径为 a 的上半球面，第二个方程表示母线平行于 z 轴的圆柱面，它的准线为 xOy 平面上以点 $\left(\dfrac{a}{2}, 0\right)$ 为圆心、半径为 $\dfrac{a}{2}$ 的圆. 所以，方程组表示的曲线就是半球面与圆柱面的交线（见图 7-38）.

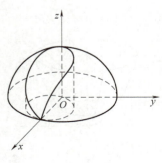

图   7-38

例 7.5.6 指出下列方程组所表示的曲线:

（1）$\begin{cases} x^2 + 4y^2 + 9z^2 = 36, \\ y = 1; \end{cases}$ （2）$\begin{cases} y^2 + z^2 - 4x + 8 = 0, \\ y = 4; \end{cases}$

（3）$\begin{cases} (x-1)^2 + (y+4)^2 + z^2 = 25, \\ y + 1 = 0; \end{cases}$ （4）$\begin{cases} x^2 - 4y^2 = 4z, \\ y = -2. \end{cases}$

解　（1）方程组 $\begin{cases} x^2+4y^2+9z^2=36, \\ y=1 \end{cases}$ 所表示的曲线是中心在

$(0,1,0)$，对称轴平行于 x 轴、z 轴，半轴为 $\sqrt{32}$ 和 $\dfrac{\sqrt{32}}{3}$ 的椭圆.

（2）方程组 $\begin{cases} y^2+z^2-4x+8=0, \\ y=4 \end{cases}$ 所表示的曲线是顶点在 $(6,4,0)$，

对称轴平行于 x 轴的抛物线.

（3）方程组 $\begin{cases} (x-1)^2+(y+4)^2+z^2=25, \\ y+1=0 \end{cases}$ 所表示的曲线是中心

在 $(1,-1,0)$，平行于 zOx 平面的圆.

（4）方程组 $\begin{cases} x^2-4y^2=4z, \\ y=-2 \end{cases}$ 所表示的曲线是顶点在 $(0,-2,-4)$，

对称轴平行于 z 轴的抛物线.

2. 空间曲线的参数方程

把曲线看成一个质点 P 在空间中运动的轨迹，在时间 $t\in[a,$ $b]$ 时，设质点 P 的坐标是 (x,y,z). 显然 x,y 和 z 都是 t 的函数，即有

$$\begin{cases} x=x(t), \\ y=y(t), \quad a\leqslant t\leqslant b. \\ z=z(t), \end{cases}$$

上式方程称为曲线的**参数方程**，t 称为**参数**.

例 7.5.7　将曲线 $\begin{cases} (x-1)^2+y^2+(z+1)^2=4, \\ z=0 \end{cases}$ 的一般方程化为参

数方程.

解　将 $z=0$ 代入 $(x-1)^2+y^2+(z+1)^2=4$，得 $(x-1)^2+y^2=3$，

取 $x-1=\sqrt{3}\cos t$，则 $y=\sqrt{3}\sin t$，从而可得该曲线的参数方程

$$\begin{cases} x=1+\sqrt{3}\cos t, \\ y=\sqrt{3}\sin t, \quad (0\leqslant t\leqslant 2\pi). \\ z=0, \end{cases}$$

7.5.4 同步习题

1. 建立以点 $M(1,3,-2)$ 为球心，且通过坐标原点的球面方程.

2. 方程 $x^2+y^2+z^2-2x+4y+2z=0$ 表示何种曲面？

3. 判断曲线按下列方法旋转生成何种旋转曲面，并写出曲面方程：

（1）将 xOy 坐标面上的曲线 $y^2=2x$ 绕 x 轴旋转一周，生成的曲面方程；

（2）将 xOy 坐标面上的曲线 $4x^2-9y^2=36$ 绕 y 轴旋转一周，生成的曲面方程；

（3）将 xOy 坐标面上的曲线 $4x^2-9y^2=36$ 绕 x 轴旋转一周，生成的曲面方程．

4. 求曲线 $\begin{cases} y^2+z^2-2x=0, \\ z=3 \end{cases}$ 在 xOy 坐标面上的投影曲线的方程．

5. 求以曲线 $\begin{cases} x^2+y^2+2z^2=1, \\ z=x^2+y^2 \end{cases}$ 为准线，母线平行于 z 轴的柱面．

数学家的故事

祖暅

祖暅（公元 456—公元 536 年），南北朝时期数学家、天文学家，祖冲之之子．他同父亲祖冲之一起圆满解决了球面积的计算问题，得到正确的体积公式，并据此提出了著名的"祖暅原理"．祖暅应用这个原理，解决了魏晋时期著名数学家刘徽尚未解决的球体积公式．该原理在西方直到 17 世纪才由意大利数学家卡瓦列利（Bonaventura Cavalieri）发现，比祖暅晚 1100 多年．祖暅是我国古代最伟大的数学家之一．

总复习题 7

第一部分：基础题

1. 说明下列各点所在的卦限或坐标轴、坐标面：

（1）$A(3,2,-1)$；　（2）$B(5,0,0)$；　（3）$C(0,-3,0)$；

（4）$D(-4,1,-3)$；（5）$E(3,-2,6)$；　（6）$F(-5,0,3)$．

2. 求点 $A(4,-3,5)$ 到坐标原点以及各坐标轴间的距离．

3. 在 y 轴上求一点使之与点 $A(-3,2,7)$ 和点 $B(3,1,-7)$ 等距离．

4. 设点 $A(1,2,-1),B(2,-1,3),C(5,-3,-6)$，试求向量 $\overrightarrow{AB}$，$\overrightarrow{BC}$，$\overrightarrow{CA}$，并验证 $\overrightarrow{AB}+\overrightarrow{BC}+\overrightarrow{CA}=\mathbf{0}$．

5. 已知向量 $\mathbf{a}=(3,-1,2),\mathbf{b}=(2,0,3),\mathbf{c}=(4,2,-1)$，求：

（1）$3\mathbf{a}+2\mathbf{b}-3\mathbf{c}$；（2）$m\mathbf{a}+n\mathbf{b}-\mathbf{c}$．

6. 设向量 $\mathbf{a}=3\mathbf{i}-2\mathbf{j}+5\mathbf{k}$，起点为 $A(1,3,-2)$，求向量终点的坐标．

7. 求向量 $\mathbf{a}=(1,\sqrt{2},-1)$ 的方向余弦及方向角．

8. 已知向量 $\mathbf{a}=(3,2,-1),\mathbf{b}=(1,-1,2)$，求：

（1）$a \cdot b$；（2）$5a \cdot 3b$；（3）$a \times b$；（4）$7b \times 2a$；（5）$a \times (-b)$.

9. 已知 $|a| = 2$，$|b| = 1$，a 与 b 的夹角为 $\dfrac{\pi}{3}$，求：

（1）$a \cdot b$；　（2）$a \cdot a$；　（3）$(2a+3b) \cdot (3a-b)$.

10. 设点 $O(0,0,0)$，$A(10,5,10)$，$B(-2,1,3)$ 和 $C(0,-1,2)$，求向量 $\overrightarrow{OA}$ 与 $\overrightarrow{BC}$ 的夹角 θ.

11. 求 m 的值，使得向量 $2i-3j+5k$ 与向量 $3i+mj-2k$ 互相垂直.

12. 求与向量 $a = 3i-2j+4k$，$b = i+j-2k$ 都垂直的单位向量.

13. 求以点 $A(3,4,1)$，$B(2,3,0)$，$C(3,5,1)$，$D(2,4,0)$ 为顶点的四边形面积.

14. 已知向量 $a = (1,2,3)$，$b = (2,4,k)$，试求 k 的值，使得：（1）$a \perp b$；（2）$a /\!/ b$.

15. 设向量 $a = 2i-j+k$，$b = i+2j-k$，求：（1）$a \times b$；（2）$(a+b) \times (a-b)$.

16. 已知 $|a| = 2$，$|b| = 3$，并且 $a /\!/ b$，求：$a \cdot b$ 及 $a \times b$.

17. 设重量为 100kg 的物体从点 $A(3,1,8)$ 沿直线移动到点 $B(1,4,2)$，计算重力所做的功（长度单位为 m，$g = 9.8\text{N/kg}$）.

18. 设向量 $a = (1,-3,1)$，$b = (2,-1,3)$，求以 a，b 为邻边的平行四边形的面积.

19. 指出下列平面的位置特点：

（1）$y+z = 0$；　　　（2）$2y-9 = 0$；　　（3）$3x-2y+2z-5 = 0$；

（4）$2x-3y+5 = 0$；　（5）$3x-2z = 0$；　　（6）$3x-2y-z = 0$.

20. 求下列平面在各坐标轴上的截距，并写出它们的法向量：

（1）$2x-3y-z+12 = 0$；　（2）$x+y+z-3 = 0$.

21. 求满足下列条件的平面方程：

（1）过点 $M_0(7,2,-1)$，且法向量 $n = (2,-4,3)$；

（2）过 $A(3,-1,2)$，$B(4,-1,-1)$，$C(2,0,2)$ 三点；

（3）平行于 xOy 平面，且过点 $P_0(2,-5,3)$；

（4）过 z 轴和点 $M_0(-3,1,-2)$；

（5）平行于 x 轴，且过两点 $A(5,1,7)$ 和 $B(4,0,-2)$；

（6）过点 $A(1,-1,1)$，且垂直于平面 $2x+y+z+1 = 0$ 和 $x-y+z = 0$.

22. 求点 $M(1,0,-3)$ 到平面 $x-2\sqrt{2}y+4z+1 = 0$ 的距离.

23. 求两平面 $\Pi_1: x-y+2z-10 = 0$ 和 $\Pi_2: 2x+y+z+2 = 0$ 的夹角 θ.

24. 已知平面 Π 过两点 $A(2,2,2)$ 和 $B(1,1,1)$ 且与平面 Π_1：$x+y-z = 0$ 垂直，求平面 Π 的方程.

25. 求过点 $M(4,-1,3)$ 且平行于直线 $\dfrac{x-3}{2} = y = \dfrac{z-1}{5}$ 的直线方程.

26. 求过两点 $M_1(1,0,-1)$ 和 $M_2(2,1,-2)$ 的直线方程.

27. 用点向式方程和参数方程表示直线：$\begin{cases} 3y+z+2 = 0, \\ -x+ y+z+7 = 0. \end{cases}$

第二部分:拓展题

1. 求过点 $A(2,-3,4)$ 且与平面 $\Pi:3x-y+2z-4=0$ 垂直的直线方程.

2. 求过点 $M(0,2,4)$ 且与两平面 $\Pi_1:x+2z=1$ 和 $\Pi_2:y-3z=2$ 平行的直线方程.

3. 证明:直线 $L_1:\begin{cases}x+2y-z=7\\-2x+y+z=7\end{cases}$ 与直线 $L_2:\begin{cases}3x+6y-3z=8\\2x-y-z=0\end{cases}$ 互相平行.

4. 试判断下列直线与平面的位置关系:

（1）$L:\dfrac{x-2}{3}=\dfrac{y+2}{1}=\dfrac{z-3}{-4}$，$\Pi:x+y+z-3=0$；

（2）$L:\dfrac{x+3}{-2}=\dfrac{y+4}{-7}=\dfrac{z}{2}$，$\Pi:4x-2y-3z+2=0$；

（3）$L:\dfrac{x}{3}=\dfrac{y}{-2}=\dfrac{z}{7}$，$\Pi:6x-4y+14z-1=0$；

（4）$L:\dfrac{x-1}{2}=\dfrac{y+2}{-3}=\dfrac{z-4}{1}$，$\Pi:2x-3y+z-4=0$.

5. 求直线 $L_1:\begin{cases}5x-3y+3z-9=0,\\3x-2y+z-1=0\end{cases}$ 与直线 $L_2:\begin{cases}2x+2y-z+23=0,\\3x+8y+z-18=0\end{cases}$ 的夹角的余弦.

6. 试判断下列各组直线的位置关系:

（1）$L_1:\begin{cases}x+2y-1=0,\\2y-z-1=0,\end{cases}$ 与 $L_2:\begin{cases}x-y-1=0,\\x-2z-3=0;\end{cases}$

（2）$L_1:\begin{cases}x+2y-z-7=0,\\-2x+y+z-7=0,\end{cases}$ 与 $L_2:\begin{cases}3x+6y-3z-8=0,\\2x-y-z=0;\end{cases}$

（3）$L_1:\begin{cases}2x-y+2z-4=0,\\x-y+2z-3=0,\end{cases}$ 与 $L_2:\begin{cases}3x+y-z+1=0,\\x+3y+z+3=0.\end{cases}$

7. 设直线 L 的方程为 $\dfrac{x-1}{1}=\dfrac{y-3}{-2}=\dfrac{z+4}{n}$，问 n 为何值时,直线 L 与平面 $\Pi:2x-y-z+5=0$ 平行?

8. 判断下列四点 $A(3,4,-4)$，$B(-3,2,4)$，$C(-1,-4,4)$ 和 $D(2,3,-3)$ 中,哪些点在曲线 $\begin{cases}(x-1)^2+y^2+z^2=36\\y+z=0\end{cases}$ 上?

9. 求以 $P(3,-2,5)$ 为球心,半径为 $r=4$ 的球面方程.

10. 方程 $x^2+y^2+z^2-2x-4y+4z-16=0$ 是否为球面方程? 若是,求出其球心坐标和半径.

11. 求下列旋转曲面的方程:

（1）zOx 平面上的直线 $x=\dfrac{1}{3}z$ 分别绕 x 轴和 z 轴旋转一周所形成的旋转曲面;

（2）yOz 平面上的抛物线 $z^2=4y$ 绕 y 轴旋转一周所形成的旋转曲面；

（3）yOz 平面上的圆 $y^2+z^2=16$ 绕 z 轴旋转一周所形成的旋转曲面；

（4）xOy 平面上的椭圆 $9x^2+4y^2=36$ 绕 x 轴旋转一周所形成的旋转曲面.

12. 指出下列方程所表示的曲面是哪一种曲面：

（1）$x^2+\dfrac{y^2}{4}+\dfrac{z^2}{9}=1$；

（2）$x^2+y^2-\dfrac{z^2}{16}=1$；

（3）$\left(x-\dfrac{1}{2}\right)^2+y^2=\dfrac{1}{4}$；

（4）$z=4-y^2$；

（5）$x^2+y^2+z^2-4y-9=0$；

（6）$z=2\sqrt{x^2+y^2}$；

（7）$z=\sqrt{9-x^2-y^2}$；

（8）$9x^2+4y^2+4z^2=36$；

（9）$x^2-y^2-z^2=1$；

（10）$x^2-y^2=6z$.

13. 指出下列方程组表示的曲线：

（1）$\begin{cases} x^2+y^2+z^2=25, \\ z=4; \end{cases}$

（2）$\begin{cases} x^2+y^2+z^2=9, \\ x+y=1; \end{cases}$

（3）$\begin{cases} y=\sqrt{x^2+z^2}, \\ x-y+1=0; \end{cases}$

（4）$\begin{cases} z^2=4(x^2+y^2), \\ x=3. \end{cases}$

14. 求通过曲面 $x^2+y^2+4z^2=1$ 和 $x^2=y^2+z^2$ 的交线，而母线平行于 z 轴的柱面方程.

15. 求内切于平面 $x+y+z=1$ 与三个坐标面所构成的四面体的球面方程.

16. 已知直线 $L:\dfrac{x-1}{0}=\dfrac{y}{1}=\dfrac{z}{1}$ 绕 z 轴旋转一周，求此旋转曲面的方程.

第三部分：考研真题

（1998 年，数学一）求直线 $L:\dfrac{x-1}{1}=\dfrac{y}{1}=\dfrac{z-1}{-1}$ 在平面 $\pi:x-y+2z-1=0$ 上的投影直线 L_0 的方程，并求 L_0 绕 y 轴旋转一周所成曲面的方程.

自 测 题 7

（满分 100 分，测试时间 45min）

一、单项选择题（本题共 10 个小题，每小题 5 分，共 50 分）

1. 设点 $M(x,y,z)$ 在第七卦限，则正确的结论是（　　）.

（A）$x<0,y>0,z<0$　　　（B）$x<0,y<0,z<0$

（C）$x>0,y<0,z<0$　　　（D）$x>0,y>0,z<0$

2. 方程 $x^2+y^2-z^2=0$ 表示的二次曲面是(　　　).

（A）球面　　　　　　　　（B）旋转椭球面

（C）柱面　　　　　　　　（D）锥面

3. 若向量 $\boldsymbol{a}=(1,-1,k)$ 与向量 $\boldsymbol{b}=(2,4,2)$ 垂直,则 $k=(\quad)$.

（A）1　　　　（B）-1　　　（C）2　　　　（D）-2

4. 设有单位向量 $\boldsymbol{a}^\circ$,它同时与向量 $\boldsymbol{b}=(3,1,4)$,$\boldsymbol{c}=(0,1,1)$ 垂直,则 $\boldsymbol{a}^\circ=(\quad)$.

（A）$\left(\dfrac{1}{\sqrt{3}},\dfrac{1}{\sqrt{3}},-\dfrac{1}{\sqrt{3}}\right)$　　　　（B）$(1,1,-1)$

（C）$\left(\dfrac{1}{\sqrt{3}},-\dfrac{1}{\sqrt{3}},\dfrac{1}{\sqrt{3}}\right)$　　　　（D）$(1,-1,1)$

5. 平面 $\varPi_1:x+2y-3z+1=0$ 与 $\varPi_2:2x+4y-6z+1=0$ 的位置关系是(　　　).

（A）相交且垂直　　　　（B）重合

（C）平行但不重合　　　　（D）相交但不重合

6. 直线 $L:\dfrac{x-1}{3}=\dfrac{y+1}{-1}=\dfrac{z-2}{1}$ 与平面 $\varPi:x+2y-z+3=0$ 的位置关系是(　　　).

（A）平行但不在平面上（B）互相垂直

（C）既不平行也不垂直（D）直线在平面上

7. 直线 $\begin{cases}2y+z-1=0,\\x+y+z=0\end{cases}$ 的方向向量为(　　　).

（A）$\begin{vmatrix}\boldsymbol{i}&\boldsymbol{j}&\boldsymbol{k}\\1&1&1\\2&1&-1\end{vmatrix}$　　　　（B）$\begin{vmatrix}\boldsymbol{i}&\boldsymbol{j}&\boldsymbol{k}\\2&1&-1\\1&1&1\end{vmatrix}$

（C）$\begin{vmatrix}\boldsymbol{i}&\boldsymbol{j}&\boldsymbol{k}\\1&1&1\\0&2&1\end{vmatrix}$　　　　（D）$\begin{vmatrix}\boldsymbol{i}&\boldsymbol{j}&\boldsymbol{k}\\2&1&0\\1&1&1\end{vmatrix}$

8. 平面 $\varPi_1:x-y+2z+2=0$ 与 $\varPi_2:2x+y+z-5=0$ 的夹角是(　　　).

（A）$\dfrac{\pi}{6}$　　　　　　　　（B）$\dfrac{\pi}{3}$

（C）$\arccos\dfrac{1}{6}$　　　　　　（D）$\dfrac{\pi}{4}$

9. $\begin{cases}y=x\\z=0\end{cases}$ 绕 y 轴旋转一周所形成的曲面方程为(　　　).

（A）$x^2-y^2+z^2=0$　　　　（B）$x^2-y^2-z^2=0$

（C）$x=\sqrt{y^2+z^2}$　　　　（D）$y=\sqrt{x^2+z^2}$

10. 下列等式正确的是(　　　).

（A）$\boldsymbol{i}\cdot\boldsymbol{i}=\boldsymbol{i}\times\boldsymbol{i}$　　　　（B）$\boldsymbol{i}\cdot\boldsymbol{j}=\boldsymbol{k}$

（C）$\boldsymbol{i}+\boldsymbol{j}=\boldsymbol{k}\cdot\boldsymbol{j}$　　　　（D）$\boldsymbol{i}\cdot\boldsymbol{i}=\boldsymbol{j}\cdot\boldsymbol{j}$

二、判断题（用√、×表示.本题共 10 个小题,每小题 5 分,共 50 分）

1. 点 $M_0(2,-1,3)$ 关于 xOy 平面的对称点是 $(2,-1,-3)$,关于 y 轴的对称点是 $(-2,-1,-3)$.　　　　　　　　（　　）

2. 已知向量 $\boldsymbol{a}=(3,0,-1),\boldsymbol{b}=(2,-3,2)$,则 $\boldsymbol{a}\times\boldsymbol{b}=(3,-8,-9)$.　　　　　　　　　　　　　　　　　　　　（　　）

3. 若向量 $\boldsymbol{a}=-\boldsymbol{i}+2\boldsymbol{j}-3\boldsymbol{k},\boldsymbol{b}=2\boldsymbol{i}-\boldsymbol{j}+\boldsymbol{k}$,则 $|2\boldsymbol{a}+3\boldsymbol{b}|=26$.　（　　）

4. 方程 $x^2-z=0$ 表示的是以 $\begin{cases}x^2=z,\\y=0\end{cases}$ 为准线,以 y 轴为母线的抛物柱面.　　　　　　　　　　　　　　　　　　　　　（　　）

5. 方程 $\begin{cases}\dfrac{y^2}{9}-\dfrac{z^2}{4}=1,\\x=2\end{cases}$ 表示平面 $x=2$ 上的一条双曲线.　（　　）

6. 已知点 $M_1(5,-7,4)$ 和 $M_2(2,-1,2)$,则线段 M_1M_2 的垂直平分面的方程为 $6x-12y+4z-81=0$.　　　　　（　　）

7. 旋转曲面 $4x^2+9y^2+4z^2=36$ 可以看作曲线 $\begin{cases}4x^2+9y^2=36,\\z=0\end{cases}$ 绕 y 轴旋转一周所形成的,也可以看作由曲线 $\begin{cases}9y^2+4z^2=36,\\x=0\end{cases}$ 绕 z 轴旋转一周所形成的.　　　　　　　　　　　　　　　（　　）

8. 已知直线 $\dfrac{x-1}{7}=\dfrac{y+3}{m}=\dfrac{z-5}{-1}$ 与平面 $x-2y+3z-1=0$ 平行,则 $m=1$.　　　　　　　　　　　　　　　　　　　　（　　）

9. 过点 $P_0(3,2,-4)$ 且在 x 轴和 y 轴上的截距分别为 -2 和 -3 的平面方程为 $12x+8y+19z+24=0$.　　　　　　（　　）

10. 已知向量 $\boldsymbol{a}=(4,-2,4),\boldsymbol{b}=(6,-3,2)$,则 $(3\boldsymbol{a}-2\boldsymbol{b})\cdot(\boldsymbol{a}+2\boldsymbol{b})=60$.　　　　　　　　　　　　　　　　　　（　　）

第8章

多元微分学及其应用

本章要点: 首先介绍多元函数的概念,接着介绍二元函数的极限和连续性,进而学习偏导数和全微分,以及多元复合函数和隐函数的求导方法,然后研究多元函数微分学的几何应用,最后学习方向导数和极值.

多元函数是一元函数的推广,因此研究问题的思想方法与一元函数有许多类似之处.但由于自变量个数的增加,它与一元函数又存在着某些区别,这些区别在学习的过程中要留意并加以对比.

本章知识结构图

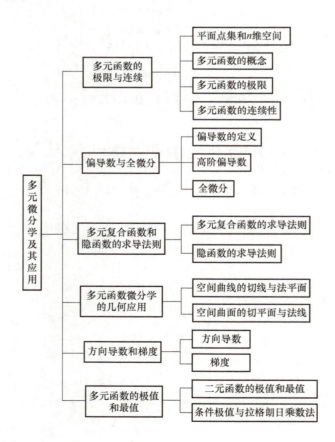

8.1　多元函数的极限与连续

本节要点:通过本节的学习,学生应理解多元函数极限与连续的概念,会求二重极限,会判断二元函数的连续性,了解多元连续函数的性质.

一元函数的定义域是实数轴上的点集,而二元函数的定义域是坐标平面上的点集.因此,在讨论二元函数之前,有必要先了解平面点集的一些基本概念.

8.1.1　平面点集和 *n* 维空间

1. 平面点集

由平面解析几何知道,在平面上确定一个直角坐标系后,平面上的点 P 与二元有序实数组 (x,y) 之间建立了一一对应.于是,常把平面上的点与二元有序实数组视作等同的.这种建立了坐标系的平面称为坐标平面.

二元有序实数组的全体,即 $\mathbf{R}^2 = \mathbf{R} \times \mathbf{R} = \{(x,y) \mid x,y \in \mathbf{R}\}$ 就表示坐标平面.

坐标平面上具有某种共同特征的点的集合,称为平面点集.例如,平面上以原点为中心,r 为半径的圆内所有点的集合记为 $C = \{(x,y) \mid x^2+y^2 < r^2\}$;如果以点 P 表示 (x,y),$|OP|$ 表示点 P 到原点 O 的距离,那么集合 C 也可以表示成

$$C = \{P \mid |OP| < r\}$$

现在,引入平面中邻域的概念.

设 $P_0(x_0,y_0)$ 是 xOy 平面上的一个点,δ 是某一正数,与点 $P_0(x_0,y_0)$ 的距离小于 δ 的点 $P(x,y)$ 的全体,称为点 P_0 的 δ 邻域,记为 $U(P_0,\delta)$,即

$$U(P_0,\delta) = \{P \mid |PP_0| < \delta\}$$

在几何上,邻域 $U(P_0,\delta)$ 就是 xOy 平面上,以点 $P_0(x_0,y_0)$ 为中心,δ 为半径的圆的内部的点 $P(x,y)$ 的全体(见图 8-1).

该邻域去掉中心 $P_0(x_0,y_0)$ 后,称为 P_0 的去心邻域,记为 $\mathring{U}(P_0,\delta)$,即 $\mathring{U}(P_0,\delta) = \{P \mid 0 < |PP_0| < \delta\}$.

若不需要特别强调邻域半径,则用 $U(P_0)$ 来表示点 P_0 的某个邻域.

下面利用邻域来描述点和点集之间的关系.

在平面内,任意一点 P 与任意一个点集 E 之间必有如下三种关系之一:

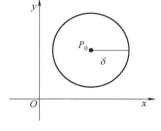

图　8-1

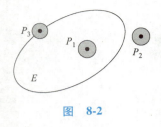

图 8-2

（1）**内点**：设 E 是平面上的一个点集，P 是平面上的一个点，如果存在点 P 的某一邻域 $U(P)$，使 $U(P) \subset E$，则称 P 为 E 的**内点**．图 8-2 中的点 P_1 是 E 的内点．

（2）**外点**：如果存在点 P 的某个邻域 $U(P)$，使得 $U(P) \cap E = \varnothing$，则称 P 为 E 的**外点**．图 8-2 中的点 P_2 是 E 的外点．

（3）**边界点**：如果点 P 的任一邻域内既有属于 E 的点，也有不属于 E 的点，则称 P 为 E 的边界点．图 8-2 中的点 P_3 是 E 的边界点．

若对任意给定的 $\delta > 0$，点 P 的去心邻域 $\mathring{U}(P, \delta)$ 内总有 E 中的点，则称 P 是 E 的**聚点**，聚点可以属于 E，也可以不属于 E．

显然，E 的内点都属于 E，E 的外点都不属于 E；E 的边界点可能属于 E，也可能不属于 E．

如果 E 的点都是内点，则称 E 为**开集**．例如，点集 $E_1 = \{(x,y) \mid 1 < x^2 + y^2 < 9\}$ 中每个点都是 E_1 的内点，因此 E_1 为开集．

E 的边界点的全体称为 E 的**边界**．例如上例中，E_1 的边界是圆周 $x^2 + y^2 = 1$ 和 $x^2 + y^2 = 9$．

设 E 是开集．如果对于 E 内任何两点，都可用折线连接起来，且该折线上的点都属于 E，则称开集 E 是**连通**的．

连通的开集称为**区域**或**开区域**．例如，$\{(x,y) \mid x+y > 0\}$ 及 $\{(x,y) \mid 1 < x^2 + y^2 < 4\}$ 都是区域．

开区域连同它的边界一起构成的点集，称为**闭区域**，例如 $\{(x,y) \mid x+y \geqslant 0\}$ 及 $\{(x,y) \mid 1 \leqslant x^2 + y^2 \leqslant 4\}$ 都是闭区域．

对于平面点集 E，如果存在一个正数 r，使得 $E \subseteq U(O, r)$，其中 O 是坐标原点，则称 E 为**有界集**，否则称为**无界集**．

2. n 维空间

数轴上的点与实数有一一对应关系，从而实数的全体表示数轴上一切点的集合，即直线．在平面上引入直角坐标系后，平面上的点与二元有序实数组 (x,y) 一一对应，从而二元有序实数组 (x,y) 的全体表示平面上一切点的集合，即平面．在空间引入直角坐标系后，空间的点与三元有序实数组 (x,y,z) 一一对应，从而三元有序实数组 (x,y,z) 全体表示空间一切点的集合，即空间．

一般地，设 n 为取定的一个自然数，我们称 n 元有序实数组 $(x_1, x_2, \cdots, x_n)$ 的全体为 n 维空间，而每个 n 元数组 $(x_1, x_2, \cdots, x_n)$ 称为 n 维空间中的一个点或一个 n 维向量，数 x_i 称为该点的第 i 个坐标．n 维空间记为 $\mathbf{R}^n$．特别地，n 维空间的零元 $\mathbf{0}$ 称为 $\mathbf{R}^n$ 中的坐标原点或 n 维零向量．

n 维空间中两点 $P(x_1, x_2, \cdots, x_n)$ 及 $Q(y_1, y_2, \cdots, y_n)$ 间的距离为

$$|PQ| = \sqrt{(y_1 - x_1)^2 + (y_2 - x_2)^2 + \cdots + (y_n - x_n)^2}.$$

容易验证,当 $n=1,2,3$ 时,由上式便得解析几何中关于直线(数轴)上、平面上和空间内两点间的距离.

有了两点间的距离规定后,就可以把平面点集中邻域的概念推广到 $\mathbf{R}^n$ 中去.设 P_0 属于 $\mathbf{R}^n$,则点 P_0 的 δ 邻域为

$$U(P_0,\delta)=\{P\mid|PP_0|<\delta\}.$$

于是,前面就平面点集陈述的内点、外点、边界点和聚点,以及开集、闭集和区域等一系列概念,都可推广到 n 维空间中去.

8.1.2 　多元函数的概念

在很多自然现象以及实际问题中,经常遇到一个变量的变化受多种因素影响的情形,从而导致了一个变量与多个变量之间的依赖关系.请看下面的几个例子.

例 8.1.1　锥体的体积 V 和它的底面积 A、高 h 之间具有关系

$$V=\frac{1}{3}Ah.$$

例 8.1.2　物体的动能 E_k 依赖于物体的质量 m 和运动的速度 v,它们之间具有关系

$$E_k=\frac{1}{2}mv^2.$$

上面两个例子,虽然具体意义不同,但都说明,在一定的条件下三个变量之间存在着某种依赖关系,这种关系给出了一个变量与另外两个变量之间的对应法则.依照这样的法则,当两个变量在一定范围内取定一组数时,另一个变量有唯一确定的值与之对应.由这些共性,便可以得到以下二元函数的定义.

定义 8.1.1　设 D 是平面上的一个点集.如果对于每个点 $P(x,y)\in D$,变量 z 按照一定法则总有确定的值和它对应,则称 z 是关于变量 x,y 的二元函数(或点 P 的函数),记为

$$z=f(x,y)\,(或\,z=f(P)).$$

x,y 称为自变量,z 称为因变量,点集 D 称为该函数的**定义域**,数集

$$\{z\mid z=f(x,y),(x,y)\in D\}$$

称为该函数的**值域**.

z 是关于 x,y 的函数,也可记为 $z=z(x,y),z=\varphi(x,y)$ 等.

类似地,可以定义三元函数 $u=f(x,y,z)$ 以及三元以上的函数.一般地,把定义 8.1.1 中的平面点集 D 换成 n 维空间内的点集 D,则可类似地定义 n 元函数

$$u=f(x_1,x_2,\cdots,x_n).$$

n 元函数也可简记为 $u=f(P)$,这里点 $P(x_1,x_2,\cdots,x_n)\in D$.当 $n=1$ 时,n 元函数就是一元函数.当 $n\geqslant2$ 时,n 元函数统称为多元函数.

关于多元函数的定义域,与一元函数类似,即在一般地讨论用算式表达的多元函数 $u=f(P)$ 时,就以使这个算式有意义的自变量所确定的点集为这个函数的定义域.

例 8.1.3　求下列函数的定义域,并画出定义域的图形.

(1) $z=\sqrt{1-x^2-y}+\ln(y-x^2)$;　　(2) $z=\dfrac{\sqrt[4]{4x-y^2}}{\sqrt{x-\sqrt{y}}}$.

解　(1) 要使函数有意义,需满足条件

$$\begin{cases} y-x^2>0, \\ 1-y-x^2\geqslant 0, \end{cases}$$

解此不等式组,得函数的定义域为

$$\{(x,y)\mid x^2<y\leqslant 1-x^2\}.$$

其图形为 $y=x^2$ 与 $y=1-x^2$ 所围成的部分,包括曲线 $y=1-x^2$(见图 8-3).

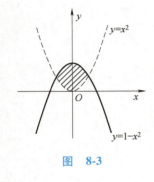

图　8-3

(2) 要使函数有意义,需满足条件

$$\begin{cases} 4x-y^2\geqslant 0, \\ x-\sqrt{y}>0, \\ y\geqslant 0, \end{cases}$$

故函数的定义域为 $D=\{(x,y)\mid y^2\leqslant 4x,0\leqslant y<x^2\}$,图 8-4 阴影部分即为此函数定义域.

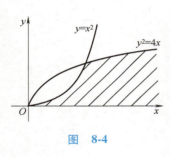

图　8-4

一般说来,一元函数的图形可以表示为平面上的曲线,而二元函数 $z=f(x,y)$ 要在空间中去描绘出它的图形.

设函数 $z=f(x,y)$ 的定义域为 D.对于任意取定的点 $P(x,y)\in D$,都有确定的函数值 $z=f(x,y)$ 与它对应.这样,以 x 为横坐标、y 为纵坐标、$z=f(x,y)$ 为竖坐标,在空间就确定一点 $M(x,y,z)$.当 (x,y) 取遍 D 上的一切点时,得到一个空间点集

$$\{(x,y,z)\mid z=f(x,y),(x,y)\in D\},$$

这个点集称为二元函数 $z=f(x,y)$ 的图形,它通常是三维空间中的一张曲面(见图 8-5).如 $z=\sqrt{a^2-x^2-y^2}$ 表示以原点为球心,以 a 为半径的上半球面,它的定义域是 xOy 平面上以原点为圆心,a 为半径的圆形闭区域 $D=\{(x,y)\mid x^2+y^2\leqslant a^2\}$.

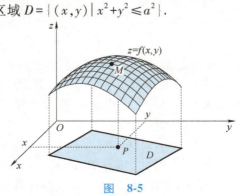

图　8-5

8.1.3　多元函数的极限

与一元函数的极限类似,二元函数的极限也是反映函数值随着自变量变化而变化的趋势.下面我们给出二元函数极限的定义.

定义 8.1.2　设函数 $f(x,y)$ 的定义域是平面区域 D,$P_0(x_0,y_0)$ 是 D 的聚点,若存在常数 A,对任意正数 ε,总存在正数 δ,对一切 $P \in D \cap \mathring{U}(P_0,\delta)$,都有 $|f(P)-A| < \varepsilon$,则称 A 为函数 $f(x,y)$ 当 $(x,y) \to (x_0,y_0)$ 时的极限值,记作

$$\lim_{(x,y) \to (x_0,y_0)} f(x,y) = A$$

或 $f(x,y) \to A(\rho \to 0)$,这里 $\rho = |PP_0|$.

为了区别于一元函数的极限,我们把二元函数的极限叫作**二重极限**.

例 8.1.4　设函数 $f(x,y) = (x^2+y^2)\sin\dfrac{1}{x^2+y^2}$ $(x^2+y^2 \neq 0)$,求 $\lim\limits_{(x,y) \to (0,0)} f(x,y)$.

解　令 $x^2+y^2=u$,由于当 $(x,y) \to (0,0)$ 时,$u \to 0$,故

$$\lim_{(x,y) \to (0,0)} f(x,y) = \lim_{(x,y) \to (0,0)} (x^2+y^2)\sin\frac{1}{x^2+y^2} = \lim_{u \to 0} u\sin\frac{1}{u} = 0.$$

例 8.1.5　求 $\lim\limits_{(x,y) \to (0,3)} \dfrac{\sin(xy)}{x}$.

解　$$\lim_{(x,y) \to (0,3)} \frac{\sin(xy)}{x} = \lim_{(x,y) \to (0,3)} \frac{\sin(xy)}{xy} \cdot y$$

$$= \lim_{xy \to 0} \frac{\sin(xy)}{xy} \cdot \lim_{y \to 3} y = 1 \cdot 3 = 3.$$

例 8.1.6　计算 $\lim\limits_{(x,y) \to (0,0)} \dfrac{\sqrt{xy+1}-1}{xy}$.

解　$$\lim_{(x,y) \to (0,0)} \frac{\sqrt{xy+1}-1}{xy} = \lim_{(x,y) \to (0,0)} \frac{xy+1-1}{xy(\sqrt{xy+1}+1)}$$

$$= \lim_{(x,y) \to (0,0)} \frac{1}{\sqrt{xy+1}+1} = \frac{1}{2}.$$

例 8.1.7　计算 $\lim\limits_{(x,y) \to (0,0)} \dfrac{\sqrt{x^2+y^2}-\sin\sqrt{x^2+y^2}}{(x^2+y^2)^{\frac{3}{2}}}$.

解　令 $\sqrt{x^2+y^2}=\rho$,则

$$\lim_{(x,y) \to (0,0)} \frac{\sqrt{x^2+y^2}-\sin\sqrt{x^2+y^2}}{(x^2+y^2)^{\frac{3}{2}}}$$

$$= \lim_{\rho \to 0} \frac{\rho-\sin\rho}{\rho^3} = \lim_{\rho \to 0} \frac{1-\cos\rho}{3\rho^2}$$

微课:例 8.1.7

$$=\lim_{\rho \to 0}\frac{\sin\rho}{6\rho}=\frac{1}{6}.$$

注意 所谓二重极限存在,是指 $P(x,y)$ 以任何方式趋近于 $P_0(x_0,y_0)$ 时,函数 $f(x,y)$ 都无限接近于常数 A.因此,如果 $P(x,y)$ 在定义域内以不同方式趋近于 $P_0(x_0,y_0)$ 时,函数 $f(x,y)$ 趋近于不同的值,或 $P(x,y)$ 以某一种方式趋近于 $P_0(x_0,y_0)$ 时,$f(x,y)$ 的极限不存在,那么就可以断定这个函数的 极限不存在.

下面用例子来说明这种情形.

例 8.1.8 设函数 $f(x,y)=\begin{cases} \dfrac{xy}{x^2+y^2}, & x^2+y^2 \neq 0, \\ 0, & x^2+y^2=0 \end{cases}$ 考察极限 $\lim\limits_{(x,y)\to(0,0)}f(x,y)$.

解 当点 $P(x,y)$ 沿 x 轴趋近于点 $(0,0)$ 时,在此过程中 $y=0$,

$$\lim_{x\to 0}f(x,0)=\lim_{x\to 0}0=0;$$

而当点 $P(x,y)$ 沿直线 $y=x$ 趋于点 $(0,0)$ 时,

$$\lim_{\substack{x\to 0\\(y=x)}}f(x,y)=\lim_{\substack{x\to 0\\(y=x)}}\frac{xy}{x^2+y^2}=\lim_{x\to 0}\frac{x^2}{x^2+x^2}=\frac{1}{2}.$$

由于点 $P(x,y)$ 以上述两种特殊方式趋近于原点时函数的极限不相等,因此极限 $\lim\limits_{(x,y)\to(0,0)}f(x,y)$ 不存在.

以上关于二元函数极限的概念,可相应地推广到 n 元函数 $u=f(P)$.

对于 n 元函数 $f(P)$,当 $P\to P_0$ 时,若 $f(P)$ 与常数 A 无限接近,则称 A 为 n 元函数 $f(P)$ 在 $P\to P_0$ 时的极限,也称为 n 重极限,记为

$$\lim_{P\to P_0}f(P)=A.$$

8.1.4 多元函数的连续性

有了多元函数极限的概念,就不难给出多元函数的连续性的定义.

定义 8.1.3 设函数 $f(x,y)$ 在开区域(闭区域)D 内有定义,聚点 $P_0(x_0,y_0)\in D$,如果

$$\lim_{(x,y)\to(x_0,y_0)}f(x,y)=f(x_0,y_0),$$

则称函数 $f(x,y)$ 在点 $P_0(x_0,y_0)$ 连续.否则,称函数 $f(x,y)$ 在点 $P_0(x_0,y_0)$ 不连续.

如果函数 $f(x,y)$ 在开区域(或闭区域)D 内的每一点都连续,那么就称函数 $f(x,y)$ 在 D 内连续,或者称 $f(x,y)$ 是 D 内的 连续函数.

以上关于二元函数连续性的概念,可相应地推广到 n 元函数 $f(P)$ 中去.

由例 8.1.8 知,函数

$$f(x,y) = \begin{cases} \dfrac{xy}{x^2+y^2}, & x^2+y^2 \neq 0, \\ 0, & x^2+y^2 = 0, \end{cases}$$

当 $(x,y) \to (0,0)$ 时极限不存在,所以该函数在点 $(0,0)$ 处不连续.

若函数 $f(x,y)$ 在点 $P_0(x_0,y_0)$ 处不连续,则称 P_0 点为函数 $f(x,y)$ 的**间断点**.另外,$f(x,y)$ 不但可以有间断点,有时间断点还可以形成一条曲线,称为**间断线**.

例如 $(0,0)$ 点是 $f(x,y) = \dfrac{1}{x^2+y^2}$ 的间断点,$x^2+y^2 = 2$ 是二元函数 $z = \dfrac{1}{x^2+y^2-2}$ 的间断线.

与一元函数类似,利用多元函数极限的运算法则可以证明,多元连续函数的和、差、积、商(在分母不为零处)仍是连续函数,多元连续函数的复合函数也是连续函数.

一切多元初等函数(能用一个算式表示的多元函数,这个算式由常量及具有不同自变量的一元基本初等函数经过有限次的四则运算和复合而得到)在其定义区域内是连续的.所谓定义区域是指包含在定义域内的区域或闭区域.

例 8.1.9　讨论函数 $f(x,y) = \begin{cases} \dfrac{x^3+y^3}{x^2+y^2}, & x^2+y^2 \neq 0, \\ 0, & x^2+y^2 = 0 \end{cases}$ 在点 $(0,0)$ 的连续性.

解　利用极坐标变换,令 $x = \rho\cos\theta, y = \rho\sin\theta$,由于 $\rho = \sqrt{x^2+y^2}$,当 $(x,y) \to (0,0)$ 时,$\rho \to 0$.故

$$\lim_{\substack{x \to 0 \\ y \to 0}} \frac{x^3+y^3}{x^2+y^2} = \lim_{\rho \to 0} \rho(\cos^3\theta + \sin^3\theta) = 0 = f(0,0).$$

所以,函数在点 $(0,0)$ 处连续.

在求多元初等函数 $f(x,y)$ 在点 $P_0(x_0,y_0)$ 的极限时,如果 $P_0(x_0,y_0)$ 在此函数的定义区域内,由多元初等函数的连续性,$f(x,y)$ 在点 $P_0(x_0,y_0)$ 的极限值就等于它在该点的函数值,也就是代入法求极限,即

$$\lim_{P \to P_0} f(P) = f(P_0).$$

例 8.1.10　计算 $\lim\limits_{(x,y) \to (1,2)} \dfrac{x+y}{3-xy}$.

解　由于函数 $f(x,y) = \dfrac{x+y}{3-xy}$ 是初等函数,且在点 $(1,2)$ 处连续.故有

$$\lim_{(x,y) \to (1,2)} \frac{x+y}{3-xy} = f(1,2) = 3.$$

　　与闭区域上一元连续函数的性质相类似,在有界闭区域上多元连续函数也有如下性质.

　　性质 1(**最大值和最小值定理**)　在有界闭区域 D 上的多元连续函数,在 D 上一定有最大值和最小值.这就是说,在 D 上至少有一点 P_1 及一点 P_2,使得 $f(P_1)$ 为最大值而 $f(P_2)$ 为最小值,即对于一切 $P \in D$,有

$$f(P_2) \leqslant f(P) \leqslant f(P_1).$$

　　性质 2(**有界性定理**)　在有界闭区域 D 上的多元连续函数,在 D 上一定有界.

　　性质 3(**介值定理**)　在有界闭区域 D 上的多元连续函数,必能取得介于最大值和最小值之间的任何值.

8.1.5　同步习题

1. 求下列函数的定义域:

(1) $z = \sqrt{x - \sqrt{y}}$;　　　　(2) $z = \ln(y - x) + \dfrac{\sqrt{x}}{\sqrt{1 - x^2 - y^2}}$;

(3) $z = \sqrt{\ln(xy)}$;　　　　(4) $u = \arccos \dfrac{z}{\sqrt{x^2 + y^2}}$.

2. 求下列函数的极限:

(1) $\lim\limits_{(x,y) \to (0,1)} \dfrac{2 - xy}{x^2 + 2y^2}$;　　(2) $\lim\limits_{\substack{x \to 0 \\ y \to 0}} \dfrac{1 - \cos(x^2 + y^2)}{(x^2 + y^2) e^{x^2 y^2}}$;

(3) $\lim\limits_{(x,y) \to (0,5)} \dfrac{\sin xy}{x}$;　　　(4) $\lim\limits_{(x,y) \to (0,0)} \dfrac{xy}{\sqrt{xy + 1} - 1}$.

3. 证明:极限 $\lim\limits_{\substack{x \to 0 \\ y \to 0}} \dfrac{x + y}{x - y}$ 不存在.

4. 讨论下列函数在点 $(0,0)$ 处的连续性:

(1) $f(x,y) = \begin{cases} (x^2 + y^2) \ln(x^2 + y^2), & x^2 + y^2 \neq 0, \\ 0, & x^2 + y^2 = 0; \end{cases}$

(2) $f(x,y) = \begin{cases} \dfrac{3xy}{x^2 + y^2}, & x^2 + y^2 \neq 0, \\ 0, & x^2 + y^2 = 0. \end{cases}$

8.2　偏　导　数

　　本节要点:通过本节的学习,学生应掌握偏导数的定义、几何意义、以及可导与连续的关系,会计算一阶和二阶偏导数.

在一元函数中,通过函数的增量与自变量的增量之比的极限引出了导数的概念,这个比值的极限,即导数刻画了函数对于自变量的变化率.对于多元函数,同样需要讨论它的变化率.然而,多元函数的自变量多于一个,使得变化率的问题变得较为复杂.

在这一节中,考虑多元函数关于其中一个自变量的变化率,即讨论只有一个自变量变化,其余自变量固定不变(视为常量)时函数的变化率.

8.2.1 偏导数的定义

在学习一元函数时,我们从研究函数的变化率入手,引出了导数的概念.对于多元函数同样需要讨论它的变化率.但多元函数的自变量不止一个,因变量与自变量的关系要比一元函数复杂得多.在很多实际问题中,常常需要了解受到多种因素制约的变量,在其他因素固定不变的情况下,该变量只随一种因素变化的变化率问题,反映在数学上就是多元函数在其他自变量固定不变时,函数只随着一个自变量变化的变化率.例如,物体的动能 $E_k=\dfrac{1}{2}mv^2$(这里 m 是物体的质量,v 是物体的运动速度),在运动速度不变的情况下,物体的动能关于质量的变化率如何计算? 这便是偏导数的概念.

首先,以二元函数 $z=f(x,y)$ 为例,如果只有自变量 x 变化,而自变量 y 固定(即看作常量),这时它就是 x 的一元函数,该函数对 x 的导数,就称为二元函数 z 对于 x 的偏导数,定义如下:

定义 8.2.1 设函数 $z=f(x,y)$ 在点 (x_0,y_0) 的某一邻域内有定义,当 y 固定在 y_0 而 x 在 x_0 处有增量 Δx 时,相应地函数有增量

$$f(x_0+\Delta x,y_0)-f(x_0,y_0),$$

如果
$$\lim_{\Delta x\to 0}\frac{f(x_0+\Delta x,y_0)-f(x_0,y_0)}{\Delta x} \tag{8.2.1}$$

存在,则称此极限值为函数 $z=f(x,y)$ 在点 (x_0,y_0) 处对 x 的偏导数,

记作 $\dfrac{\partial z}{\partial x}\Big|_{\substack{x=x_0\\y=y_0}},\dfrac{\partial f}{\partial x}\Big|_{\substack{x=x_0\\y=y_0}},z_x\Big|_{\substack{x=x_0\\y=y_0}}$ 或 $f_x(x_0,y_0)$.

即
$$f_x(x_0,y_0)=\lim_{\Delta x\to 0}\frac{f(x_0+\Delta x,y_0)-f(x_0,y_0)}{\Delta x}.$$

类似地,函数 $z=f(x,y)$ 在点 (x_0,y_0) 处对 y 的偏导数定义为

$$\lim_{\Delta y\to 0}\frac{f(x_0,y_0+\Delta y)-f(x_0,y_0)}{\Delta y}, \tag{8.2.2}$$

$$记作\frac{\partial z}{\partial y}\bigg|_{\substack{x=x_0\\y=y_0}},\frac{\partial f}{\partial y}\bigg|_{\substack{x=x_0\\y=y_0}},z_y\big|_{\substack{x=x_0\\y=y_0}}或f_y(x_0,y_0).$$

如果函数 $z=f(x,y)$ 在区域 D 内每一点 (x,y) 处对 x 的偏导数都存在,那么这个偏导数就是 x,y 的函数,它就称为函数 $z=f(x,y)$ 对自变量 x 的偏导函数,记作

$$\frac{\partial z}{\partial x},\frac{\partial f}{\partial x},z_x 或 f_x(x,y).$$

类似地,可以定义函数 $z=f(x,y)$ 对自变量 y 的偏导函数,记作

$$\frac{\partial z}{\partial y},\frac{\partial f}{\partial y},z_y 或 f_y(x,y).$$

由偏导数的定义可知, $f(x,y)$ 在点 (x_0,y_0) 处对 x 的偏导数 $f_x(x_0,y_0)$ 显然就是偏导函数 $f_x(x,y)$ 在点 (x_0,y_0) 处的函数值; $f_y(x_0,y_0)$ 就是偏导函数 $f_y(x,y)$ 在点 (x_0,y_0) 处的函数值.就像一元函数的导函数一样,以后在不至于混淆的地方也把偏导函数简称为**偏导数**.

根据偏导数的定义可知,计算 $z=f(x,y)$ 的偏导数,并不需要用新的方法.因为这里只有一个自变量在变动,另一个自变量看作固定的,所以仍旧是一元函数的求导数问题.求 $\frac{\partial f}{\partial x}$ 时,把 y 暂时看作常量,对 x 求导数;求 $\frac{\partial f}{\partial y}$ 时,则把 x 暂时看作常量,而对 y 求导数.

偏导数的概念还可以推广到二元以上的函数.例如三元函数 $u=f(x,y,z)$ 在点 (x,y,z) 处对 x 的偏导数定义为

$$f_x(x,y,z)=\lim_{\Delta x\to 0}\frac{f(x+\Delta x,y,z)-f(x,y,z)}{\Delta x}$$

其中 (x,y,z) 是函数 $u=f(x,y,z)$ 的定义域的内点.它们的求法仍旧可以看作一元函数的求导问题.

例 8.2.1 求函数 $z=x^3+4xy+\sin y$ 的偏导数.

解 $\dfrac{\partial z}{\partial x}=3x^2+4y,\dfrac{\partial z}{\partial y}=4x+\cos y.$

例 8.2.2 已知函数 $z=x^y(x>0,且 x\neq 1)$,求证:

$$\frac{x}{y}\frac{\partial z}{\partial x}+\frac{1}{\ln x}\frac{\partial z}{\partial y}=2z.$$

证 因为 $\quad\dfrac{\partial z}{\partial x}=yx^{y-1},\dfrac{\partial z}{\partial y}=x^y\ln x.$

所以 $\quad\dfrac{x}{y}\dfrac{\partial z}{\partial x}+\dfrac{1}{\ln x}\dfrac{\partial z}{\partial y}=x^y+x^y=2z.$

在高等数学上册的学习中,我们知道,对一元函数来说, $\dfrac{\mathrm{d}y}{\mathrm{d}x}$ 可看作函数的微分 $\mathrm{d}y$ 与自变量的微分 $\mathrm{d}x$ 之商.而对多元函数来说,偏

导数的记号是一个整体记号,不能看作分子与分母之商.

例 8.2.3　求函数 $z=x^2+3xy+y^2+1$ 在点 $(1,2)$ 处的偏导数.

解　将 y 视为常数,对 x 求导,得

$$\frac{\partial z}{\partial x}=2x+3y.$$

将 x 视为常数,对 y 求导,得

$$\frac{\partial z}{\partial y}=3x+2y.$$

故

$$\frac{\partial z}{\partial x}\Big|_{(1,2)}=2\times1+3\times2=8,$$

$$\frac{\partial z}{\partial y}\Big|_{(1,2)}=3\times1+2\times2=7.$$

求多元函数在某点处的偏导数时,如求 $z=f(x,y)$ 在 (x_0,y_0) 的偏导数时,可以先将 y 的取值代入,得到相应的关于 x 的一元函数 $z=f(x,y_0)$,再对 x 求导数.对 y 的偏导数可采取同样的办法.如例 8.2.3,在计算函数在点 $(1,2)$ 处对 x 的偏导数时,可先将 $y=2$ 代入,即得 $z=x^2+6x+5$,再求其对 x 的导数在 $x=1$ 处的函数值.

二元函数 $z=f(x,y)$ 在点 (x_0,y_0) 的偏导数有下述几何意义.

设 $M_0(x_0,y_0,f(x_0,y_0))$ 为曲面 $z=f(x,y)$ 上的一点,过 M_0 作平面 $y=y_0$,截此曲面得一曲线,此曲线在平面 $y=y_0$ 上的方程为 $z=f(x,y_0)$,则导数 $\frac{\mathrm{d}}{\mathrm{d}x}f(x,y_0)\big|_{x=x_0}$,即偏导数 $f_x(x_0,y_0)$,就是这条曲线在点 M_0 处的切线 M_0T_x 对 x 轴的斜率,偏导数 $f_y(x_0,y_0)$ 的几何意义是曲面被平面 $x=x_0$ 所截得的曲线 $z=f(x_0,y)$ 在点 M_0 处的切线 M_0T_y 对 y 轴的斜率(见图 8-6).

由一元函数微分学可知,如果一元函数在某点具有导数,那么它在该点必定连续.但对于多元函数来说,即使各偏导数在某点都存在,也不能保证函数在该点连续.这是因为各偏导数存在只能保证点 P 沿着平行于坐标轴的方向趋于 P_0 时,函数值 $f(P)$ 趋于 $f(P_0)$,但不能保证点 P 按任何方式趋于 P_0 时,函数值 $f(P)$ 都趋于 $f(P_0)$.

例如,函数

$$z=f(x,y)=\begin{cases}\dfrac{xy}{x^2+y^2}, & x^2+y^2\neq0,\\[2mm]0, & x^2+y^2=0,\end{cases}$$

在点 $(0,0)$ 对 x 的偏导数为

$$f_x(0,0)=\lim_{\Delta x\to0}\frac{f(0+\Delta x,0)-f(0,0)}{\Delta x}=0;$$

同样有

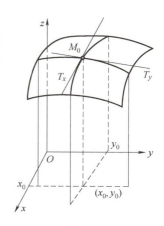

图 8-6

$$f_y(0,0)=\lim_{\Delta y \to 0}\frac{f(0,0+\Delta y)-f(0,0)}{\Delta y}=0.$$

事实上,我们在 8.1 节中已经知道该函数在点$(0,0)$不连续.也就是说,对于多元函数而言,各偏导数存在不能保证函数在该点连续.

8.2.2　高阶偏导数

设函数$z=f(x,y)$在区域 D 内具有偏导数

$$\frac{\partial z}{\partial x}=f_x(x,y), \qquad \frac{\partial z}{\partial y}=f_y(x,y),$$

那么在 D 内$f_x(x,y),f_y(x,y)$都是 x,y 的函数.如果这两个函数的偏导数也存在,则称它们是函数$z=f(x,y)$的二阶偏导数.按照对变量求导次序的不同,二元函数有下列四个**二阶偏导数**:

$$\frac{\partial}{\partial x}\left(\frac{\partial z}{\partial x}\right)=\frac{\partial^2 z}{\partial x^2}=f_{xx}(x,y), \frac{\partial}{\partial y}\left(\frac{\partial z}{\partial x}\right)=\frac{\partial^2 z}{\partial x \partial y}=f_{xy}(x,y),$$

$$\frac{\partial}{\partial y}\left(\frac{\partial z}{\partial y}\right)=\frac{\partial^2 z}{\partial y^2}=f_{yy}(x,y), \frac{\partial}{\partial x}\left(\frac{\partial z}{\partial y}\right)=\frac{\partial^2 z}{\partial y \partial x}=f_{yx}(x,y).$$

其中$\frac{\partial^2 z}{\partial x \partial y}$和$\frac{\partial^2 z}{\partial y \partial x}$称为**二阶混合偏导数**.

类似地,可得三阶,四阶,$\cdots$,n 阶偏导数.例如,$z=f(x,y)$关于 x 的三阶偏导数为$\frac{\partial}{\partial x}\left(\frac{\partial^2 z}{\partial x^2}\right)=\frac{\partial^3 z}{\partial x^3}$;$z=f(x,y)$关于 x 的 $n-1$ 阶偏导数,再关于 y 的一阶偏导数为$\frac{\partial}{\partial y}\left(\frac{\partial^{n-1} z}{\partial x^{n-1}}\right)=\frac{\partial^n z}{\partial x^{n-1} \partial y}$.二阶及二阶以上的偏导数统称为**高阶偏导数**.

例 8.2.4　已知函数$z=x^3-3xy^3-xy^2+5$,求该函数的所有二阶偏导数.

解　$\dfrac{\partial z}{\partial x}=3x^2-3y^3-y^2, \qquad \dfrac{\partial z}{\partial y}=-9xy^2-2xy;$

$\dfrac{\partial^2 z}{\partial x^2}=6x, \qquad\qquad\qquad \dfrac{\partial^2 z}{\partial y^2}=-18xy-2x;$

$\dfrac{\partial^2 z}{\partial x \partial y}=-9y^2-2y, \qquad \dfrac{\partial^2 z}{\partial y \partial x}=-9y^2-2y.$

例 8.2.5　已知函数$u=\mathrm{e}^{3x}\cos 2y$,求该函数所有的二阶偏导数.

解　$\dfrac{\partial u}{\partial x}=3\mathrm{e}^{3x}\cos 2y, \dfrac{\partial u}{\partial y}=-2\mathrm{e}^{3x}\sin 2y;$

$\dfrac{\partial^2 u}{\partial x^2}=9\mathrm{e}^{3x}\cos 2y, \dfrac{\partial^2 u}{\partial y^2}=-4\mathrm{e}^{3x}\cos 2y,$

$\dfrac{\partial^2 u}{\partial x \partial y}=-6\mathrm{e}^{3x}\sin 2y, \dfrac{\partial^2 u}{\partial y \partial x}=-6\mathrm{e}^{3x}\sin 2y.$

微课:例 8.2.5

容易发现,在例 8.2.4 和例 8.2.5 中两个二阶混合偏导数均相等,即 $\dfrac{\partial^2 z}{\partial y \partial x} = \dfrac{\partial^2 z}{\partial x \partial y}$,这并不是偶然的.事实上,有下述定理.

定理 8.2.1　如果函数 $z = f(x, y)$ 的两个二阶混合偏导数 $\dfrac{\partial^2 z}{\partial y \partial x}$ 及 $\dfrac{\partial^2 z}{\partial x \partial y}$ 在区域 D 内连续,那么在该区域内这两个二阶混合偏导数必相等.

换言之,二阶混合偏导数在连续的条件下与求导的次序无关.

对于二元以上的函数,我们也可以类似地定义高阶偏导数,而且高阶混合偏导数在偏导数连续的条件下也与求导的次序无关.

例 8.2.6　验证函数 $z = \ln \sqrt{x^2 + y^2}$ 满足拉普拉斯(Laplace)方程

$$\frac{\partial^2 z}{\partial x^2} + \frac{\partial^2 z}{\partial y^2} = 0.$$

证　因为　$z = \ln \sqrt{x^2 + y^2} = \dfrac{1}{2} \ln(x^2 + y^2)$,

所以　$\dfrac{\partial z}{\partial x} = \dfrac{x}{x^2 + y^2}, \dfrac{\partial z}{\partial y} = \dfrac{y}{x^2 + y^2}$,

$$\frac{\partial^2 z}{\partial x^2} = \frac{(x^2 + y^2) - x \cdot 2x}{(x^2 + y^2)^2} = \frac{y^2 - x^2}{(x^2 + y^2)^2},$$

$$\frac{\partial^2 z}{\partial y^2} = \frac{(x^2 + y^2) - y \cdot 2y}{(x^2 + y^2)^2} = \frac{x^2 - y^2}{(x^2 + y^2)^2},$$

故　$\dfrac{\partial^2 z}{\partial x^2} + \dfrac{\partial^2 z}{\partial y^2} = 0.$

拉普拉斯(Laplace)方程又名调和方程、位势方程,是一种偏微分方程.求解拉普拉斯方程是电磁学、天文学和流体力学等领域经常遇到的一类重要的数学问题,感兴趣的同学可以查阅相关资料.

8.2.3　同步习题

1. 求下列函数的偏导数:

(1) $z = xy + \dfrac{x}{y}$;　　　(2) $z = x^3 + y^3 - 3xy^2$;

(3) $z = \ln(x^2 + y)$;　　(4) $w = e^{xyz}$.

2. 求下列函数在指定点处的一阶偏导数:

(1) $z = x + (y - 1)\arcsin \sqrt{\dfrac{x}{y}}$,在点 $(0, 1)$ 处;

(2) $z = \arctan \dfrac{y}{x}$,在点 $(1, 1)$ 处.

3. 求下列函数的所有二阶偏导数:

（1）$f(x,y)=x^y$；　（2）$f(x,y)=\arctan\dfrac{y}{x}$.

4. 设 $z=x\ln(xy)$，求高阶偏导数 $\dfrac{\partial^3 z}{\partial x^2\partial y}$，$\dfrac{\partial^3 z}{\partial x\partial y^2}$.

8.3　全　微　分

本节要求：通过本节的学习，学生应掌握全微分的定义、可微的条件，会计算全微分，并理解连续性、可微性和偏导数存在之间的关系.

一元函数 $y=f(x)$ 的微分 $\mathrm{d}y$ 是函数增量 Δy 关于自变量 Δx 的线性主部，即 $\Delta y-\mathrm{d}y$ 是一个比 Δx 高阶的无穷小.对于多元函数也有类似的情形，下面以二元函数 $z=f(x,y)$ 为例进行讨论.

先看引例.如图 8-7 所示，一块长和宽分别为 x 和 y 的矩形金属薄片，面积为 $A=xy$.它受温度变化的影响，长由 x 变到 $x+\Delta x$，宽由 y 变到 $y+\Delta y$，那么此金属薄片的面积相应地发生了改变.记面积的增量为 ΔA，则有 $\Delta A=(x+\Delta x)(y+\Delta y)-xy$ 整理得

$$\Delta A=y\Delta x+x\Delta y+\Delta x\Delta y$$

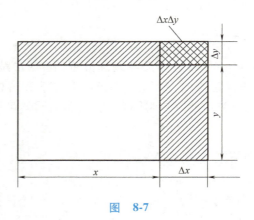

图　8-7

上式右端包含两部分，第一部分 $y\Delta x+x\Delta y$ 是关于 Δx，Δy 的线性函数；第二部分 $\Delta x\Delta y$，当 $\rho=\sqrt{(\Delta x)^2+(\Delta y)^2}\to 0$ 时是比 $\rho=\sqrt{(\Delta x)^2+(\Delta y)^2}$ 高阶的无穷小.当 $|\Delta x|$，$|\Delta y|$ 很小时，可用第一部分 $y\Delta x+x\Delta y$ 近似表示 ΔA，其差 $\Delta A-(y\Delta x+x\Delta y)$ 是一个比 $\rho=\sqrt{(\Delta x)^2+(\Delta y)^2}$ 高阶的无穷小.我们称线性函数 $y\Delta x+x\Delta y$ 为面积 $A=xy$ 的全微分，ΔA 为函数 $A=xy$ 在点 (x,y) 相应于自变量增量 Δx，Δy 的全增量.

8.3.1　全微分的定义

定义 8.3.1　对于自变量 x,y 在点 $P(x,y)$ 处的增量 $\Delta x,\Delta y$,如果函数 $z=f(x,y)$ 相应的增量

$$\Delta z=f(x+\Delta x,y+\Delta y)-f(x,y)$$

可以表示为

$$\Delta z=A\Delta x+B\Delta y+o(\rho),\qquad(8.3.1)$$

其中 A,B 不依赖于 $\Delta x,\Delta y$ 而仅与 x,y 有关,$\rho=\sqrt{(\Delta x)^2+(\Delta y)^2}$,$o(\rho)$ 表示 $(\Delta x,\Delta y)\to(0,0)$ 时,较 ρ 高阶的无穷小,则称函数 $z=f(x,y)$ 在点 $P(x,y)$ 可微,称 $A\Delta x+B\Delta y$ 为函数 $z=f(x,y)$ 在点 $P(x,y)$ 的全微分,记作 $\mathrm{d}z$,即

$$\mathrm{d}z=A\Delta x+B\Delta y.$$

如果函数在区域 D 内各点处都可微分,那么称该函数在 D 内可微分.

在上一节中曾指出,多元函数在某点的各个偏导数即使都存在,也不能保证函数在该点连续.但是,如果函数 $z=f(x,y)$ 在点 $P(x,y)$ 可微分,那么函数在该点必定连续.由式(8.3.1)可得

$$\lim_{\rho\to0}\Delta z=0,$$

从而 $\lim\limits_{\substack{\Delta x\to0\\\Delta y\to0}}f(x+\Delta x,y+\Delta y)=\lim\limits_{\Delta\rho\to0}[f(x,y)+\Delta z]=f(x,y).$

因此函数 $z=f(x,y)$ 在点 $P(x,y)$ 处连续.

定理 8.3.1(必要条件之一)　如果函数 $z=f(x,y)$ 在点 $P(x,y)$ 处可微分,则该函数在点 $P(x,y)$ 处连续.

换句话说,如果函数在该点不连续,则函数在该点一定不可微.连续是可微的必要条件,下面接着给出函数可微的第二个必要条件.

定理 8.3.2(必要条件之二)　如果函数 $z=f(x,y)$ 在点 $P(x,y)$ 处可微分,则该函数在点 $P(x,y)$ 处的偏导数 $\dfrac{\partial z}{\partial x},\dfrac{\partial z}{\partial y}$ 必定存在,且函数 $z=f(x,y)$ 在点 $P(x,y)$ 处的全微分为

$$\mathrm{d}z=\frac{\partial z}{\partial x}\Delta x+\frac{\partial z}{\partial y}\Delta y.$$

证　设函数 $z=f(x,y)$ 在点 $P(x,y)$ 可微分.于是,对于点 P 的某个邻域内的任意一点 $P'(x+\Delta x,y+\Delta y)$ 式(8.3.1)总成立.特别当 $\Delta y=0$ 时式(8.3.1)也应成立,这时 $\rho=|\Delta x|$,所以式(8.3.1)成为

$$f(x+\Delta x,y)-f(x,y)=A\cdot\Delta x+o(|\Delta x|).$$

上式两边各除以 Δx,再令 $\Delta x\to0$ 取极限,就得

$$\lim_{\Delta x\to0}\frac{f(x+\Delta x,y)-f(x,y)}{\Delta x}=A,$$

从而偏导数 $\dfrac{\partial z}{\partial x}$ 存在,且等于 A.同样可证 $\dfrac{\partial z}{\partial y}=B$.证毕.

我们知道,一元函数在某点的导数存在是微分存在的充分必要条件.但对于多元函数来说,情形就不同了.当函数的各偏导数都存在时,虽然在形式上能写出 $\dfrac{\partial z}{\partial x}\Delta x+\dfrac{\partial z}{\partial y}\Delta y$,但它与 Δz 之差并不一定是较 ρ 高阶的无穷小,因此它不一定是函数的全微分.

例如,函数

$$z=f(x,y)=\begin{cases}\dfrac{xy}{\sqrt{x^2+y^2}}, & x^2+y^2\neq 0,\\[2mm] 0, & x^2+y^2=0\end{cases}$$

在点 $(0,0)$ 处有 $f_x(0,0)=0$ 及 $f_y(0,0)=0$,所以

$$\Delta z-[f_x(0,0)\cdot\Delta x+f_y(0,0)\cdot\Delta y]=\dfrac{\Delta x\cdot\Delta y}{\sqrt{(\Delta x)^2+(\Delta y)^2}},$$

如果考虑点 $P(x+\Delta x,y+\Delta y)$ 沿着直线 $y=x$ 趋于 $(0,0)$,则

$$\lim_{\substack{\Delta x\to 0\\ \Delta y\to 0}}\dfrac{\dfrac{\Delta x\cdot\Delta y}{\sqrt{(\Delta x)^2+(\Delta y)^2}}}{\rho}=\lim_{\substack{\Delta x\to 0\\ \Delta y=\Delta x}}\dfrac{\Delta x\cdot\Delta y}{(\Delta x)^2+(\Delta y)^2}=\lim_{\Delta x\to 0}\dfrac{\Delta x\cdot\Delta x}{(\Delta x)^2+(\Delta x)^2}=\dfrac{1}{2},$$

这表示 $\rho\to 0$ 时,$\Delta z-[f_x(0,0)\cdot\Delta x+f_y(0,0)\cdot\Delta y]$ 并不是较 ρ 高阶的无穷小,因此函数在点 $(0,0)$ 处的全微分并不存在,即函数在点 $P(0,0)$ 处是不可微的.

这说明,偏导数存在是可微的必要但非充分条件.但是,如果再假定函数的各个偏导数连续,则可以证明函数是可微分的,即有下面的定理.

定理 8.3.3(充分条件)　如果函数 $z=f(x,y)$ 的偏导数 $\dfrac{\partial z}{\partial x},\dfrac{\partial z}{\partial y}$ 在点 $P(x,y)$ 连续,则函数在该点可微.

例 8.3.1　证明函数 $z=f(x,y)=\begin{cases}(x^2+y^2)\sin\dfrac{1}{x^2+y^2}, & x^2+y^2\neq 0,\\[2mm] 0, & x^2+y^2=0,\end{cases}$ 偏导数在 $(0,0)$ 处不连续,但在点 $(0,0)$ 处可微.

证　$f_x(0,0)=\lim\limits_{\Delta x\to 0}\dfrac{f(0+\Delta x,0)-f(0,0)}{\Delta x}=\lim\limits_{\Delta x\to 0}\dfrac{(\Delta x)^2\sin\dfrac{1}{(\Delta x)^2}-0}{\Delta x}=0,$

$$f_y(0,0)=\lim_{\Delta y\to 0}\dfrac{f(0,0+\Delta y)-f(0,0)}{\Delta y}=\lim_{\Delta y\to 0}\dfrac{(\Delta y)^2\sin\dfrac{1}{(\Delta y)^2}-0}{\Delta y}=0,$$

当 $(x,y)\neq(0,0)$ 时,$f_x(x,y)=2x\sin\dfrac{1}{x^2+y^2}-\dfrac{2x}{x^2+y^2}\cos\dfrac{1}{x^2+y^2}$.

当点 $P(x,y)$ 沿直线 $y=x$ 趋于 $(0,0)$ 时,

$$\lim_{(x,x)\to(0,0)} f_x(x,y) = \lim_{x\to0}\left(2x\sin\frac{1}{2x^2} - \frac{1}{x}\cos\frac{1}{2x^2}\right) 不存在,所以$$

$f_x(x,y)$ 在点 $(0,0)$ 不连续;同理可证 $f_y(x,y)$ 在点 $(0,0)$ 不连续.而

$$\frac{\Delta z - f_x\Delta x - f_y\Delta y}{\sqrt{\Delta x^2 + \Delta y^2}} = \frac{f(\Delta x, \Delta y) - f(0,0)}{\sqrt{\Delta x^2 + \Delta y^2}} = \frac{(\Delta x)^2 + (\Delta y)^2}{\sqrt{(\Delta x)^2 + (\Delta y)^2}}\sin\frac{1}{(\Delta x)^2 + (\Delta y)^2}$$

$$= \sqrt{(\Delta x)^2 + (\Delta y)^2}\sin\frac{1}{(\Delta x)^2 + (\Delta y)^2} \to 0(\rho\to0),$$

故 $f(x,y)$ 在 $(0,0)$ 可微,且 $df\big|_{(0,0)} = 0$.

这个例子说明,偏导数连续是可微的充分而非必要条件,即若函数的偏导数在该点连续,则函数在该点可微;函数在该点可微,则函数在该点必定连续,而函数在该点的偏导数未必连续.

二元函数全微分的定义及可微的必要和充分条件,可以类似地推广到二元以上的多元函数.

习惯上,我们将自变量的增量 Δx, Δy 分别记作 dx, dy,并分别称为自变量 x,y 的微分.这样,函数 $z = f(x,y)$ 的全微分就可以写为

$$dz = \frac{\partial z}{\partial x}dx + \frac{\partial z}{\partial y}dy. \tag{8.3.2}$$

通常我们把二元函数的全微分等于它的两个偏微分之和称为二元函数的微分符合**叠加原理**.

叠加原理也适用于二元以上的函数的情形.例如,若三元函数 $u = f(x,y,z)$ 可微,那么三元函数的全微分就等于它的三个偏微分之和,即

$$du = \frac{\partial u}{\partial x}dx + \frac{\partial u}{\partial y}dy + \frac{\partial u}{\partial z}dz$$

微课:例 8.3.2

例 8.3.2　计算函数 $z = x^2y + e^x + 3y^2 - 1$ 的全微分.

解　因为 $\dfrac{\partial z}{\partial x} = 2xy + e^x$, $\dfrac{\partial z}{\partial y} = x^2 + 6y$,

所以 $dz = \dfrac{\partial z}{\partial x}dx + \dfrac{\partial z}{\partial y}dy = (2xy + e^x)dx + (x^2 + 6y)dy$.

例 8.3.3　计算函数 $u = xy + \sin\dfrac{y}{2} + e^{yz}$ 的全微分.

解　因为 $\dfrac{\partial u}{\partial x} = y$, $\dfrac{\partial u}{\partial y} = x + \dfrac{1}{2}\cos\dfrac{y}{2} + ze^{yz}$, $\dfrac{\partial u}{\partial z} = ye^{yz}$,

所以 $du = \dfrac{\partial u}{\partial x}dx + \dfrac{\partial u}{\partial y}dy + \dfrac{\partial u}{\partial z}dz$

$$= ydx + \left(x + \frac{1}{2}\cos\frac{y}{2} + ze^{yz}\right)dy + ye^{yz}dz.$$

例 8.3.4　计算函数 $z = xy + e^{xy} + 2$ 在点 $(2,1)$ 处的全微分.

解　因为 $\dfrac{\partial z}{\partial x} = y(1 + e^{xy})$, $\dfrac{\partial z}{\partial y} = x(1 + e^{xy})$,

$$\frac{\partial z}{\partial x}\bigg|_{(2,1)} = 1+e^2, \frac{\partial z}{\partial y}\bigg|_{(2,1)} = 2(1+e^2),$$

所以　$dz\big|_{(2,1)} = (1+e^2)dx+2(1+e^2)dy.$

8.3.2　全微分在近似计算中的应用

二元函数 $z=f(x,y)$ 在点 (x,y) 处可微,由全微分的定义

$$\Delta z = \frac{\partial u}{\partial x}\Delta x+\frac{\partial u}{\partial y}\Delta y+o(\rho)$$

可知当 $|\Delta x|$ 及 $|\Delta y|$ 都较小时,有近似等式:

$$\Delta z \approx dz = \frac{\partial z}{\partial x}\Delta x+\frac{\partial z}{\partial y}\Delta y.$$

因 $\Delta z = f(x+\Delta x, y+\Delta y) - f(x,y)$,故有

$$f(x+\Delta x, y+\Delta y) \approx f(x,y)+\frac{\partial z}{\partial x}\Delta x+\frac{\partial z}{\partial y}\Delta y. \qquad (8.3.3)$$

例 8.3.5　计算 $1.04^{2.02}$ 的近似值.

解　设 $f(x,y)=x^y$,则

$$\frac{\partial z}{\partial x}=yx^{y-1}, \frac{\partial z}{\partial y}=x^y\ln x.$$

取　　$x=1, y=2, \Delta x=0.04, \quad \Delta y=0.02,$

则　　$1.04^{2.02}=f(1.04, 2.02)$

$$\approx f(1,2)+\frac{\partial z}{\partial x}\bigg|_{(1,2)}\Delta x+\frac{\partial z}{\partial y}\bigg|_{(1,2)}\Delta y$$

$$=1+2\times0.04+0\times0.02=1.08.$$

8.3.3　同步习题

1. 求下列函数的全微分:

(1) $z=\cos(x+y)+\sin(xy)$;　　(2) $z=\ln(x^2+y^2)$;

(3) $z=\arctan(xy)$;　　　　　　(4) $u=\sqrt{x^2+y^2+z^2}$.

2. 求函数 $z=\ln(1+x^2+y^2)$ 在点 $P_0(1,2)$ 的全微分.

*3. 利用全微分计算函数 $\sqrt{(1.02)^3+(1.97)^3}$ 的近似值.

8.4　多元复合函数的求导法则

本节要求:通过本节的学习,学生应掌握一元函数与多元函数复合、多元函数与多元函数复合的求导方法,理解一阶微分形式的不变性.

在一元函数中,我们介绍了复合函数的链式求导法则.这个链

式法则可以推广到多元函数的情形.

8.4.1　链式法则

与一元函数相比,多元函数的复合情况要复杂得多,很难用一个公式表达出来.下面按照多元函数复合的不同情形,分情况讨论.

定理 8.4.1　设函数 $u=u(x,y),v=v(x,y)$ 满足:

(1) 在点 (x,y) 处的偏导数 $\dfrac{\partial u}{\partial x},\dfrac{\partial u}{\partial y},\dfrac{\partial v}{\partial x},\dfrac{\partial v}{\partial y}$ 存在;

(2) $z=f(u,v)$ 在对应点 (u,v) 具有连续偏导数.

则复合函数 $z=f[u(x,y),v(x,y)]$ 在点 (x,y) 的两个偏导数存在,且有如下链式法则:

$$\begin{cases}\dfrac{\partial z}{\partial x}=\dfrac{\partial z}{\partial u}\dfrac{\partial u}{\partial x}+\dfrac{\partial z}{\partial v}\dfrac{\partial v}{\partial x},\\[2mm]\dfrac{\partial z}{\partial y}=\dfrac{\partial z}{\partial u}\dfrac{\partial u}{\partial y}+\dfrac{\partial z}{\partial v}\dfrac{\partial v}{\partial y}.\end{cases}\tag{8.4.1}$$

为了便于掌握复合函数的求导法则,常用链式图表示函数的复合关系,定理 8.4.1 的链式图如图 8-8 所示.

链式法则可推广到中间变量多于两个的情形.类似地,设 $u=\varphi(x,y),v=\psi(x,y)$ 及 $w=\omega(x,y)$ 在点 (x,y) 的偏导数都存在,函数 $z=f(u,v,w)$ 在对应点 (u,v,w) 具有连续偏导数,则复合函数

$$z=f[\varphi(x,y),\psi(x,y),\omega(x,y)]$$

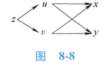

图　8-8

在点 (x,y) 的两个偏导数都存在,且可用下列公式计算:

$$\begin{cases}\dfrac{\partial z}{\partial x}=\dfrac{\partial z}{\partial u}\dfrac{\partial u}{\partial x}+\dfrac{\partial z}{\partial v}\dfrac{\partial v}{\partial x}+\dfrac{\partial z}{\partial w}\dfrac{\partial w}{\partial x},\\[2mm]\dfrac{\partial z}{\partial y}=\dfrac{\partial z}{\partial u}\dfrac{\partial u}{\partial y}+\dfrac{\partial z}{\partial v}\dfrac{\partial v}{\partial y}+\dfrac{\partial z}{\partial w}\dfrac{\partial w}{\partial y}.\end{cases}$$

式(8.4.1)还适用于下面三种特殊情形:

情形 1　$z=f(u,v),u=u(t),v=v(t)$,则对于复合函数 $z=f[u(t),v(t)]$,

$$\dfrac{\mathrm{d}z}{\mathrm{d}t}=\dfrac{\partial z}{\partial u}\dfrac{\mathrm{d}u}{\mathrm{d}t}+\dfrac{\partial z}{\partial v}\dfrac{\mathrm{d}v}{\mathrm{d}t}.\tag{8.4.2}$$

式(8.4.2)中的导数 $\dfrac{\mathrm{d}z}{\mathrm{d}t}$ 称为**全导数**.

其链式图如图 8-9 所示.

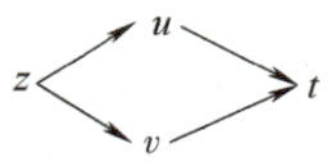

情形 2　$z=f(u,x,y),u=\varphi(x,y)$ 的复合函数情形,利用链式法则可得

图　8-9

$$\begin{cases}\dfrac{\partial z}{\partial x}=\dfrac{\partial f}{\partial u}\dfrac{\partial u}{\partial x}+\dfrac{\partial f}{\partial x},\\[2mm]\dfrac{\partial z}{\partial y}=\dfrac{\partial f}{\partial u}\dfrac{\partial u}{\partial y}+\dfrac{\partial f}{\partial y}.\end{cases}\tag{8.4.3}$$

其链式图如图 8-10 所示.

图　8-10

注　这里 $\dfrac{\partial z}{\partial x}$ 与 $\dfrac{\partial f}{\partial x}$ 是不同的, $\dfrac{\partial z}{\partial x}$ 是把复合函数 $z=f[\varphi(x,y),x,y]$ 中的 y 看作常数而对 x 的偏导数, $\dfrac{\partial f}{\partial x}$ 是把 $f(u,x,y)$ 中的 u 及 y 看作常数而对 x 的偏导数. $\dfrac{\partial z}{\partial y}$ 与 $\dfrac{\partial f}{\partial y}$ 也有类似的区别.

情形 3　$z=f(u,v)$, $u=u(x,y)$, $v=v(x)$, 则对于复合函数 $z=f[u(x,y),v(x)]$ 有链式法则

$$\begin{cases} \dfrac{\partial z}{\partial x}=\dfrac{\partial z}{\partial u}\dfrac{\partial u}{\partial x}+\dfrac{\partial z}{\partial v}\dfrac{\mathrm{d}v}{\mathrm{d}x}, \\[3mm] \dfrac{\partial z}{\partial y}=\dfrac{\partial z}{\partial u}\dfrac{\partial u}{\partial y}. \end{cases} \tag{8.4.4}$$

式 (8.4.4) 中的 $\dfrac{\partial z}{\partial u}$, $\dfrac{\partial z}{\partial v}$ 也可记作 $\dfrac{\partial f}{\partial u}$, $\dfrac{\partial f}{\partial v}$.

其链式图如图 8-11 所示.

图　8-11

例 8.4.1　设 $z=\mathrm{e}^{xy}\sin(2x+y)$, 求 $\dfrac{\partial z}{\partial x}$ 和 $\dfrac{\partial z}{\partial y}$.

解　令 $u=xy$, $v=2x+y$, 则 $z=\mathrm{e}^{u}\sin v$.

$$\begin{aligned} \dfrac{\partial z}{\partial x}&=\dfrac{\partial z}{\partial u}\dfrac{\partial u}{\partial x}+\dfrac{\partial z}{\partial v}\dfrac{\partial v}{\partial x} \\ &=\mathrm{e}^{u}\sin v\cdot y+\mathrm{e}^{u}\cos v\cdot 2 \\ &=\mathrm{e}^{u}(y\sin v+2\cos v) \\ &=\mathrm{e}^{xy}[y\sin(2x+y)+2\cos(2x+y)]. \end{aligned}$$

$$\begin{aligned} \dfrac{\partial z}{\partial y}&=\dfrac{\partial z}{\partial u}\dfrac{\partial u}{\partial y}+\dfrac{\partial z}{\partial v}\dfrac{\partial v}{\partial y} \\ &=\mathrm{e}^{u}\sin v\cdot x+\mathrm{e}^{u}\cos v\cdot 1 \\ &=\mathrm{e}^{u}(x\sin v+\cos v) \\ &=\mathrm{e}^{xy}[x\sin(2x+y)+\cos(2x+y)]. \end{aligned}$$

例 8.4.2　设 $z=uv$, $u=\mathrm{e}^{t}$, $v=\sin t$, 求全导数 $\dfrac{\mathrm{d}z}{\mathrm{d}t}$.

解　$$\begin{aligned} \dfrac{\mathrm{d}z}{\mathrm{d}t}&=\dfrac{\partial z}{\partial u}\cdot\dfrac{\mathrm{d}u}{\mathrm{d}t}+\dfrac{\partial z}{\partial v}\cdot\dfrac{\mathrm{d}v}{\mathrm{d}t} \\ &=v\mathrm{e}^{t}+u\cos t \\ &=\mathrm{e}^{t}(\sin t+\cos t). \end{aligned}$$

例 8.4.3　已知 $z=f(u,\mathrm{e}^{2x})$, $u=x^{2}\sin y$, 求 $\dfrac{\partial z}{\partial x}$ 及 $\dfrac{\partial z}{\partial y}$.

解　令 $v=\mathrm{e}^{2x}$, 则

$$\begin{aligned} \dfrac{\partial z}{\partial x}&=\dfrac{\partial f}{\partial u}\dfrac{\partial u}{\partial x}+\dfrac{\partial f}{\partial v}\dfrac{\mathrm{d}v}{\mathrm{d}x}, \\ &=\dfrac{\partial f}{\partial u}\cdot 2x\sin y+\dfrac{\partial f}{\partial v}\cdot 2\mathrm{e}^{2x}. \end{aligned}$$

$$\frac{\partial z}{\partial y} = \frac{\partial f}{\partial u} \frac{\partial u}{\partial y}$$

$$= \frac{\partial f}{\partial u} \cdot x^2 \cos y.$$

例 8.4.4　已知 $z = f(u, x, y)$，$u = xe^y$，求 $\dfrac{\partial z}{\partial x}$ 及 $\dfrac{\partial z}{\partial y}$.

解　$\dfrac{\partial z}{\partial x} = \dfrac{\partial f}{\partial u} \dfrac{\partial u}{\partial x} + \dfrac{\partial f}{\partial x}$

$$= \frac{\partial f}{\partial u} \cdot e^y + \frac{\partial f}{\partial x}.$$

$$\frac{\partial z}{\partial y} = \frac{\partial f}{\partial u} \frac{\partial u}{\partial y} + \frac{\partial f}{\partial y}$$

$$= \frac{\partial f}{\partial u} \cdot xe^y + \frac{\partial f}{\partial y}.$$

上面的计算结果也可记为

$$\frac{\partial z}{\partial x} = f_1' \cdot e^y + f_2',$$

$$\frac{\partial z}{\partial y} = f_1' \cdot xe^y + f_3'.$$

例 8.4.5　设 $w = f(x + y + z, xyz)$，f 具有二阶连续偏导数，求 $\dfrac{\partial w}{\partial x}$ 及 $\dfrac{\partial^2 w}{\partial x \partial z}$.

解　令　$u = x + y + z$，$v = xyz$，

$$\frac{\partial w}{\partial x} = \frac{\partial f}{\partial u} \cdot \frac{\partial u}{\partial x} + \frac{\partial f}{\partial v} \cdot \frac{\partial v}{\partial x} = f_1' + yzf_2',$$

$$\frac{\partial^2 w}{\partial x \partial z} = \frac{\partial}{\partial z}(f_1' + yzf_2') = \frac{\partial f_1'}{\partial z} + yf_2' + yz\frac{\partial f_2'}{\partial z},$$

$$\frac{\partial f_1'}{\partial z} = \frac{\partial f_1'}{\partial u} \cdot \frac{\partial u}{\partial z} + \frac{\partial f_1'}{\partial v} \cdot \frac{\partial v}{\partial z} = f_{11}'' + xyf_{12}'',$$

$$\frac{\partial f_2'}{\partial z} = \frac{\partial f_2'}{\partial u} \cdot \frac{\partial u}{\partial z} + \frac{\partial f_2'}{\partial v} \cdot \frac{\partial v}{\partial z} = f_{21}'' + xyf_{22}'',$$

f 具有二阶连续偏导数，二阶混合偏导数与次序无关. 于是

$$\frac{\partial^2 w}{\partial x \partial z} = f_{11}'' + xyf_{12}'' + yf_2' + yz(f_{21}'' + xyf_{22}'')$$

$$= f_{11}'' + y(x + z)f_{12}'' + xy^2zf_{22}'' + yf_2'.$$

8.4.2　一阶微分形式不变性

设二元函数 $z = f(u, v)$ 可微，若 u, v 为自变量，则其全微分为

$$dz = \frac{\partial z}{\partial u}du + \frac{\partial z}{\partial v}dv.$$

当 u,v 是中间变量时,设 $u=u(x,y)$,$v=v(x,y)$,则复合函数
$$z=f[u(x,y),v(x,y)]$$
的全微分可表示为

$$\mathrm{d}z = \frac{\partial z}{\partial x}\mathrm{d}x + \frac{\partial z}{\partial y}\mathrm{d}y$$

$$= \left(\frac{\partial z}{\partial u}\cdot\frac{\partial u}{\partial x}+\frac{\partial z}{\partial v}\cdot\frac{\partial v}{\partial x}\right)\mathrm{d}x + \left(\frac{\partial z}{\partial u}\cdot\frac{\partial u}{\partial y}+\frac{\partial z}{\partial v}\cdot\frac{\partial v}{\partial y}\right)\mathrm{d}y$$

$$= \frac{\partial z}{\partial u}\left(\frac{\partial u}{\partial x}\mathrm{d}x+\frac{\partial u}{\partial y}\mathrm{d}y\right) + \frac{\partial z}{\partial v}\left(\frac{\partial v}{\partial x}\mathrm{d}x+\frac{\partial v}{\partial y}\mathrm{d}y\right)$$

$$= \frac{\partial z}{\partial u}\mathrm{d}u + \frac{\partial z}{\partial v}\mathrm{d}v.$$

即无论 u,v 是自变量还是中间变量,它的全微分形式是一样的,这种性质叫作微分形式的不变性.掌握这一规律,求初等函数的偏导数和全微分十分方便.

由这一形式,容易推出下列全微分运算公式:
$$\mathrm{d}(u\pm v)=\mathrm{d}u\pm\mathrm{d}v,$$
$$\mathrm{d}(uv)=v\mathrm{d}u+u\mathrm{d}v,$$
$$\mathrm{d}\left(\frac{u}{v}\right)=\frac{v\mathrm{d}u-u\mathrm{d}v}{v^2}(v\neq0).$$

例 8.4.6　求二元函数 $z=x^2\ln(x-2y)$ 的全微分与偏导数.

解　由微分运算法则可得

$$\mathrm{d}z = x^2\mathrm{d}\ln(x-2y)+\ln(x-2y)\mathrm{d}(x^2)$$

$$= x^2\frac{\mathrm{d}(x-2y)}{x-2y}+\ln(x-2y)2x\mathrm{d}x$$

$$= x^2\frac{\mathrm{d}x-2\mathrm{d}y}{x-2y}+\ln(x-2y)2x\mathrm{d}x$$

$$= \left[\frac{x^2}{x-2y}+2x\ln(x-2y)\right]\mathrm{d}x-\frac{2x^2}{x-2y}\mathrm{d}y$$

微课:例 8.4.7

由此可得 $\dfrac{\partial z}{\partial x}=\dfrac{x^2}{x-2y}+2x\ln(x-2y)$,$\dfrac{\partial z}{\partial y}=-\dfrac{2x^2}{x-2y}$.

例 8.4.7　已知 $\mathrm{e}^{-xy}-2z+\mathrm{e}^z=0$,求偏导数 $\dfrac{\partial z}{\partial x}$,$\dfrac{\partial z}{\partial y}$.

解　方程两边同时求微分
$$\mathrm{d}(\mathrm{e}^{-xy}-2z+\mathrm{e}^z)=0,$$
所以
$$\mathrm{e}^{-xy}\mathrm{d}(-xy)-2\mathrm{d}z+\mathrm{e}^z\mathrm{d}z=0,$$
即
$$(\mathrm{e}^z-2)\mathrm{d}z=\mathrm{e}^{-xy}(x\mathrm{d}y+y\mathrm{d}x),$$
$$\mathrm{d}z=\frac{y\mathrm{e}^{-xy}}{(\mathrm{e}^z-2)}\mathrm{d}x+\frac{x\mathrm{e}^{-xy}}{(\mathrm{e}^z-2)}\mathrm{d}y$$

因此

$$\frac{\partial z}{\partial x}=\frac{y\mathrm{e}^{-xy}}{(\mathrm{e}^z-2)},\frac{\partial z}{\partial y}=\frac{x\mathrm{e}^{-xy}}{(\mathrm{e}^z-2)}.$$

上面的例子,实际上是方程所确定的隐函数的求导问题,采用的是全微分求导法.隐函数的求导问题,我们将在下一节中深入学习.

8.4.3　同步习题

1. 求下列复合函数的导数:

(1) $z=u^2\ln v,u=\dfrac{x}{y},v=3x-2y$,求 $\dfrac{\partial z}{\partial x},\dfrac{\partial z}{\partial y}$;

(2) $z=u\mathrm{e}^{\frac{u}{v}},u=x^2+y^2,v=xy$,求 $\dfrac{\partial z}{\partial x},\dfrac{\partial z}{\partial y}$;

(3) $z=x^2y-xy^2,x=r\cos\theta,y=r\sin\theta$,求 $\dfrac{\partial z}{\partial r},\dfrac{\partial z}{\partial \theta}$;

(4) $u=\dfrac{y}{x},y=\sqrt{1-x^2}$,求 $\dfrac{\mathrm{d}u}{\mathrm{d}x}$.

2. 求下列抽象函数的一阶偏导数:

(1) $z=f(x,\mathrm{e}^{xy})$; (2) $z=f\left(xy,\dfrac{x}{y}\right)$; (3) $z=f(x^2-y^2,x,y)$.

3. 设 $z=xy+xF(u)$,而 $u=\dfrac{y}{x},F(u)$ 为可微函数,证明:

$$x\,\frac{\partial z}{\partial x}+y\,\frac{\partial z}{\partial y}=z+xy.$$

4. 设 $z=f(x^2+y^2)$,其中 f 有二阶导数,求 $\dfrac{\partial^2 z}{\partial x^2},\dfrac{\partial^2 z}{\partial x\partial y},\dfrac{\partial^2 z}{\partial y^2}$.

8.5　隐函数的求导法则

本节要求:通过本节的学习,学生应重点掌握由一个方程确定的隐函数的求导方法,了解由方程确定的隐函数的求导.

一元函数微分学中,我们引入了隐函数的概念,讨论了由二元方程 $F(x,y)=0$ 确定的一元隐函数 $y=y(x)$ 的求导方法.那么,在什么条件下方程能够确定隐函数? 隐函数求导是否有公式? 推广到多元函数的情形,又是怎样的? 这些问题,将在本节的学习中得以解答.

8.5.1　一个方程的情形

现在介绍隐函数存在定理,并根据多元复合函数的链式求导法给出隐函数的导数公式.

定理 8.5.1   设函数 $F(x,y)$ 在点 $P(x_0,y_0)$ 的某一邻域内具有连续的偏导数,且 $F(x_0,y_0)=0$,$F_y(x_0,y_0)\neq 0$,则方程 $F(x,y)=0$ 在点 (x_0,y_0) 的某一邻域内恒能唯一确定一个单值连续且具有连续导数的函数 $y=f(x)$,它满足条件 $y_0=f(x_0)$,并有

$$\frac{\mathrm{d}y}{\mathrm{d}x}=-\frac{F_x}{F_y}. \tag{8.5.1}$$

式(8.5.1)为**一元隐函数的求导公式**.

这个定理的证明略去.现仅就式(8.5.1)做如下推导.

将方程 $F(x,y)=0$ 所确定的函数 $y=f(x)$ 代入方程,得恒等式

$$F(x,f(x))\equiv 0.$$

其左端可以看作 x 的一个复合函数,求这个函数的全导数,由于恒等式两端求导后仍然恒等,即得

$$\frac{\partial F}{\partial x}+\frac{\partial F}{\partial y}\frac{\mathrm{d}y}{\mathrm{d}x}=0.$$

由于 F_y 连续,且 $F_y(x_0,y_0)\neq 0$,所以存在 (x_0,y_0) 的一个邻域,在这个邻域内 $F_y\neq 0$,于是得

$$\frac{\mathrm{d}y}{\mathrm{d}x}=-\frac{F_x}{F_y}.$$

例 8.5.1   已知 x,y 满足 $x^2+y^2-5=0$,求 $\dfrac{\mathrm{d}y}{\mathrm{d}x}$.

解法 1   容易验证,该方程满足隐函数存在的条件.采用**直接求导的方法**,即方程两边同时对 x 求导,得

$$2x+2y\frac{\mathrm{d}y}{\mathrm{d}x}=0,$$

整理得

$$\frac{\mathrm{d}y}{\mathrm{d}x}=-\frac{x}{y}.$$

微课:例 8.5.1

解法 2   采用**公式法**,

令 $F(x,y)=x^2+y^2-5$,

则 $F_x=2x$,$F_y=2y$,由隐函数求导公式得

$$\frac{\mathrm{d}y}{\mathrm{d}x}=-\frac{F_x}{F_y}=-\frac{x}{y}.$$

例 8.5.2   验证方程 $\sin y+e^x-xy-1=0$ 在点 $(0,0)$ 的某个邻域内可确定一个可导的函数 $y=f(x)$,并求 $\dfrac{\mathrm{d}y}{\mathrm{d}x}\Big|_{x=0}$,$\dfrac{\mathrm{d}^2y}{\mathrm{d}x^2}\Big|_{x=0}$.

解   令 $F(x,y)=\sin y+e^x-xy-1$,则两个一阶偏导数 $F_x=e^x-y$,$F_y=\cos y-x$ 连续,且 $F(0,0)=0$,$F_y(0,0)=1\neq 0$.

由定理 8.5.1 可知,在 $x=0$ 的某邻域内该方程可以确定单值可导的函数.由隐函数求导公式得

$$\left.\frac{\mathrm{d}y}{\mathrm{d}x}\right|_{x=0} = -\left.\frac{F_x}{F_y}\right|_{x=0}$$

$$= -\left.\frac{\mathrm{e}^x - y}{\cos y - x}\right|_{\substack{x=0 \\ y=0}} = -1.$$

$$\left.\frac{\mathrm{d}^2 y}{\mathrm{d}x^2}\right|_{x=0} = -\left.\frac{\mathrm{d}}{\mathrm{d}x}\left(\frac{\mathrm{e}^x - y}{\cos y - x}\right)\right|_{\substack{x=0 \\ y=0 \\ y'=-1}}$$

$$= -\left.\frac{(\mathrm{e}^x - y')(\cos y - x) - (\mathrm{e}^x - y)(-\sin y \cdot y' - 1)}{(\cos y - x)^2}\right|_{\substack{x=0 \\ y=0 \\ y'=-1}}$$

$$= -3.$$

隐函数存在定理可以推广到多元函数中去,一个三元方程 $F(x,y,z)=0$ 有可能确定一个二元隐函数.

定理 8.5.2 设函数 $F(x,y,z)$ 在点 $P(x_0,y_0,z_0)$ 的某一邻域内具有连续的偏导数,且 $F(x_0,y_0,z_0)=0$,$F_z(x_0,y_0,z_0)\neq 0$,则方程 $F(x,y,z)=0$ 在点 (x_0,y_0,z_0) 的某一邻域内恒能唯一确定一个连续且具有连续偏导数的函数 $z=f(x,y)$,它满足条件 $z_0=f(x_0,y_0)$,并有

$$\frac{\partial z}{\partial x} = -\frac{F_x}{F_z},$$

$$\frac{\partial z}{\partial y} = -\frac{F_y}{F_z}. \tag{8.5.2}$$

式(8.5.2)为**二元隐函数求导公式**.

下面就该定理做一个简单的推导.函数 $z=f(x,y)$ 是方程 $F(x,y,z)=0$ 确定的隐函数,代入方程使得方程成为一个恒等式,即

$$F(x,y,f(x,y)) \equiv 0.$$

方程两边对 x 求偏导数,得

$$F_x + F_z\frac{\partial z}{\partial x} \equiv 0,$$

若在 (x_0,y_0,z_0) 的某邻域内 $F_z \neq 0$,则 $\dfrac{\partial z}{\partial x} = -\dfrac{F_x}{F_z}$,同理可得

$\dfrac{\partial z}{\partial y} = -\dfrac{F_y}{F_z}$.

例 8.5.3 已知函数 $z=z(x,y)$ 由方程 $x^2+y^2+z^2=4z$ 所确定,求 $\dfrac{\partial z}{\partial x}, \dfrac{\partial z}{\partial y}, \dfrac{\partial^2 z}{\partial x^2}$.

解 将方程移项,有 $x^2+y^2+z^2-4z=0$,令

$$F(x,y,z) = x^2+y^2+z^2-4z,$$

则

$$F_x = 2x, F_y = 2y, F_z = 2z-4.$$

当 $z\neq2$ 时,由隐函数求导公式(8.5.2) 得,

$$\frac{\partial z}{\partial x}=-\frac{F_x}{F_z}=\frac{x}{2-z},$$

$$\frac{\partial z}{\partial y}=-\frac{F_y}{F_z}=\frac{y}{2-z},$$

将 $\dfrac{\partial z}{\partial x}$ 对 x 求偏导数,得

$$\frac{\partial^2 z}{\partial x^2}=\frac{\partial\left(\dfrac{x}{2-z}\right)}{\partial x}=\frac{(2-z)+x\dfrac{\partial z}{\partial x}}{(2-z)^2}$$

$$=\frac{(2-z)+x\left(\dfrac{x}{2-z}\right)}{(2-z)^2}$$

$$=\frac{(2-z)^2+x^2}{(2-z)^3}.$$

结合上一节中的例 8.4.6,至此隐函数求导的常用方法有三种:全微分法、公式法及直接求导法.

8.5.2　方程组的情形

下面将隐函数存在定理进行推广,不仅增加方程中变量的个数,而且增加方程的个数.考虑方程组

$$\begin{cases}F(x,y,u,v)=0,\\ G(x,y,u,v)=0.\end{cases}\tag{8.5.3}$$

方程组中出现四个变量,一般只能有两个变量独立变化,因此方程组(8.5.3)可确定两个二元函数 $u=u(x,y)$,$v=v(x,y)$,将其代入方程组(8.5.3)中,得

$$F(x,y,u(x,y),v(x,y))=0,$$
$$G(x,y,u(x,y),v(x,y))=0.$$

将上式两边分别对 x 求偏导数,得

$$\begin{cases}F_x+F_u\dfrac{\partial u}{\partial x}+F_v\dfrac{\partial v}{\partial x}=0,\\[2mm] G_x+G_u\dfrac{\partial u}{\partial x}+G_v\dfrac{\partial v}{\partial x}=0.\end{cases}$$

这是关于 $\dfrac{\partial u}{\partial x}$,$\dfrac{\partial v}{\partial x}$ 的线性方程组,可以从中解出 $\dfrac{\partial u}{\partial x}$,$\dfrac{\partial v}{\partial x}$,也可用行列式求解.于是,有下面的定理 8.5.3.

定理 8.5.3　如果方程组(8.5.3)中的函数 $F(x,y,u,v)$ 和 $G(x,y,u,v)$ 满足:

(1) $F(x_0,y_0,u_0,v_0)=0,G(x_0,y_0,u_0,v_0)=0$;

(2) 点 $P_0(x_0,y_0,u_0,v_0)$ 的某邻域内,函数 $F(x,y,u,v)$ 和 $G(x,y,u,v)$ 具有对各个变量的连续偏导数;

（3）偏导数可组成的函数行列式（或称为雅可比行列式）

$$J = \frac{\partial(F,G)}{\partial(u,v)} = \begin{vmatrix} F_u & F_v \\ G_u & G_v \end{vmatrix}$$

且该行列式在点 $P_0(x_0, y_0, u_0, v_0)$ 不等于零,则方程组（8.5.3）在点 (x_0, y_0) 的某一邻域内恒能唯一确定一组单值连续且具有连续偏导数的二元函数 $u = u(x,y), v = v(x,y)$,它们满足条件 $u_0 = u(x_0, y_0), v_0 = v(x_0, y_0)$,并有偏导数公式：

$$\frac{\partial u}{\partial x} = -\frac{1}{J}\frac{\partial(F,G)}{\partial(x,v)} = -\frac{\begin{vmatrix} F_x & F_v \\ G_x & G_v \end{vmatrix}}{\begin{vmatrix} F_u & F_v \\ G_u & G_v \end{vmatrix}},$$

$$\frac{\partial u}{\partial y} = -\frac{1}{J}\frac{\partial(F,G)}{\partial(y,v)} = -\frac{\begin{vmatrix} F_y & F_v \\ G_y & G_v \end{vmatrix}}{\begin{vmatrix} F_u & F_v \\ G_u & G_v \end{vmatrix}},$$

$$\frac{\partial v}{\partial x} = -\frac{1}{J}\frac{\partial(F,G)}{\partial(u,x)} = -\frac{\begin{vmatrix} F_u & F_x \\ G_u & G_x \end{vmatrix}}{\begin{vmatrix} F_u & F_v \\ G_u & G_v \end{vmatrix}},$$

$$\frac{\partial v}{\partial y} = -\frac{1}{J}\frac{\partial(F,G)}{\partial(u,y)} = -\frac{\begin{vmatrix} F_u & F_y \\ G_u & G_y \end{vmatrix}}{\begin{vmatrix} F_u & F_v \\ G_u & G_v \end{vmatrix}}.$$

（8.5.4）

例 8.5.4　设方程 $xu - yv = 0, yu + xv = 1$,求偏导数 $\dfrac{\partial u}{\partial x}, \dfrac{\partial u}{\partial y}, \dfrac{\partial v}{\partial x}, \dfrac{\partial v}{\partial y}$.

解　将所给方程的两边对 x 求偏导数并移项,得

$$\begin{cases} x\dfrac{\partial u}{\partial x} - y\dfrac{\partial v}{\partial x} = -u, \\ y\dfrac{\partial u}{\partial x} + x\dfrac{\partial v}{\partial x} = -v. \end{cases}$$

在 $J = \begin{vmatrix} x & -y \\ y & x \end{vmatrix} = x^2 + y^2 \neq 0$ 的条件下,

$$\frac{\partial u}{\partial x} = \frac{\begin{vmatrix} -u & -y \\ -v & x \end{vmatrix}}{x^2 + y^2} = -\frac{xu + yv}{x^2 + y^2}; \quad \frac{\partial v}{\partial x} = \frac{\begin{vmatrix} x & -u \\ y & -v \end{vmatrix}}{x^2 + y^2} = \frac{yu - xv}{x^2 + y^2}.$$

同理,方程两边对 y 求偏导数,解相应的方程组可得

$$\frac{\partial u}{\partial y} = \frac{xv - yu}{x^2 + y^2}, \quad \frac{\partial v}{\partial y} = -\frac{xu + yv}{x^2 + y^2}.$$

8.5.3　同步习题

1. 求下列方程所确定的隐函数的导数或偏导数：

（1）$\sin y - e^x - xy^2 = 0$，求$\dfrac{dy}{dx}$；

（2）$z = e^{xyz}$，求$\dfrac{\partial z}{\partial x}$，$\dfrac{\partial z}{\partial y}$；

（3）$z + e^z = xy$，求$\dfrac{\partial^2 z}{\partial x \partial y}$.

2. 设函数 $z = z(x, y)$ 由方程 $F\left(x + \dfrac{z}{y}, y + \dfrac{z}{x}\right) = 0$ 所确定，证明：

$$x \frac{\partial z}{\partial x} + y \frac{\partial z}{\partial y} = z - xy.$$

3. 求由方程组 $\begin{cases} z = x^2 + y^2, \\ x^2 + 2y^2 + 3z^2 = 20, \end{cases}$ 所确定的函数的导数 $\dfrac{dy}{dx}$，$\dfrac{dz}{dx}$.

8.6　多元函数微分学的几何应用

本节要求：通过本节的学习，学生应会求空间曲线的切线与法平面以及空间曲面的切平面与法线.

有了多元微分法的知识后，现在可以应用它们解决空间几何中的一些问题，比如求空间曲线的切线与法平面，以及空间曲面的切平面与法线.

8.6.1　空间曲线的切线与法平面

定义 8.6.1　设 M 是空间曲线 $\varGamma$ 上的一个定点. 引割线 MM'，当点 M' 沿曲线 $\varGamma$ 趋向 M 时，割线 MM' 的极限位置 MT（如果极限存在）称为曲线在点 M 处的切线（见图 8-12）. 过点 M 且垂直于切线的平面，称为曲线 $\varGamma$ 在点 M 处的法平面.

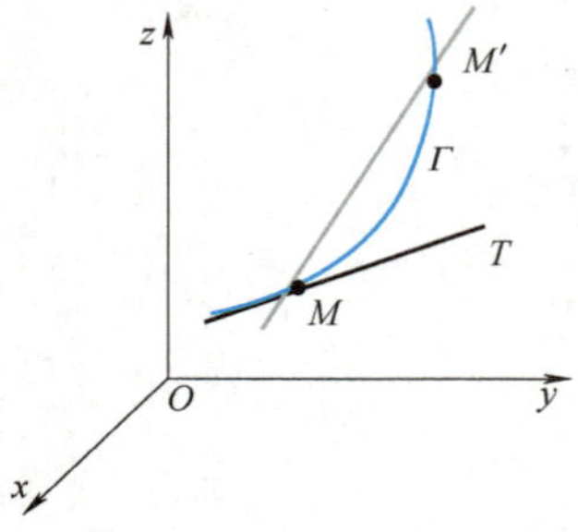

下面求空间曲线的切线和法平面方程.

设空间曲线 $\varGamma$ 的参数方程为

$$\begin{cases} x = x(t), \\ y = y(t), \quad (\alpha \leqslant t \leqslant \beta) \\ z = z(t). \end{cases}$$

图　8-12

其中 t 为参数.设三个函数都在 $[\alpha,\beta]$ 上可导,并且对每一 $t\in[\alpha,\beta]$, $x'(t),y'(t),z'(t)$ 不同时为 0.

空间曲线 Γ 的向量表示: $\boldsymbol{r}(t)=x(t)\boldsymbol{i}+y(t)\boldsymbol{j}+z(t)\boldsymbol{k},t\in[\alpha,\beta]$. $\boldsymbol{r}(t)$ 的导数为

$$\boldsymbol{r}'(t)=x'(t)\boldsymbol{i}+y'(t)\boldsymbol{j}+z'(t)\boldsymbol{k}.$$

几何意义: $\Delta\boldsymbol{r}=\boldsymbol{r}(t+\Delta t)-\boldsymbol{r}(t)$ 表示通过曲线 Γ 上两点 P,Q 的割线的方向向量,令 $\Delta t\to0$,即点 Q 沿曲线 Γ 无限接近点 P,极限位置就是曲线 Γ 在点 P 的切线,切线的方向向量 $\boldsymbol{T}=\lim\limits_{\Delta t\to0}\dfrac{\Delta\boldsymbol{r}}{\Delta t}$,简称切向量,即 $\boldsymbol{T}=\boldsymbol{r}'(t)=(x'(t),y'(t),z'(t))$.

有了切向量 $\boldsymbol{T}$,就可写出曲线 Γ 过任一点 $P_0(x_0,y_0,z_0)$ 的切线方程:

$$\frac{x-x_0}{x'(t_0)}=\frac{y-y_0}{y'(t_0)}=\frac{z-z_0}{z'(t_0)}. \qquad (8.6.1)$$

过点 P_0 与切线垂直的平面称为曲线 Γ 在点 P_0 处的法平面,其方程为

$$x'(t_0)(x-x_0)+y'(t_0)(y-y_0)+z'(t_0)(z-z_0)=0. \quad (8.6.2)$$

例 8.6.1　求曲线 $\begin{cases}x=t,\\y=t^2,\\z=t^3\end{cases}$ 在点 $(1,1,1)$ 处的切线方程与法平面方程.

解　因为 $x'_t=1,y'_t=2t,z'_t=3t^2$,而点 $(1,1,1)$ 对应的参数值 $t=1$,所以过该点切线的方向向量为

$$\boldsymbol{T}=(1,2,3).$$

于是切线方程为

$$\frac{x-1}{1}=\frac{y-1}{2}=\frac{z-1}{3},$$

法平面方程为

$$(x-1)+2(y-1)+3(z-1)=0,$$

即

$$x+2y+3z=6$$

若空间曲线以方程 $\begin{cases}y=y(x),\\z=z(x)\end{cases}$ 的形式给出,取 x 为参数,就可表示为参数方程形式

$$\begin{cases}x=x,\\y=y(x),\\z=z(x).\end{cases}$$

如果 $y=y(x),z=z(x)$ 在 $x=x_0$ 处可导,那么可知切线的方向向量

$$\boldsymbol{T}=(1,y'(x_0),z'(x_0)).$$

有了切向量 T,就可写出曲线 Γ 过任一点 $P_0(x_0,y_0,z_0)$ 的切线方程为

$$\frac{x-x_0}{1}=\frac{y-y_0}{y'(x_0)}=\frac{z-z_0}{z'(x_0)},$$

在点 $P_0(x_0,y_0,z_0)$ 处的法平面方程为

$$(x-x_0)+y'(x_0)(y-y_0)+z'(x_0)(z-z_0)=0.$$

8.6.2　空间曲面的切平面与法线

我们首先讨论由隐式给出的曲面方程

$$F(x,y,z)=0$$

的情形,然后把由显式给出的曲面方程 $z=f(x,y)$ 作为特殊情形导出相应的结果.

过曲面 $\Sigma: F(x,y,z)=0$ 上一点 $P_0(x_0,y_0,z_0)$ 任意引一条在曲面上的光滑曲线 Γ,假设曲线的参数方程为

$$x=x(t),y=y(t),z=z(t),\alpha\leqslant t\leqslant\beta.$$

设 $t=t_0$ 对应于点 P_0,且 $x'(t_0),y'(t_0),z'(t_0)$ 不同时为零,则 Γ 在点 P_0 的切向量为

$$T=(x'(t_0),y'(t_0),z'(t_0)).$$

由于曲线 Γ 在曲面上,故有恒等式 $F(x(t),y(t),z(t))\equiv0$,方程两端求 $t=t_0$ 处的导数,得

$$F_x(x_0,y_0,z_0)x'(t_0)+F_y(x_0,y_0,z_0)y'(t_0)+F_z(x_0,y_0,z_0)z'(t_0)=0,$$

即

$$(F_x(x_0,y_0,z_0),F_y(x_0,y_0,z_0),F_z(x_0,y_0,z_0))\cdot(x'(t_0),y'(t_0),z'(t_0))=0.$$

记

$$n=(F_x(x_0,y_0,z_0),F_y(x_0,y_0,z_0),F_z(x_0,y_0,z_0)),$$

即有 $T\perp n$.由于曲线 Γ 的任意性,表明这些切线都在以 n 为法向量的平面上,这个平面称为曲面 Σ 在点 $P_0(x_0,y_0,z_0)$ 的**切平面**,向量 n 是该切平面的过点 P_0 的法向量.因此,**切平面方程**为

$$F_x(x_0,y_0,z_0)(x-x_0)+F_y(x_0,y_0,z_0)(y-y_0)+F_z(x_0,y_0,z_0)(z-z_0)=0.$$
$$(8.6.3)$$

过 $P_0(x_0,y_0,z_0)$ 与切平面垂直的直线称为曲面 Σ 在点 P_0 的**法线**,法线方程为

$$\frac{x-x_0}{F_x(x_0,y_0,z_0)}=\frac{y-y_0}{F_y(x_0,y_0,z_0)}=\frac{z-z_0}{F_z(x_0,y_0,z_0)}.\quad(8.6.4)$$

若曲面方程以显式 $z=f(x,y)$ 给出,且二元函数 $z=f(x,y)$ 在点 (x_0,y_0) 的偏导数存在且不同时为零,令

$$F(x,y,z)=f(x,y)-z,$$

则切平面的法向量为

$$n=(f_x(x_0,y_0),f_y(x_0,y_0),-1),$$

切平面方程为
$$z-z_0 = f_x(x_0,y_0)(x-x_0)+f_y(x_0,y_0)(y-y_0),$$
法线方程为
$$\frac{x-x_0}{f_x(x_0,y_0)}=\frac{y-y_0}{f_y(x_0,y_0)}=\frac{z-z_0}{-1}.$$

例 8.6.2　求球面 $x^2+y^2+(z-1)^2=12$ 在点 $(1,2,2)$ 处的切平面及法线方程.

解　令 $F(x,y,z)=x^2+y^2+(z-1)^2-12$,

法向量 $\boldsymbol{n}=(F_x,F_y,F_z)=(2x,2y,2(z-1))$, $\boldsymbol{n}\mid_{(1,2,2)}=(2,4,2)$.

所以球面在点 $(1,2,2)$ 处的切平面方程为：
$$2(x-1)+4(y-2)+2(z-2)=0,$$
即
$$x+2y+z-7=0.$$
法线方程为 $\dfrac{x-1}{2}=\dfrac{y-2}{4}=\dfrac{z-2}{2}$, 即 $\dfrac{x-1}{1}=\dfrac{y-2}{2}=\dfrac{z-2}{1}$.

例 8.6.3　求旋转抛物面 $z=x^2+y^2-3$ 在点 $(2,1,4)$ 处的切平面方程与法线方程.

解　该曲面上任一点的切平面的法向量
$$\boldsymbol{n}=(z_x,z_y,-1)=(2x,2y,-1),$$
$$\boldsymbol{n}=\mid_{(2,1,4)}=(4,2,-1).$$
所以在点 $(2,1,4)$ 处切平面方程为
$$4(x-2)+2(y-1)-(z-4)=0,$$
即
$$4x+2y-z=6.$$
法线方程为
$$\frac{x-2}{4}=\frac{y-1}{2}=\frac{z-4}{-1}.$$

微课：例 8.6.3

8.6.3　同步习题

1. 求下列曲线在指定点处的切线与法平面方程：

(1) $x=(t+1)^2, y=t^3, z=\sqrt{1+t^2}$, 在点 $(1,0,1)$ 处；

(2) $\begin{cases} x^2+y^2+z^2=a^2, \\ x^2+y^2=ax, \end{cases}$ 在点 $(0,0,a)$ 处.

2. 求曲面 $z=\dfrac{x^2}{2}+y^2$ 平行于平面 $2x+2y-z=6$ 的切平面方程.

3. 求下列曲面在指定点处的切平面和法线方程：

(1) $e^x+z+xy=2$, $(0,1,2)$；

(2) $z=\arctan\dfrac{y}{x}$, $\left(1,1,\dfrac{\pi}{4}\right)$；

(3) $e^{2y-z}-x=0$, $(1,1,2)$.

8.7　方向导数和梯度

本节要求:通过本节的学习,学生应理解方向导数和梯度的概念和意义,会求方向导数和梯度.

偏导数反映的是函数沿坐标轴方向的变化率,但在许多实际问题中,只考虑沿坐标轴方向的变化率是不够的,常常需要知道函数沿任一指定方向的变化率.例如,天气预报时要根据空气的流动方向确定大气温度沿着某些方向的变化率,有时还需要了解在哪一方向大气温度的变化率最大.因此,要引入多元函数在指定点处的方向导数以及梯度的概念.

8.7.1　方向导数

定义 8.7.1　设函数 $z=f(x,y)$ 在点 $P_0(x_0,y_0)$ 的某一邻域内有定义,从点 P_0 引射线 l,射线 l 的方向角为 α,β(即从 x,y 轴正向到射线 l 的转角为 α,β),在射线 l 上取另一点 $P(x_0+\Delta x,y_0+\Delta y)$(见图 8-13).

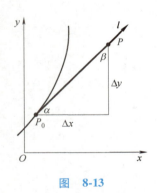

图　8-13

当 P 沿着 l 趋于 P_0 时,如果极限

$$\lim_{\rho \to 0^+} \frac{f(x_0+\Delta x,y_0+\Delta y)-f(x_0,y_0)}{\rho}$$

存在,其中 $\rho=|P_0P|=\sqrt{(\Delta x)^2+(\Delta y)^2}$,则称此极限值为函数 $f(x,y)$ 在点 P_0 沿方向 l 的**方向导数**,记作 $\left.\dfrac{\partial f}{\partial l}\right|_{(x_0,y_0)}$,即

$$\left.\frac{\partial f}{\partial l}\right|_{(x_0,y_0)} = \lim_{\rho \to 0^+} \frac{f(x_0+\Delta x,y_0+\Delta y)-f(x_0,y_0)}{\rho}. \tag{8.7.1}$$

函数的增量 $\Delta z=f(x+\Delta x,y+\Delta y)-f(x,y)$,也可以表示为

$$\Delta z=f(x+\rho\cos\alpha,y+\rho\cos\beta)-f(x,y),$$

即有

$$\left.\frac{\partial f}{\partial l}\right|_{(x_0,y_0)} = \lim_{\rho \to 0^+} \frac{f(x_0+\rho\cos\alpha,y_0+\rho\cos\beta)-f(x_0,y_0)}{\rho}. \tag{8.7.2}$$

由定义知,若偏导数存在,则 $f(x,y)$ 在点 P 沿 x 轴正方向 $\boldsymbol{i}=(1,0)$ 的方向导数为

$$\left.\frac{\partial f}{\partial l}\right|_{(x_0,y_0)} = \lim_{\Delta x \to 0} \frac{f(x_0+\Delta x,y_0)-f(x_0,y_0)}{\Delta x} = f_x(x_0,y_0),$$

$f(x,y)$ 在点 P 沿 y 轴正方向 $\boldsymbol{j}=(0,1)$ 的方向导数为

$$\left.\frac{\partial f}{\partial l}\right|_{(x_0,y_0)} = \lim_{\Delta y \to 0} \frac{f(x_0,y_0+\Delta y)-f(x_0,y_0)}{\Delta y} = f_y(x_0,y_0).$$

沿任一方向的方向导数与偏导数的关系由下面的定理给出.

定理 8.7.1　若 $z=f(x,y)$ 在点 $P(x,y)$ 可微分,则函数在该点沿着任一方向 $\boldsymbol{l}$ 的方向导数都存在,且有

$$\frac{\partial f}{\partial \boldsymbol{l}}=\frac{\partial f}{\partial x}\cdot\cos\alpha+\frac{\partial f}{\partial y}\cdot\cos\beta \qquad (8.7.3)$$

其中 α,β 是从 x,y 轴正向到射线 $\boldsymbol{l}$ 的转角.

证　$z=f(x,y)$ 在点 $P(x,y)$ 可微分,有

$$f(x+\Delta x,y+\Delta y)-f(x,y)=\frac{\partial f}{\partial x}\cdot\Delta x+\frac{\partial f}{\partial y}\cdot\Delta y+o(\rho)$$

$$\frac{f(x+\Delta x,y+\Delta y)-f(x,y)}{\rho}=\frac{\partial f}{\partial x}\cdot\frac{\Delta x}{\rho}+\frac{\partial f}{\partial y}\cdot\frac{\Delta y}{\rho}+\frac{o(\rho)}{\rho}$$

$$=\frac{\partial f}{\partial x}\cdot\cos\alpha+\frac{\partial f}{\partial y}\cdot\cos\beta+\frac{o(\rho)}{\rho}$$

$$\frac{\partial f}{\partial \boldsymbol{l}}=\lim_{\rho\to0^+}\frac{f(x+\Delta x,y+\Delta y)-f(x,y)}{\rho}=\frac{\partial f}{\partial x}\cdot\cos\alpha+\frac{\partial f}{\partial y}\cdot\cos\beta.\ \text{证毕.}$$

对三元函数 $f(x,y,z)$ 沿方向 $\boldsymbol{l}$(方向角为 α,β,γ)的方向导数也有类似的定义

$$\frac{\partial f}{\partial \boldsymbol{l}}=\lim_{\rho\to0^+}\frac{f(x+\Delta x,y+\Delta y,z+\Delta z)-f(x,y,z)}{\rho}$$

或

$$\frac{\partial f}{\partial \boldsymbol{l}}=\lim_{\rho\to0^+}\frac{f(x+\rho\cos\alpha,y+\rho\cos\beta,z+\rho\cos\gamma)-f(x,y,z)}{\rho}.$$

其中
$$\rho=\sqrt{(\Delta x)^2+(\Delta y)^2+(\Delta z)^2},$$
$$\Delta x=\rho\cos\alpha,\Delta y=\rho\cos\beta,\Delta z=\rho\cos\gamma.$$

同理,若三元函数 $f(x,y,z)$ 在点 $P(x,y,z)$ 可微,则函数在该点沿任意方向 $\boldsymbol{l}$(方向角为 α,β,γ)的方向导数存在,则有

$$\frac{\partial f}{\partial \boldsymbol{l}}=\frac{\partial f}{\partial x}\cdot\cos\alpha+\frac{\partial f}{\partial y}\cdot\cos\beta+\frac{\partial f}{\partial z}\cdot\cos\gamma. \qquad (8.7.4)$$

例 8.7.1　求函数 $z=xe^{2y}$ 在点 $P(1,0)$ 处沿从点 $P(1,0)$ 到点 $M(2,-1)$ 方向的方向导数.

解　这里方向 $\boldsymbol{l}$ 即向量 $\overrightarrow{PM}=(1,-1)$ 的方向,其方向余弦为

$$\cos\alpha=\frac{1}{\sqrt{2}},\cos\beta=-\frac{1}{\sqrt{2}}.$$

又 $\dfrac{\partial z}{\partial x}=e^{2y}$, $\dfrac{\partial z}{\partial y}=2xe^{2y}$, 于是 $\dfrac{\partial z}{\partial x}\Big|_{(1,0)}=1$, $\dfrac{\partial z}{\partial y}\Big|_{(1,0)}=2$.

由式(8.7.3)得

$$\frac{\partial z}{\partial \boldsymbol{l}}\Big|_{P}=\frac{\partial z}{\partial x}\Big|_{(1,0)}\cos\alpha+\frac{\partial z}{\partial y}\Big|_{(1,0)}\cos\beta$$

$$=1\cdot\frac{1}{\sqrt{2}}+2\cdot\left(-\frac{1}{\sqrt{2}}\right)=-\frac{1}{\sqrt{2}}.$$

例 8.7.2　求函数 $u=x^2yz$ 在点 $P(1,1,1)$ 沿向量 $\boldsymbol{l}=(-2,-1,3)$ 的方向导数.

微课:例 8.7.2

解　向量 $\boldsymbol{l}$ 的方向余弦为 $\cos\alpha=\dfrac{-2}{\sqrt{14}},\cos\beta=\dfrac{-1}{\sqrt{14}},\cos\gamma=\dfrac{3}{\sqrt{14}}$.

又 $\dfrac{\partial u}{\partial x}=2xyz,\dfrac{\partial u}{\partial y}=x^2z,\dfrac{\partial u}{\partial z}=x^2y$,

于是 $\dfrac{\partial u}{\partial x}\Big|_{(1,1,1)}=2,\dfrac{\partial u}{\partial y}\Big|_{(1,1,1)}=1,\dfrac{\partial u}{\partial z}\Big|_{(1,1,1)}=1$

由式(8.7.4)得

$$\frac{\partial u}{\partial \boldsymbol{l}}\Big|_P=\left(2\cdot\frac{-2}{\sqrt{14}}+1\cdot\frac{-1}{\sqrt{14}}+1\cdot\frac{3}{\sqrt{14}}\right)=\frac{-2}{\sqrt{14}}$$

8.7.2　梯度

一般来说,函数在给定点处沿不同方向的方向导数是不一样的.那么函数沿什么方向的方向导数最大呢? 答案是梯度方向.

1. 梯度的定义

定义 8.7.2　设函数 $z=f(x,y)$ 在平面区域 D 内具有一阶连续偏导数,则对每一点 $P(x,y)$,都可以定义出一个向量 $\dfrac{\partial f}{\partial x}\boldsymbol{i}+\dfrac{\partial f}{\partial y}\boldsymbol{j}$,这个向量称为函数 $z=f(x,y)$ 在点 $P(x,y)$ 的**梯度**,记作 $\mathbf{grad}\,f(x,y)$ 或者 $\nabla f(P)$.即

$$\mathbf{grad}\,f(x,y)=\nabla f(P)=\frac{\partial f}{\partial x}\boldsymbol{i}+\frac{\partial f}{\partial y}\boldsymbol{j}=\left(\frac{\partial f}{\partial x},\frac{\partial f}{\partial y}\right).\qquad(8.7.5)$$

若函数 $z=f(x,y)$ 在点 $P(x,y)$ 可微分,方向 $\boldsymbol{l}=(\cos\alpha,\cos\beta)$ 是方向 $\boldsymbol{l}$ 的单位向量,则方向导数公式(8.7.3)又可写成

$$\frac{\partial f}{\partial \boldsymbol{l}}=\mathbf{grad}\,f(x,y)\cdot\boldsymbol{l}\qquad(8.7.6)$$

由点积定义可得

$$\frac{\partial f}{\partial \boldsymbol{l}}=\big|\,\mathbf{grad}\,f(x,y)\,\big|\cdot\big|\,\boldsymbol{l}\,\big|\cdot\cos\theta$$

$$=\big|\,\mathbf{grad}\,f(x,y)\,\big|\cdot\cos\theta$$

其中 θ 是梯度 $\mathbf{grad}\,f(x,y)$ 与方向 $\boldsymbol{l}$ 的夹角.

发现:由式(8.7.6)可知,方向导数就是梯度在方向 $\boldsymbol{l}$ 上的投影.同时方向导数具有如下性质:

(1) 当 $\boldsymbol{l}$ 与 $\mathbf{grad}\,f(x,y)$ 同方向时,方向导数具有最大值 $\dfrac{\partial f}{\partial \boldsymbol{l}}=\big|\,\mathbf{grad}\,f(x,y)\,\big|$;

(2) 当 $\boldsymbol{l}$ 与 $\mathbf{grad}\,f(x,y)$ 反方向时,方向导数具有最小值 $\dfrac{\partial f}{\partial \boldsymbol{l}}=$

$- \mid \mathbf{grad} f(x,y) \mid$;

（3）当 l 与 $\mathbf{grad} f(x,y)$ 垂直时，方向导数为零，即 $\dfrac{\partial f}{\partial l} = 0$.

因此，函数在某点的 梯度是这样一个向量：它的方向是函数在该点的方向导数取得最大值的方向，它的模等于方向导数的最大值.

类似地，定义三元函数 $u = f(x,y,z)$ 在点 $P(x,y,z)$ 的梯度：
$$\mathbf{grad} f(P) = \mathbf{\nabla} f(P) = (f_x(P), f_y(P), f_z(P)).$$

其中 $\mathbf{\nabla} = \left(\dfrac{\partial}{\partial x}, \dfrac{\partial}{\partial y}, \dfrac{\partial}{\partial z} \right)$ 称为 向量微分算子 或 Nabla 算子.

同样地，$u = f(x,y,z)$ 沿方向 $l = (\cos\alpha, \cos\beta, \cos\gamma)$ 的方向导数为
$$\frac{\partial f}{\partial l} = \mathbf{grad} f(x,y,z) \cdot l = \mid \mathbf{grad} f(x,y,z) \mid \cdot \cos\theta.$$

2. 梯度的几何意义

对于函数 $z = f(x,y)$，曲线 $\begin{cases} z = f(x,y) \\ z = c \end{cases}$，在 xOy 上的投影 L^*：$f(x,y) = c$，称为函数的等值线或等高线.

设 f_x, f_y 不同时为零，则 L^* 上 P 点处的法向量为 $(f_x, f_y) \mid_P = \mathbf{grad} f \mid_P = \mathbf{\nabla} f \mid_P$.

函数在点 P 处的梯度垂直于该点的等值线，指向函数增大的方向. 同样，$f(x,y,z) = c$ 称为 $u = f(x,y,z)$ 的等值面（等量面）. 当其各偏导数不同时为零时，其上 P 点处的法向量为 $\mathbf{grad} f \mid_P = \mathbf{\nabla} f \mid_P$.

因此，梯度方向是在 P 点处函数值增长最快的方向；负梯度方向是在该点处函数值下降最快的方向.

3. 梯度的基本运算公式

（1）$\mathbf{grad}\, c = 0$ 或 $\mathbf{\nabla} c = 0$（c 为常数）；

（2）$\mathbf{grad}(cu) = c\,\mathbf{grad}\, u$ 或 $\mathbf{\nabla}(cu) = c\mathbf{\nabla} u$；

（3）$\mathbf{grad}(u \pm v) = \mathbf{grad}\, u \pm \mathbf{grad}\, v$ 或 $\mathbf{\nabla}(u \pm v) = \mathbf{\nabla} u \pm \mathbf{\nabla} v$；

（4）$\mathbf{grad}(uv) = u\,\mathbf{grad}\, v + v\,\mathbf{grad}\, u$ 或 $\mathbf{\nabla}(uv) = u\mathbf{\nabla} v + v\mathbf{\nabla} u$；

（5）$\mathbf{grad}\left(\dfrac{u}{v} \right) = \dfrac{v\,\mathbf{grad}\, u - u\,\mathbf{grad}\, v}{v^2}$ 或 $\mathbf{\nabla}\left(\dfrac{u}{v} \right) = \dfrac{v\mathbf{\nabla} u - u\mathbf{\nabla} v}{v^2}$；

（6）$\mathbf{grad}\, f(u) = f'(u)\,\mathbf{grad}\, u$ 或 $\mathbf{\nabla} f(u) = f'(u)\mathbf{\nabla} u$.

例 8.7.3　设函数 $f(x,y) = \dfrac{x^2}{2} + \dfrac{y^2}{2}$，求函数变化率最大、最小和为零的方向，使得

（1）函数在点 $(1,1)$ 处增大最快；

（2）函数在点 $(1,1)$ 处减小最快；

（3）点 $(1,1)$ 处什么方向的变化率为零.

解　（1）函数在点 $(1,1)$ 处沿梯度方向 $\mathbf{\nabla} f$ 增大最快，这里的

梯度是

$$\nabla f_{(1,1)} = (x\boldsymbol{i}+y\boldsymbol{j})\big|_{(1,1)} = \boldsymbol{i}+\boldsymbol{j},$$

它的方向是

$$\boldsymbol{u} = \frac{\boldsymbol{i}+\boldsymbol{j}}{|\boldsymbol{i}+\boldsymbol{j}|} = \frac{\boldsymbol{i}+\boldsymbol{j}}{\sqrt{1^2+1^2}} = \frac{1}{\sqrt{2}}\boldsymbol{i}+\frac{1}{\sqrt{2}}\boldsymbol{j}.$$

（2）函数在点 $(1,1)$ 处沿负梯度方向 $-\nabla f$ 减小最快，即

$$-\boldsymbol{u} = -\frac{1}{\sqrt{2}}\boldsymbol{i}-\frac{1}{\sqrt{2}}\boldsymbol{j}.$$

（3）在垂直于 ∇f 的方向变化率为零，即

$$\boldsymbol{n} = -\frac{1}{\sqrt{2}}\boldsymbol{i}+\frac{1}{\sqrt{2}}\boldsymbol{j} \ \text{和} -\boldsymbol{n} = \frac{1}{\sqrt{2}}\boldsymbol{i}-\frac{1}{\sqrt{2}}\boldsymbol{j}$$

例 8.7.4 设函数 $f(x,y,z)=x^2+y^z$,

（1）求等值面 $f(x,y,z)=2$ 在点 $P(1,1,1)$ 处的切平面方程.

（2）求函数 f 在 $P(1,1,1)$ 点处增大最快的方向以及 f 的方向导数.

解 （1）点 P 处切平面的法向量为

$$\boldsymbol{n} = \nabla f(P) = (2x,zy^{z-1},y^z\ln y)\big|_P = (2,1,0),$$

故所求切平面方程为 $\quad 2(x-1)+(y-1)+0 \cdot (z-1)=0.$

即 $\qquad\qquad\qquad 2x+y-3=0.$

（2）函数 f 在点 P 处增大最快的方向为

$$\boldsymbol{n} = \nabla f(P) = (2,1,0).$$

沿此方向的方向导数为 $\dfrac{\partial f}{\partial \boldsymbol{n}}\bigg|_P = |\nabla f(P)| = \sqrt{5}.$

8.7.3 同步习题

1. 求下列函数在指定点处沿指定方向 $\boldsymbol{l}$ 的方向导数：

（1）$z = x\arctan\dfrac{y}{x}, P(1,1), \boldsymbol{l}=(2,1)$；

（2）$u = e^x\cos(yz), P(0,1,0), \boldsymbol{l}=(2,1,-2)$.

2. 求函数 $z=xe^{2y}$ 在 $P(1,0)$ 点处沿从 $P(1,0)$ 点到 $Q(2,-1)$ 点的方向的方向导数.

3. 求下列函数在指定点处的梯度.

（1）$f(x,y)=\ln(x^2+xy+y^2), P(1,-1)$；

（2）$f(x,y,z)=x^2+2y^2+3z^2+xy+3x-2y-6z, P(1,1,1)$.

4. 求函数 $f(x,y)=x^2-xy+y^2$ 在点 $P_0(1,1)$ 处的最大方向导数.

8.8　多元函数的极值和最值

本节要求：通过本节的学习，学生应理解多元函数的极值及最值的定义、极值存在的条件，会使用拉格朗日乘数法求条件极值，能在实际问题中求最值.

在许多实际问题中，会涉及求多元函数的最值问题.与一元函数相类似，多元函数的最值与极值有着密切的联系，因此，我们先讨论极值，然后讨论最值.先以二元函数为例，再推广到三元及以上函数的情形.

8.8.1　二元函数的极值

定义 8.8.1　设函数 $z=f(x,y)$ 在点 (x_0,y_0) 的某个邻域内有定义，对于该邻域内异于 (x_0,y_0) 的点，如果都有

$$f(x,y)<f(x_0,y_0),$$

则称函数在点 (x_0,y_0) 有**极大值** $f(x_0,y_0)$.

如果都有

$$f(x,y)>f(x_0,y_0),$$

则称函数在点 (x_0,y_0) 有**极小值** $f(x_0,y_0)$.极大值和极小值统称为**极值**.使函数取得极值的点称为**极值点**.

例 8.8.1　函数 $f(x,y)=x^2+y^2$ 在点 $(0,0)$ 处取得极小值.因为对于点 $(0,0)$ 的任一邻域内异于 $(0,0)$ 的点，函数值都大于 0，而在点 $(0,0)$ 的函数值为 0.点 $(0,0,0)$ 是开口朝上的旋转抛物面 $z=x^2+y^2$ 的顶点.

例 8.8.2　函数 $g(x,y)=-\sqrt{x^2+y^2}$ 在点 $(0,0)$ 处有极大值.因为在点 $(0,0)$ 处函数值为 0，而对于点 $(0,0)$ 的任一邻域内异于 $(0,0)$ 的点，函数值都小于 0，$(0,0,0)$ 点是位于 xOy 平面下方的锥面 $g(x,y)=-\sqrt{x^2+y^2}$ 的顶点.

例 8.8.3　函数 $h(x,y)=xy$ 在点 $(0,0)$ 处既未取到极大值也未取到极小值.因为在点 $(0,0)$ 处的函数值为零，而在点 $(0,0)$ 的任一邻域内，总有使函数值大于 0 的点，也有使函数值小于 0 的点.

以上关于二元函数的极值概念，可推广到 n 元函数.设 n 元函数 $u=f(P)$ 在点 P_0 的某一邻域内有定义，如果对于该邻域内异于 P_0 的任何点都有

$$f(P)<f(P_0)　　　（或 f(P)>f(P_0)），$$

则称函数 $f(P)$ 在点 P_0 有**极大值**（或**极小值**）$f(P_0)$.

对于可导的一元函数的极值,可用一阶、二阶导数来解决.类似地,对于偏导数存在的二元函数的极值问题,也可以利用偏导数来解决.

定理 8.8.1(必要条件)　设函数 $z=f(x,y)$ 在点 (x_0,y_0) 具有偏导数,且在点 (x_0,y_0) 处有极值,则它在该点的偏导数必然为零,即有

$$f_x(x_0,y_0)=0, \qquad f_y(x_0,y_0)=0.$$

证　不妨设 $z=f(x,y)$ 在 (x_0,y_0) 点处有极大值.依极大值的定义,在 (x_0,y_0) 点的某邻域内异于 (x_0,y_0) 的点都适合不等式

$$f(x,y)<f(x_0,y_0).$$

特殊地,在该邻域内取 $y=y_0$ 而 $x\neq x_0$ 的点,也应适合不等式

$$f(x,y_0)<f(x_0,y_0).$$

这表明一元函数 $f(x,y_0)$ 在 $x=x_0$ 处取得极大值,若在该点导数存在,则必有

$$f_x(x_0,y_0)=0.$$

类似地可证

$$f_y(x_0,y_0)=0.$$

如果三元函数 $u=f(x,y,z)$ 在点 (x_0,y_0,z_0) 具有偏导数,则它在点 (x_0,y_0,z_0) 具有极值的必要条件为

$$f_x(x_0,y_0,z_0)=0,f_y(x_0,y_0,z_0)=0,f_z(x_0,y_0,z_0)=0.$$

与一元函数类似,凡是能使 $f_x(x,y)=0,f_y(x,y)=0$ 同时成立的点 (x_0,y_0) 称为函数 $z=f(x,y)$ 的**驻点**.从定理 8.8.1 可知,具有偏导数的函数的极值点必定是驻点.但反过来,驻点不一定是极值点,例如,点 $(0,0)$ 是函数 $z=xy$ 的驻点,但函数在该点并无极值.

如何判定一个驻点是否为极值点呢?

定理 8.8.2(充分条件)　设函数 $z=f(x,y)$ 在 (x_0,y_0) 点的某邻域内连续且有一阶及二阶连续偏导数,又 $f_x(x_0,y_0)=0,f_y(x_0,y_0)=0$,令

$$f_{xx}(x_0,y_0)=A,f_{xy}(x_0,y_0)=B,f_{yy}(x_0,y_0)=C,$$

则 $f(x,y)$ 在点 (x_0,y_0) 处是否取得极值的条件如下:

(1) $AC-B^2>0$ 时具有极值,且当 $A<0$ 时,函数在点 (x_0,y_0) 处取得极大值,当 $A>0$ 时取得极小值;

(2) $AC-B^2<0$ 时,取不到极值;

(3) $AC-B^2=0$ 时,可能取到极值,也可能取不到极值,还需另作讨论.

定理 8.8.2 的证明,见 8.9 节.

利用定理 8.8.1 和定理 8.8.2,我们把具有二阶连续偏导数的函数 $z=f(x,y)$ 的**极值的求法**概括如下:

第一步:解方程组

$$\begin{cases} f_x(x,y)=0, \\ f_y(x,y)=0. \end{cases}$$

求得一切实数解,即得到全部驻点.

第二步:对于每一个驻点(x_0,y_0),求出二阶偏导数的值 A,B 和 C.

第三步:定出 $AC-B^2$ 的符号,按定理8.8.2的结论判定(x_0,y_0) 点是不是极值点、是极大值点还是极小值点,若是极值点,将点的坐标代入函数中,求出函数的极值.

例8.8.4　求函数$f(x,y)=-x^4-y^4+4xy-3$ 的极值.

解　先解方程组
$$\begin{cases} f_x(x,y)=-4x^3+4y=0, \\ f_y(x,y)=-4y^3+4x=0. \end{cases}$$

求得驻点为$(0,0),(1,1),(-1,-1)$.

再求出函数的二阶偏导数
$$f_{xx}(x,y)=-12x^2, f_{xy}(x,y)=4, f_{yy}(x,y)=-12y^2.$$

在点$(0,0)$处,$AC-B^2=-16<0$,所以函数在点$(0,0)$处没有极值;

在点$(1,1)$处,$AC-B^2=128>0$,$A=-12<0$,所以函数在点$(1,1)$ 处取得极大值,$f(1,1)=-1$;

在点$(-1,-1)$处,$AC-B^2=128>0$,$A=-12<0$,所以函数在点 $(-1,-1)$处也取得极大值$f(-1,-1)=-1$.

例8.8.5　求由方程$x^2+y^2+z^2-2x=3$ 确定的函数 $z=f(x,y)$ 的极值.

解　将方程两边分别对 x,y 求偏导数,得
$$\begin{cases} 2x+2z \cdot z_x-2=0, \\ 2y+2z \cdot z_y=0. \end{cases}$$

令 $\begin{cases} z_x=0, \\ z_y=0, \end{cases}$ 解得唯一驻点 $(1,0)$.

将上面的方程组再分别对 x,y 求偏导数,得
$$\begin{cases} 2+2(z_x)^2+2z \cdot z_{xx}=0, \\ 2+2(z_y)^2+2z \cdot z_{yy}=0, \\ 2z_x \cdot z_y+2z \cdot z_{xy}=0. \end{cases}$$

令 $z_x=0, z_y=0$,由上面的方程组解得,当 $z \neq 0$ 时
$$A=z_{xx} \big|_{(1,0)}=-\frac{1}{z}, B=z_{xy} \big|_{(1,0)}=0, C=z_{yy} \big|_{(1,0)}=-\frac{1}{z},$$

故 $AC-B^2=\frac{1}{z^2}>0(z \neq 0)$,因此函数在$(1,0)$点有极值,将点$(1,0)$ 代入原方程得 $z=\pm2$.

当 $z_1=2$ 时,$A=-\frac{1}{2}<0$,$z=f(1,0)=2$ 为极大值;

当 $z_2=-2$ 时,$A=\frac{1}{2}>0$,$z=f(1,0)=-2$ 为极小值.

此题也可用配方法求解,留给读者自行练习.

讨论函数的极值问题时,如果函数在所讨论的区域内具有偏导数,则由定理 8.8.1 可知,极值只可能在驻点处取得,此时,只需要对各个驻点应用定理 8.8.2 即充分条件进行判断.

然而,如果函数在个别点处的偏导数不存在,这些点也可能是极值点.例 8.8.2 中,函数 $g(x,y) = -\sqrt{x^2+y^2}$ 在点 $(0,0)$ 处的偏导数不存在,但该函数在点 $(0,0)$ 处却有极大值.因此,在考虑函数的极值问题时,除了考虑函数的驻点外,如果有偏导数不存在的点也应当考虑.

8.8.2　二元函数的最值

在 8.1 节中我们已经知道,如果函数 $z=f(x,y)$ 在有界闭区域 D 上连续,则 $f(x,y)$ 在 D 上必定能取得最大值和最小值.这种使函数取得最大值或最小值的点既可能在 D 的内部,也可能在 D 的边界上.与一元函数最值类似,求最值的步骤如下:

(1) 求函数 $z=f(x,y)$ 在 D 内所有的驻点及偏导数不存在的点处的函数值;

(2) 求函数 $z=f(x,y)$ 在 D 的边界上的最大值与最小值;

(3) 将上述函数值进行比较,其中最大的就是最大值,最小的就是最小值.

特别地,在实际问题中,如果可微函数 $z=f(x,y)$ 在 D 内只有一个驻点,又根据问题的实际意义知其最值存在且在 D 内取得,则该驻点的函数值就是函数 $f(x,y)$ 在 D 上的最大值或最小值.

例 8.8.6　求函数 $f(x,y) = x^2 y(4-x-y)$ 在由直线 $x+y=6,x$ 轴和 y 轴所围成的闭区域 D 上的最大值和最小值.

解　先解方程组

$$\begin{cases} f_x(x,y) = 2xy(4-x-y)-x^2y = 0, \\ f_y(x,y) = x^2(4-x-y)-x^2y = 0, \end{cases}$$

得到闭区域 D 内驻点 $(2,1)$,且 $f(2,1)=4$.

再求 $f(x,y)$ 在边界上的最值.

在边界 $x=0$ 和 $y=0$ 上,$f(x,y)=0$.

在边界 $x+y=6$ 上,

$$f(x,y) = x^2(6-x)(-2) = 2x^3 - 12x^2 \quad (0<x<6),$$

令

$$f_x(x,y) = 6x^2 - 24x = 0,$$

解得

$$x=4, y=2, f(4,2) = -64.$$

比较上述函数值的大小可知,$f(x,y)$ 在 D 上的最大值为 $f(2,1)=4$,最小值为 $f(4,2)=-64$.

例 8.8.7　要设计一个容积为 1 的长方体密闭箱体,试问长、宽、高分别是多少时,才能使用料最省?

解　设箱体的长、宽分别为 x,y,则高为 $z=\dfrac{1}{xy}$,此箱的用料即为长方体的表面积,如下

$$S = 2\left(xy+y\cdot\frac{1}{xy}+x\cdot\frac{1}{xy}\right)$$

$$= 2\left(xy+\frac{1}{x}+\frac{1}{y}\right),(x>0,y>0)$$

所求问题,相当于求二元函数

$$S = 2\left(xy+\frac{1}{x}+\frac{1}{y}\right)$$

在区域 $D=\{(x,y)\mid x>0,y>0\}$ 上的最小值点.令

$$\begin{cases} \dfrac{\partial S}{\partial x}=2\left(y-\dfrac{1}{x^2}\right)=0, \\[2mm] \dfrac{\partial S}{\partial y}=2\left(x-\dfrac{1}{y^2}\right)=0, \end{cases}$$

得区域 D 内唯一驻点 $(1,1)$.

根据题意,体积固定时,箱体所用材料的最小值一定存在,并在区域 D 内取得.又函数在 D 内只有唯一的驻点 $(1,1)$,因此可以断定当 $x=1,y=1$ 时,S 取得最小值.此时高

$$z=\frac{1}{xy}=1.$$

总之,当箱体的长、宽和高都是 1 时,才能使用料最省.

8.8.3　条件极值与拉格朗日乘数法

上面所讨论的极值问题,对于函数的自变量,除了定义域的限制之外,并无其他条件,这样的极值问题称为**无条件极值**.但在实际问题中,有时会遇到对函数的自变量还有附加条件的极值问题.比如,在例 8.8.7 中,其实是在体积一定的条件下,即 $V=1$ 的条件下,求表面积为 $S=2(xy+yz+zx)$ 的最小值.像这种对自变量有附加条件的极值称为**条件极值**.

关于条件极值的**求法**,有 2 种方法:

1. 转化为无条件极值

有些实际问题,可以把条件极值化为无条件极值来解决问题.

例 8.8.7 中的问题,可由条件 $V=xyz=1$,将 z 表示成 x,y 的函数 $z=\dfrac{1}{xy}$.再把它代入

$$S = 2(xy+yz+zx)$$

中,于是问题转化为求

$$S = 2\left(xy + y \cdot \frac{1}{xy} + x \cdot \frac{1}{xy}\right)$$

的无条件极值. 具体解法见例 8.8.7.

2. 拉格朗日乘数法

很多时候, 条件极值转化为无条件极值比较复杂, 甚至相当困难. 下面, 我们介绍直接寻求条件极值的方法: 拉格朗日乘数法.

考察二元函数

$$z = f(x, y)$$

在条件

$$\varphi(x, y) = 0$$

下取得极值的必要条件.

如果函数 $z = f(x, y)$ 在 (x_0, y_0) 取得所求的极值, 那么首先有 $\varphi(x_0, y_0) = 0$. 我们假定在 (x_0, y_0) 的某一邻域内 $f(x, y)$ 与 $\varphi(x, y)$ 均有连续的一阶偏导数, 而 $\varphi_y(x_0, y_0) \neq 0$. 由隐函数存在定理可知, 方程 $\varphi(x, y) = 0$ 确定一个连续且具有连续导数的函数 $y = \psi(x)$, 将其代入 $z = f(x, y)$ 中, 结果得到一个变量为 x 的函数

$$z = f[x, \psi(x)].$$

于是函数 $z = f(x, y)$ 在 (x_0, y_0) 取得所求的极值, 也就是相当于函数 $z = f[x, \psi(x)]$ 在 $x = x_0$ 取得极值. 由一元可导函数取得极值的必要条件知

$$\frac{\mathrm{d}z}{\mathrm{d}x}\bigg|_{x=x_0} = f_x(x_0, y_0) + f_y(x_0, y_0)\frac{\mathrm{d}y}{\mathrm{d}x}\bigg|_{x=x_0} = 0. \qquad (8.8.1)$$

而由 $\varphi(x, y) = 0$, 用隐函数求导公式, 有

$$\frac{\mathrm{d}y}{\mathrm{d}x}\bigg|_{x=x_0} = -\frac{\varphi_x(x_0, y_0)}{\varphi_y(x_0, y_0)}. \qquad (8.8.2)$$

把式 (8.8.2) 代入式 (8.8.1), 得

$$f_x(x_0, y_0) - f_y(x_0, y_0)\frac{\varphi_x(x_0, y_0)}{\varphi_y(x_0, y_0)} = 0. \qquad (8.8.3)$$

设 $\dfrac{f_y(x_0, y_0)}{\varphi_y(x_0, y_0)} = -\lambda$, 式 (8.8.3) 结合约束条件有方程组:

$$\begin{cases} f_x(x_0, y_0) + \lambda\varphi_x(x_0, y_0) = 0, \\ f_y(x_0, y_0) + \lambda\varphi_y(x_0, y_0) = 0, \\ \varphi(x_0, y_0) = 0. \end{cases} \qquad (8.8.4)$$

容易发现, 式 (8.8.4) 中的前两式的左端恰是函数

$$L(x, y) = f(x, y) + \lambda\varphi(x, y) \qquad (8.8.5)$$

在点 (x_0, y_0) 的两个一阶偏导数. 我们称函数 (8.8.5) 为拉格朗日函数, 参数 λ 是一个待定常数, 称为拉格朗日乘子.

由上所述, 可得求条件极值的拉格朗日乘数法.

拉格朗日乘数法　求函数 $z = f(x, y)$ 在附加条件 $\varphi(x, y) = 0$ 下的可能极值点, 可以按以下步骤进行:

（1）构造拉格朗日函数
$$L(x,y)=f(x,y)+\lambda\varphi(x,y).$$

（2）将 $L(x,y)=f(x,y)+\lambda\varphi(x,y)$ 分别对 x,y,λ 求一阶偏导数，并使之为零，联立得方程组：

$$\begin{cases} f_x(x,y)+\lambda\varphi_x(x,y)=0, \\ f_y(x,y)+\lambda\varphi_y(x,y)=0, \\ \varphi(x,y)=0. \end{cases} \quad (8.8.6)$$

（3）解方程组，求出 x,y 及 λ，则其中 x,y 就是函数 $f(x,y)$ 在附加条件 $\varphi(x,y)=0$ 下的可能极值点.

这个方法还可以推广到自变量多于两个或约束条件多于一个的情形. 例如求函数

$$u=f(x,y,z)$$

在附加条件

$$\varphi(x,y,z)=0,\psi(x,y,z)=0 \quad (8.8.7)$$

下的极值，可以按照以下两个步骤进行：

（1）构造辅助函数
$$L(x,y,z,\lambda_1,\lambda_2)=f(x,y,z)+\lambda_1\varphi(x,y,z)+\lambda_2\psi(x,y,z),$$
其中 λ_1,λ_2 均为常数.

（2）将 $L(x,y,z)$ 对各个自变量求一阶偏导数，并令之为零，联立得方程组：

$$\begin{cases} f_x(x,y,z)+\lambda_1\varphi_x(x,y,z)+\lambda_2\psi_x(x,y,z)=0, \\ f_y(x,y,z)+\lambda_1\varphi_y(x,y,z)+\lambda_2\psi_y(x,y,z)=0, \\ f_z(x,y,z)+\lambda_1\varphi_z(x,y,z)+\lambda_2\psi_z(x,y,z)=0, \\ \varphi(x,y,z)=0, \\ \psi(x,y,z)=0. \end{cases}$$

解得的 (x,y,z) 就是函数 $f(x,y,z)$ 在附加条件（8.8.7）下可能的极值点. 至于所求得的点是否为极值点，在实际问题中往往可以根据问题本身的性质来判定.

例 8.8.8　生产数量为 S 的某种产品，需要使用数量分别为 x，y 的原料 A,B，三者之间的关系为 $S(x,y)=0.005x^2y$.已知 A,B 原料每吨单价分别为 1 万元和 2 万元，现用 150 万元购置原料，问如何购进两种原料，能使生产该种产品的数量最多？

解　题目可归结为，求函数 $S(x,y)=0.005x^2y$ 在约束条件 $x+2y=150$ 下的最大值，采用拉格朗日乘数法.

构造拉格朗日函数
$$L(x,y,\lambda)=0.005x^2y+\lambda(x+2y-150),(x>0,y>0),$$
将 $L(x,y,\lambda)$ 对各个变量求一阶偏导数，并令其等于零，得到方程组：

$$\begin{cases} L_x = 0.01xy + \lambda = 0, \\ L_y = 0.005x^2 + 2\lambda = 0, \\ L_\lambda = x + 2y - 150 = 0. \end{cases}$$

解此方程组得

$$\lambda = -25, x = 100, y = 25.$$

于是,$(100,25)$ 是目标函数 $S(x,y) = 0.005x^2 y$ 在定义域 $D = \{(x,y) | x>0, y>0\}$ 内的唯一可能的极值点,而由该问题本身可知产量的最大值是存在的,因此唯一的驻点 $(100,25)$ 是函数 $S(x,y)$ 的最大值点,最大值为 $S(100,25) = 0.005 \times 100^2 \times 25 = 1250t.$ 即购进 A 原料 $100t$、B 原料 $25t$ 时,可使生产量达到最大值 $1250t$。

例 8.8.9   在表面积为 9 的条件下,长方体的体积最大是多少?

解   设长方体的三棱长为 x, y, z,则问题就是在约束条件

$$2xy + 2yz + 2xz = 9$$

下,求函数

$$V(x,y,z) = xyz \quad (x>0, y>0, z>0)$$

的最大值。

构造辅助函数 $\varphi(x,y,z) = 2xy + 2yz + 2xz - 9$,

$$\begin{aligned} F(x,y,z) &= V(x,y,z) + \lambda \varphi(x,y,z) \\ &= xyz + \lambda(2xy + 2yz + 2xz - 9). \end{aligned}$$

求其对 x, y, z, λ 的偏导数,并使之为零,得到方程组:

$$\begin{cases} yz + 2\lambda(y+z) = 0, \\ xz + 2\lambda(x+z) = 0, \\ xy + 2\lambda(y+x) = 0, \\ 2xy + 2yz + 2xz - 9 = 0. \end{cases}$$

因 x, y, z 都不等于零,所以解方程组可得唯一可能的极值点

$$x = y = z = \frac{\sqrt{6}}{2}.$$

又由问题本身可知最大值一定存在,所以最大值就在这个可能的极值点处取得。也就是说,表面积为 9 的长方体中,以棱长为 $\frac{\sqrt{6}}{2}$ 的正方体的体积为最大,最大体积 $V = \frac{3\sqrt{6}}{4}$。

微课:例 8.8.9

8.8.4   同步习题

1. 求下列函数的极值:

(1) $f(x,y) = 3xy - x^3 - y^3$;

(2) $f(x,y) = (1 + e^y)\cos x - ye^y$;

(3) $f(x,y) = e^x \cos y$。

2. 求函数 $u=xyz$ 在条件 $\dfrac{1}{x}+\dfrac{1}{y}+\dfrac{1}{z}=\dfrac{1}{a}$ 下的极值 $(x>0,y>0,z>0)$.

3. 求下列函数在有界闭区域 D 上的最大值和最小值:

(1) $f(x,y)=2x^2+x+y^2-2,D=\{(x,y)\,|\,x^2+y^2\leqslant4\}$;

(2) $f(x,y)=1+xy-x-y,D$:由抛物线 $y=x^2$ 和直线 $y=4$ 所围区域.

4. 求表面积为 $12\mathrm{m}^2$ 的无盖长方形水箱的最大容积.

*8.9　二元函数的泰勒公式和极值充分条件的证明

本节要求:通过本节的学习,学生应掌握多元函数的泰勒公式、麦克劳林公式,会求函数的泰勒展开式和麦克劳林展开式.

在一元微积分学中,我们学习了一元函数的泰勒公式和麦克劳林公式,对于多元函数也有类似的公式.下面我们以二元函数为例,学习多元函数的多项式展开.

8.9.1　二元函数的泰勒公式

一元函数 $y=f(x)$ 在含点 x_0 的某个开区间 (a,b) 内具有直到 $n+1$ 阶导数,则对任意的 $x\in(a,b)$,有下面的 n 阶泰勒公式:

$$f(x)=f(x_0)+f'(x_0)(x-x_0)+\frac{f''(x_0)}{2!}(x-x_0)^2+\cdots+$$

$$\frac{f^{(n)}(x_0)}{n!}(x-x_0)^n+\frac{f^{(n+1)}[x_0+\theta(x-x_0)]}{(n+1)!}(x-x_0)^{n+1},(0<\theta<1).$$

即可以用 n 次多项式来近似表示一元函数 $f(x)$,且误差是 $x\to x_0$ 时比 $(x-x_0)^n$ 高阶的无穷小.

对于多元函数来说,为了理论或实际计算的目的,有必要考虑用多个变量的多项式来近似表示给定的多元函数,并能具体计算出其误差.下面我们给出二元函数的泰勒公式.

定理 8.9.1　设 $z=f(x,y)$ 在点 (x_0,y_0) 的某一邻域内连续且有直到 $n+1$ 阶的连续偏导数,(x_0+h,y_0+k) 为此邻域内的任一点,则有

$$f(x_0+h,y_0+k)=f(x_0,y_0)+\left(h\frac{\partial}{\partial x}+k\frac{\partial}{\partial y}\right)f(x_0,y_0)+$$

$$\frac{1}{2!}\left(h\frac{\partial}{\partial x}+k\frac{\partial}{\partial y}\right)^2f(x_0,y_0)+\cdots+$$

$$\frac{1}{n!}\left(h\frac{\partial}{\partial x}+k\frac{\partial}{\partial y}\right)^nf(x_0,y_0)+R_n\qquad(8.9.1)$$

其中

$$R_n = \frac{1}{(n+1)!}\left(h\frac{\partial}{\partial x}+k\frac{\partial}{\partial y}\right)^{n+1}f(x_0+\theta h, y_0+\theta k), (0<\theta<1).$$

式 (8.9.1) 称为 $z=f(x,y)$ 在点 (x_0, y_0) 的 n **阶泰勒公式**, 其中式 R_n 称为 **拉格朗日型余项**.

其中：

记号 $\left(h\dfrac{\partial}{\partial x}+k\dfrac{\partial}{\partial y}\right)f(x_0, y_0)$ 表示 $hf_x(x_0, y_0)+kf_y(x_0, y_0)$,

记号 $\left(h\dfrac{\partial}{\partial x}+k\dfrac{\partial}{\partial y}\right)^2 f(x_0, y_0)$ 表示 $h^2 f_{xx}(x_0, y_0)+2hk f_{xy}(x_0, y_0)+k^2 f_{yy}(x_0, y_0)$,

一般地, 记号 $\left(h\dfrac{\partial}{\partial x}+k\dfrac{\partial}{\partial y}\right)^m f(x_0, y_0)$ 表示 $\displaystyle\sum_{p=0}^{m}C_m^p h^p k^{m-p}\dfrac{\partial^m f}{\partial x^p \partial y^{m-p}}\bigg|_{(x_0, y_0)}$.

证　令 $\Phi(t)=f(x_0+ht, y_0+kt)\,(0\le t\le 1)$,

$$\Phi(0)=f(x_0, y_0),\quad \Phi(1)=f(x_0+h, y_0+k).$$

利用多元复合函数求导法则可得

$$\Phi'(t)=hf_x(x_0+ht, y_0+kt)+kf_y(x_0+ht, y_0+kt),$$

由此可得

$$\Phi'(0)=\left(h\frac{\partial}{\partial x}+k\frac{\partial}{\partial y}\right)f(x_0, y_0).$$

$$\Phi''(t)=h^2 f_{xx}(x_0+ht, y_0+kt)+2hk f_{xy}(x_0+ht, y_0+kt)+k^2 f_{yy}(x_0+ht, y_0+kt),$$

因此有

$$\Phi''(0)=\left(h\frac{\partial}{\partial x}+k\frac{\partial}{\partial y}\right)^2 f(x_0, y_0).$$

由数学归纳法可得

$$\Phi^{(m)}(t)=\sum_{p=0}^{m}C_m^p h^p k^{m-p}\frac{\partial^m f}{\partial x^p \partial y^{m-p}}\bigg|_{(x_0+ht, y_0+kt)},$$

于是 $\Phi^{(m)}(0)=\left(h\dfrac{\partial}{\partial x}+k\dfrac{\partial}{\partial y}\right)^m f(x_0, y_0)$,

由 $\Phi(t)$ 的 **麦克劳林公式**, 得

$$\Phi(1)=\Phi(0)+\Phi'(0)+\frac{1}{2!}\Phi''(0)+\cdots+\frac{1}{n!}\Phi^{(n)}(0)+$$

$$\frac{1}{(n+1)!}\Phi^{(n+1)}(\theta)\quad (0<\theta<1).$$

将前述导数公式代入即得二元函数泰勒公式. 证毕.

下面对定理 8.9.1 作几点说明：

(1) 余项估计式. 因 f 的各 $n+1$ 阶偏导数连续, 在某闭区域其绝对值必有上界 M.

令 $\rho=\sqrt{h^2+k^2}$, 则有

$$|R_n| \leqslant \frac{M}{(n+1)!}(|h|+|k|)^{n+1} \binom{h=\rho\cos\alpha}{k=\rho\sin\alpha}$$

$$= \frac{M}{(n+1)!}\rho^{n+1}(|\cos\alpha|+|\sin\alpha|)^{n+1}.$$

又 $\max\limits_{[0,1]}(x+\sqrt{1-x^2})=\sqrt{2}$，则有

$$|R_n| \leqslant \frac{M}{(n+1)!}(\sqrt{2})^{n+1}\rho^{n+1}=o(\rho^n).$$

（2）当 $n=0$ 时，得二元函数的拉格朗日中值公式

$$f(x_0+h,y_0+k)-f(x_0,y_0)=hf_x(x_0+\theta h,y_0+\theta k)+kf_y(x_0+\theta h,y_0+\theta k).$$

（3）若函数 $z=f(x,y)$ 在区域 D 上的两个一阶偏导数恒为零，由中值公式可知在该区域上 $f(x,y)$ 恒为常数.

例 8.9.1　求函数 $f(x,y)=\ln(1+x+y)$ 在点 $(0,0)$ 的三阶麦克劳林公式.

解　因为 $f_x(x,y)=f_y(x,y)=\dfrac{1}{1+x+y}$，

$$f_{xx}(x,y)=f_{xy}(x,y)=f_{yy}(x,y)=\frac{-1}{(1+x+y)^2},$$

$$\frac{\partial^3 f}{\partial x^p \partial y^{3-p}}=\frac{2!}{(1+x+y)^3} \quad (p=0,1,2,3),$$

$$\frac{\partial^4 f}{\partial x^p \partial y^{4-p}}=\frac{-3!}{(1+x+y)^4} \quad (p=0,1,2,3,4),$$

所以

$$\left(h\frac{\partial}{\partial x}+k\frac{\partial}{\partial y}\right)f(0,0)=hf_x(0,0)+kf_y(0,0)=h+k,$$

$$\left(h\frac{\partial}{\partial x}+k\frac{\partial}{\partial y}\right)^2 f(0,0)=h^2 f_{xx}(0,0)+2hkf_{xy}(0,0)+k^2 f_{yy}(0,0)=-(h+k)^2,$$

$$\left(h\frac{\partial}{\partial x}+k\frac{\partial}{\partial y}\right)^3 f(0,0)=\sum_{p=0}^{3}C_3^p h^p k^{3-p}\frac{\partial^3 f}{\partial x^p \partial y^{3-p}}\bigg|_{(0,0)}=2(h+k)^3,$$

又 $f(0,0)=0$，将 $h=x,k=y$ 代入三阶泰勒公式得

$$\ln(1+x+y)=x+y-\frac{1}{2}(x+y)^2+\frac{1}{3}(x+y)^3+R_3,$$

其中，

$$R_3=\frac{1}{4!}\left(h\frac{\partial}{\partial x}+k\frac{\partial}{\partial y}\right)^4 f(\theta h,\theta k)\bigg|_{\substack{h=x\\k=y}}=-\frac{1}{4}\frac{(x+y)^4}{(1+\theta x+\theta y)^4} \quad (0<\theta<1).$$

8.9.2　极值充分条件的证明

下面应用泰勒公式，证明 8.8 节中的定理 8.8.2，即极值的充分条件.

设函数 $z=f(x,y)$ 在点 (x_0,y_0) 的某邻域内连续，并具有一阶和二阶连续偏导数，且

$$f_x(x_0,y_0)=0, f_y(x_0,y_0)=0.$$

记 $A=f_{xx}(x_0,y_0)$，$B=f_{xy}(x_0,y_0)$，$C=f_{yy}(x_0,y_0)$.

由二元函数的泰勒公式，则有

$$\begin{aligned}
\Delta z &= f(x_0+h,y_0+k)-f(x_0,y_0)\\
&=\frac{1}{2}[f_{xx}(x_0+\theta h,y_0+\theta k)h^2+2f_{xy}(x_0+\theta h,y_0+\theta k)hk+\\
&\quad f_{yy}(x_0+\theta h,y_0+\theta k)k^2]\quad(0<\theta<1).
\end{aligned}$$

由于 $f(x,y)$ 的二阶偏导数在点 (x_0,y_0) 连续，所以，

$$f_{xx}(x_0+\theta h,y_0+\theta k)=A+\alpha\qquad(h\to0,k\to0,\alpha\to0),$$
$$f_{xy}(x_0+\theta h,y_0+\theta k)=B+\beta\qquad(\beta\to0),$$
$$f_{yy}(x_0+\theta h,y_0+\theta k)=C+\gamma\qquad(\gamma\to0),$$

其中 α,β,γ 是当 $h\to0,k\to0$ 时的无穷小量，于是

$$\begin{aligned}
\Delta z &=\frac{1}{2}[Ah^2+2Bhk+Ck^2]+\frac{1}{2}[\alpha h^2+2\beta hk+\gamma k^2]\\
&=\frac{1}{2}Q(h,k)+o(\rho^2)\quad(\rho=\sqrt{h^2+k^2}).
\end{aligned}$$

当 $|h|,|k|$ 很小时，Δz 的正负号可以由 $Q(h,k)$ 确定.

（1）当 $AC-B^2>0$ 时，必有 $A\neq0$，且 A 与 C 同号，

$$\begin{aligned}
Q(h,k)&=\frac{1}{A}[(A^2h^2+2ABhk+B^2k^2)+(AC-B^2)k^2]\\
&=\frac{1}{A}[(Ah+Bk)^2+(AC-B^2)k^2].
\end{aligned}$$

可见，当 $A>0$ 时，$Q(h,k)>0$，从而 $\Delta z>0$，因此 $f(x,y)$ 在点 (x_0,y_0) 有极小值；当 $A<0$ 时，$Q(h,k)<0$，从而 $\Delta z<0$，因此 $f(x,y)$ 在点 (x_0,y_0) 有极大值.

（2）当 $AC-B^2<0$ 时，又分为两种情况.

若 A,C 不全为零，不妨设 $A\neq0$，则 $Q(h,k)=\frac{1}{A}[(Ah+Bk)^2+(AC-B^2)k^2]$. 当 (x,y) 沿直线 $A(x-x_0)+B(y-y_0)=0$ 接近 (x_0,y_0) 时，有 $Ah+Bk=0$，故 $Q(h,k)$ 与 A 异号；当 (x,y) 沿直线 $y-y_0=0$ 接近 (x_0,y_0) 时，有 $Ah+Bk=0$，故 $Q(h,k)$ 与 A 同号，可见 Δz 在 (x_0,y_0) 附近有正有负，因此 $f(x,y)$ 在点 (x_0,y_0) 无极值.

若 $A=C=0$，则必有 $B\neq0$，不妨设 $B>0$，此时

$$Q(h,k)=Ah^2+2Bhk+Ck^2=2Bhk.$$

对点 (x_0+h,y_0+k)，当 h,k 同号时，$Q(h,k)>0$，从而 $\Delta z>0$；当 h,k 异号时，$Q(h,k)<0$，从而 $\Delta z<0$. 可见 Δz 在 (x_0,y_0) 附近有正有负，因此 $f(x,y)$ 在点 (x_0,y_0) 无极值.

（3）当 $AC-B^2=0$ 时，若 $A\neq0$，则 $Q(h,k)=\frac{1}{A}(Ah+Bk)^2$；若 $A=0$，则 $B=0$，$Q(h,k)=Ck^2$ 可能为零也可能不为零. 此时

$$\Delta z = \frac{1}{2}Q(h,k) + o(\rho^2).$$

当 $Q(h,k)=0$ 时,Δz 的正负号由 $o(\rho^2)$ 确定,因此不能断定 (x_0,y_0) 是否为极值点.证毕.

8.9.3 同步习题

1. 求函数 $f(x,y)=2x^2-xy-y^2-6x-3y+5$ 在点 $(1,-2)$ 处的泰勒公式.

2. 求函数 $f(x,y)=e^x\ln(1+y)$ 的三阶麦克劳林公式.

数学家的故事

秦九韶,南宋数学家,他与李冶、杨辉、朱世杰并称宋元数学四大家.秦九韶精研星象、音律、算术、营造之学.他有几项非常重要的数学成就,其中包括正负开方术、海伦-秦九韶公式、大衍总数术、大衍求一术等.所著《数书九章》,被称为"算中宝典",代表了当时中国数学的先进水平,在世界数学史上享有崇高地位.

秦九韶

总复习题 8

第一部分:基础题

1. 求下列函数的定义域:

(1) $z=\ln(x+y)$;

(2) $u=\sqrt{R^2-x^2-y^2-z^2}+\dfrac{1}{\sqrt{x^2+y^2+z^2-r^2}}$ $(R>r>0)$.

2. 求下列多元函数的极限:

(1) $\lim\limits_{(x,y)\to(1,0)}\dfrac{\ln(x+e^y)}{\sqrt{x^2+y^2}}$; (2) $\lim\limits_{\substack{x\to0\\y\to0}}\dfrac{2-\sqrt{xy+4}}{xy}$.

(3) $\lim\limits_{(x,y)\to(\infty,\infty)}(x^2+y^2)\sin\dfrac{2}{x^2+y^2}$; (4) $\lim\limits_{(x,y)\to(0,0)}\left(x\sin\dfrac{1}{y}+y\sin\dfrac{1}{x}\right)$.

3. 求下列函数的一阶偏导数:

(1) $z=\ln(x+y^2)$; (2) $z=x^2ye^y$.

4. 求函数 $z=x\sin(x+y)+e^{x+y}$ 在指定点 $P_0\left(\dfrac{\pi}{4},\dfrac{\pi}{4}\right)$ 的全微分.

5. 求下列抽象函数的一阶偏导数:

(1) $z=f(x^2-y^2,e^{xy})$; (2) $u=f(x,xy,xyz)$.

6. 求函数 $z=x\ln(xy)$ 的二阶偏导数 $\dfrac{\partial^2 z}{\partial x^2},\dfrac{\partial^2 z}{\partial x\partial y}$.

第二部分:拓展题

1. 设 f 有二阶连续偏导数,求下列函数的二阶偏导数:

(1) $z=f(x^2-y^2,\mathrm{e}^{xy})$;　　　　(2) $z=f(\sin x,\cos y,\mathrm{e}^{x+y})$.

2. 证明: $r=\sqrt{x^2+y^2+z^2}$ 满足方程 $\dfrac{\partial^2 r}{\partial x^2}+\dfrac{\partial^2 r}{\partial y^2}+\dfrac{\partial^2 r}{\partial z^2}=\dfrac{2}{r}$.

3. 求下列方程所确定的隐函数 $z=z(x,y)$ 的全微分:

(1) $xyz=\mathrm{e}^z$;　　　　　　　(2) $yz=\arctan(xz)$;

(3) $\cos^2 x+\cos^2 y+\cos^2 z=1$;　(4) $x+y+z=\mathrm{e}^{-(x+y+z)}$.

4. 求下列曲线在指定点处的切线方程与法平面方程:

(1) $x=(t+1)^2,y=t^3,z=\sqrt{1+t^2}$,　$(1,0,1)$;

(2) $\begin{cases} x^2+y^2+z^2=a^2, \\ x^2+y^2=ax, \end{cases}$ 　　　$(0,0,a)$.

5. 求曲面 $z=\dfrac{x^2}{2}+y^2$ 平行于平面 $2x+2y-z=6$ 的切平面方程.

6. 求函数 $u=\ln r$ (其中 $r=\sqrt{x^2+y^2+z^2}$)在指定点 $P(3,4,12)$ 沿指定方向 $\boldsymbol{l}=(3,6,-2)$ 的方向导数.

7. 用拉格朗日乘数法求函数 $f(x,y)=\mathrm{e}^{-xy}$ 在附加条件 $x^2+y^2=1$ 下的最大值和最小值.

第三部分:考研真题

一、选择题

1. (2021 年,数学一)设函数 $f(x,y)$ 可微,且 $f(x+1,\mathrm{e}^x)=x(x+1)^2,f(x,x^2)=2x^2\cdot\ln x$,则 $\mathrm{d}f(1,1)=(\quad)$.

(A) $\mathrm{d}x+\mathrm{d}y$ 　　(B) $\mathrm{d}x-\mathrm{d}y$ 　　(C) $\mathrm{d}y$ 　　(D) $-\mathrm{d}y$

2. (2020 年,数学一)设函数 $f(x,y)$ 在点 $(0,0)$ 处可微,

$$f(0,0)=0,\boldsymbol{n}=\left(\frac{\partial f}{\partial x},\frac{\partial f}{\partial y},-1\right)\Big|_{(0,0)}$$

且非零向量 $\boldsymbol{d}$ 与 $\boldsymbol{n}$ 垂直,则( ).

(A) $\displaystyle\lim_{(x,y)\to(0,0)}\frac{|\boldsymbol{n}\cdot(x,y,f(x,y))|}{\sqrt{x^2+y^2}}$ 存在

(B) $\displaystyle\lim_{(x,y)\to(0,0)}\frac{|\boldsymbol{n}\times(x,y,f(x,y))|}{\sqrt{x^2+y^2}}$ 存在

(C) $\displaystyle\lim_{(x,y)\to(0,0)}\frac{|\boldsymbol{d}\cdot(x,y,f(x,y))|}{\sqrt{x^2+y^2}}$ 存在

(D) $\displaystyle\lim_{(x,y)\to(0,0)}\frac{|\boldsymbol{d}\times(x,y,f(x,y))|}{\sqrt{x^2+y^2}}$ 存在

3. (2023 年,数学三)已知函数 $f(x,y)=\ln(y+|x\sin y|)$,则( ).

（A）$\left.\dfrac{\partial f}{\partial x}\right|_{(0,1)}$ 不存在,$\left.\dfrac{\partial f}{\partial y}\right|_{(0,1)}$ 存在

（B）$\left.\dfrac{\partial f}{\partial x}\right|_{(0,1)}$ 存在,$\left.\dfrac{\partial f}{\partial y}\right|_{(0,1)}$ 不存在

（C）$\left.\dfrac{\partial f}{\partial x}\right|_{(0,1)},\left.\dfrac{\partial f}{\partial y}\right|_{(0,1)}$ 均存在

（D）$\left.\dfrac{\partial f}{\partial x}\right|_{(0,1)},\left.\dfrac{\partial f}{\partial y}\right|_{(0,1)}$ 均不存在

二、填空题

1.（2020 年,数学一）设函数 $f(x,y)=\displaystyle\int_0^{xy}\mathrm{e}^{xt^2}\mathrm{d}t$,则 $\left.\dfrac{\partial^2 f}{\partial x\partial y}\right|_{(1,1)}=$ _____.

2.（2021 年,数学一）设函数 $y=y(x)$ 由参数方程 $\begin{cases}x=2\mathrm{e}^t+t+1, & x<0 \\ y=4(t-1)\mathrm{e}^t+t^2, & x\geqslant0\end{cases}$ 确定,则 $\left.\dfrac{\mathrm{d}^2 y}{\mathrm{d}x^2}\right|_{t=0}=$ _____.

3.（2023 年,数学一）曲面 $z=x+2y+\ln(1+x^2+y^2)$ 在点 $(0,0,0)$ 处的切平面方程为_____.

4.（2023 年,数学二）设函数 $z=z(x,y)$ 由 $\mathrm{e}^z+xz=2x-y$ 确定,则 $\left.\dfrac{\partial^2 z}{\partial x^2}\right|_{(1,1)}=$ _____.

三、计算题

（2020 年,数学一）求函数 $f(x,y)=x^3+8y^3-xy$ 的极值.

自 测 题 8

（满分 100 分,测试时间 45min）

一、单项选择题(本题共 10 个小题,每小题 5 分,共 50 分)

1. 设 $f(x,y)=\dfrac{x^2+y^2}{xy}$,则下式中正确的是(　　).

（A）$f(x,-y)=f(x,y)$　　　　（B）$f(x+y,x-y)=f(x,y)$

（C）$f(y,x)=f(x,y)$　　　　（D）$f\left(x,\dfrac{y}{x}\right)=f(x,y)$

2. 二重极限 $\lim\limits_{\substack{x\to0\\y\to0}}\dfrac{xy}{\sqrt{xy+1}-1}=$(　　).

（A）2　　　　（B）-2　　　　（C）0　　　　（D）不存在

3. 点 $(0,0)$ 是函数 $z=xy$ 的(　　).

（A）极大值点　　　　（B）极小值点

（C）非驻点　　　　（D）驻点

4. 函数 $z=2x^2-y^2$ 的极值点为(　　).

（A）$(0,0)$　（B）$(0,1)$　（C）$(1,0)$　　（D）不存在

5. $f(x,y)=\begin{cases}\dfrac{xy}{x^2+y^2},&x^2+y^2\neq0,\\0,&x^2+y^2=0,\end{cases}$ 在$(0,0)$处（　　）.

（A）连续,偏导数存在　　　　　（B）连续,偏导数不存在

（C）不连续,偏导数存在　　　　（D）不连续,偏导数不存在

6. 函数 $z=x^2-2xy+3y^3$ 在点$(1,2)$处的偏导数 $\dfrac{\partial z}{\partial x}\Big|_{(1,2)}$ 是（　　）.

（A）2　　　　（B）-2　　　　（C）34　　　　（D）10

7. 函数 $z=\mathrm{e}^{xy}$ 则 $\mathrm{d}z\,|_{(2,1)}=$（　　）.

（A）$\mathrm{d}z=\mathrm{e}^2\mathrm{d}x+2\mathrm{e}^2\mathrm{d}y$　　　　（B）$\mathrm{d}z=\mathrm{e}^2\mathrm{d}x+\mathrm{e}^2\mathrm{d}y$

（C）$\mathrm{d}z=2\mathrm{e}^2\mathrm{d}x+\mathrm{e}^2\mathrm{d}y$　　　　（D）$\mathrm{d}z=\mathrm{d}x+2\mathrm{d}y$

8. 已知 $z=f(u,v)$，$u=x+y$，$v=x-y$，且 f'_u,f'_v 存在，则 $\dfrac{\partial f}{\partial x}+\dfrac{\partial f}{\partial y}=$（　　）.

（A）$2f'_u$　　　（B）$2f'_v$　　　（C）$f'_u-f'_v$　　　（D）$f'_u+f'_v$

9. 函数 $z=xy+\dfrac{\mathrm{e}^y}{y^2+1}$ 则 $\dfrac{\partial^2 z}{\partial y\partial x}=$（　　）.

（A）0　　　　　　　　　　　　（B）1

（C）y　　　　　　　　　　　　（D）不存在

10. 函数 $z=x\mathrm{e}^y+\cos xy$ 在点$(2,0)$处沿方向 $\boldsymbol{l}=3\boldsymbol{i}-4\boldsymbol{j}$ 的导数为（　　）.

（A）2　　　　　　　　　　　　（B）1

（C）-1　　　　　　　　　　　（D）不存在

二、判断题（用√、×表示.本题共 10 个小题,每小题 5 分,共50 分）

1. 二元函数 $z=\arcsin(1-y)+\ln(x-y)$ 的定义域为$\{(x,y)\,|\,x>y,0\leq y\leq2\}$.　　　　（　　）

2. 已知 $z=\ln\sin(2x-y)$，则 $\dfrac{\partial z}{\partial x}=\cot(2x-y)$.　（　　）

3. 设 $z=\ln(x^2+y^2)$，则 $\mathrm{d}z\,|_{(1,1)}=\mathrm{d}x+\mathrm{d}y$.　　（　　）

4. 设 $z=\mathrm{e}^{x-2y}$，又 $x=\sin t,y=t^3$，则 $\dfrac{\mathrm{d}z}{\mathrm{d}t}=\mathrm{e}^{\sin t-2t^3}(\cos t-6t^2)$.（　　）

5. 设 $\ln\dfrac{z}{x}=\dfrac{y}{z}$，则 $\dfrac{\partial z}{\partial y}=\dfrac{z}{y+z}$.　　（　　）

6. 二重极限 $\lim\limits_{\substack{x\to1\\y\to1}}\dfrac{xy-1}{\sqrt{xy+1}}=2$.　　　　（　　）

7. 二元函数 $z=5-x^2-y^2$ 的极小值点是$(0,0)$.　　（　　）

8. 曲线 $x=1-t,y=2-t^2,z=t^3$ 在点 $M(0,1,1)$ 处的切线方程为

$$\frac{x-1}{1}=\frac{y-1}{2}=\frac{z-1}{3}.\qquad\qquad (\quad)$$

9. 二元函数 $f(x,y)=xy+(x-1)\sin\sqrt[3]{\dfrac{y}{x}}$，则 $f_x(1,0)=1$. （　）

10. 函数 $z=x^3y^2$ 在点 $P(3,1)$ 沿向量 $\boldsymbol{l}=(-1,2)$ 的方向导数为

$$\frac{6}{\sqrt{14}}.\qquad\qquad (\quad)$$

第 9 章
重 积 分

本章要点:本章首先介绍二重积分的概念和性质,然后介绍两种坐标系下二重积分的计算,接着介绍三重积分的概念和三种坐标系下的计算,最后学习二重积分和三重积分的应用.

与定积分类似,重积分的概念也是从实践中抽象出来的,它是定积分的推广,其中的数学思想是一样的,也是一种"和的极限".所不同的是重积分的被积函数是多元函数而不是一元函数,重积分的积分区域是平面区域或空间区域而不是闭区间.但它们又存在着联系,即重积分可以通过定积分来计算.本章将讨论重积分的定义、性质、计算以及应用.

本章知识结构图

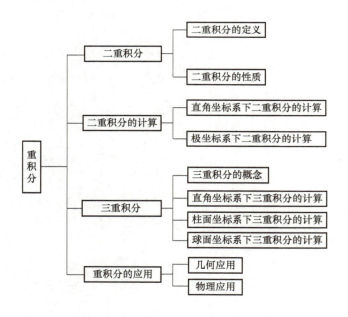

9.1　二重积分

本节要求:通过本节的学习,学生应掌握二重积分的概念,了解二重积分的性质,比较二重积分和定积分的异同.

在实际生产中,出现了类似于曲顶柱体体积和平面薄片质量的问题.为了能够解决这类问题,我们采用了类似于定积分的定义,即通过"分割、近似、求和、取极限"的方法得到二重积分的定义.本节还讨论了二重积分的性质.

9.1.1　引例

1. 曲顶柱体的体积

若有一个柱体,它的底是 xOy 平面上的闭区域 D,它的侧面是以 D 的边界曲线为准线,以平行于 z 轴的直线为母线的柱面,它的顶是曲面 $z=f(x,y)$,设 $f(x,y)\geqslant 0$ 为 D 上的连续函数.我们称这个柱体为曲顶柱体(见图 9-1).

现在来求这个曲顶柱体的体积 V.

(1) 分割.用两组曲线把区域 D 任意分割成 n 个小块,$\Delta\sigma_1$,$\Delta\sigma_2$,$\cdots$,$\Delta\sigma_n$,其中 $\Delta\sigma_i$ 既表示第 i 个小块,也表示第 i 个小块的面积(见图 9-2).

(2) 近似替代.记 λ_i 为 $\Delta\sigma_i$ 的直径(即 λ_i 表示 $\Delta\sigma_i$ 中任意两点间距离的最大值),在 $\Delta\sigma_i$ 中任取一点 (ξ_i,η_i),以 $f(\xi_i,\eta_i)$ 为高而底为 $\Delta\sigma_i$ 的平顶柱体体积为 $f(\xi_i,\eta_i)\cdot\Delta\sigma_i$,此为小曲顶柱体体积的近似值.

(3) 求和.把所有小平顶柱体的体积加起来,得到曲顶柱体体积的近似值为

$$\sum_{i=1}^{n} f(\xi_i,\eta_i)\Delta\sigma_i.$$

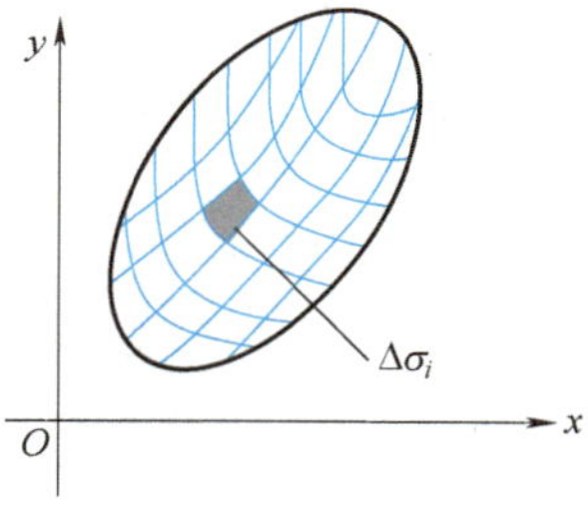

(4) 取极限.记 $\lambda=\max\{\lambda_1,\lambda_2,\cdots,\lambda_n\}$,则极限 $\lim\limits_{\lambda\to 0}\sum\limits_{i=1}^{n} f(\xi_i,\eta_i)\Delta\sigma_i$ 为所求曲顶柱体的体积,即

$$V=\lim_{\lambda\to 0}\sum_{i=1}^{n} f(\xi_i,\eta_i)\Delta\sigma_i.$$

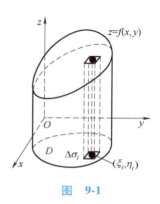

图　9-1

图　9-2

2. 平面薄片的质量

设有一平面薄片(不计厚度),占有 xOy 面上的闭区域 D,已知薄片各点的面的密度为非负函数连续 $\mu=\mu(x,y)$,求平面薄片的质量 M.

如果平面薄片的密度是常数,则薄片的质量可以用公式

$$质量=面密度\times面积$$

来计算,但是由于密度并不是常数,因此上述公式并不适用.

由于质量具有可加性,所以仍可以把上述处理曲顶柱体体积的方法用于本问题:将薄片分割成许多小薄片,当每个薄片足够小,以致可以看作是质量均匀分布的,它们的质量之和就是薄片质量的近似值,再运用求极限的方法求出薄片的质量,具体步骤如下:

首先把薄片 D 分成 n 个小块 $\Delta\sigma_i$,$i=1,2,\cdots,n$.其面积记为 $\Delta\sigma_i$,当 $\Delta\sigma_i$ 的直径比较小时,$\Delta\sigma_i$ 中点的密度变化不大,可以看作

常数,在 $\Delta\sigma_i$ 中任取一点 (ξ_i,η_i),将该点的面密度作为整个小块的密度,于是 $\Delta\sigma_i$ 的质量

$$\Delta M_i \approx \mu(\xi_i,\eta_i)\Delta\sigma_i, i=1,2,\cdots,n.$$

平面薄片的质量为

$$M = \sum_{i=1}^{n} \Delta M_i \approx \sum_{i=1}^{n} \mu(\xi_i,\eta_i)\Delta\sigma_i.$$

当所有小闭区域 $\Delta\sigma_i$ 的最大直径 λ 趋于零时,上式右端近似值将无限接近总质量 M,即

$$M = \lim_{\lambda\to 0} \sum_{i=1}^{n} \mu(\xi_i,\eta_i)\Delta\sigma_i.$$

上述两个问题虽然具有不同的背景,一个是几何问题,一个是物理问题,但是在数学上都可以归结为二元函数在平面闭区域 D 上一个和式的极限.实际上,很多问题都可以归结为上述特定和的极限,因此我们抽象出二重积分的定义.

9.1.2　二重积分的定义

定义 9.1.1　设二元函数 $z=f(x,y)$ 在有界闭区域 D 上有定义,将区域 D 任意分割成 n 个小区域 $\Delta\sigma_1,\Delta\sigma_2,\cdots,\Delta\sigma_n$,且以 $\Delta\sigma_i$ 表示第 i 块小区域的面积,任取 $(\xi_i,\eta_i)\in\Delta\sigma_i$,作和 $\sum_{i=1}^{n} f(\xi_i,\eta_i)\Delta\sigma_i$,令 $\lambda=\max\{\lambda_1,\lambda_2,\cdots,\lambda_n\}$,其中 λ_i 表示第 i 个小区域的区域直径,若极限 $\lim_{\lambda\to 0}\sum_{i=1}^{n} f(\xi_i,\eta_i)\Delta\sigma_i$ 存在,则称此极限值为函数 $f(x,y)$ 在区域 D 上的**二重积分**,记作 $\iint\limits_{D} f(x,y)\mathrm{d}\sigma$,即

$$\iint\limits_{D} f(x,y)\mathrm{d}\sigma = \lim_{\lambda\to 0} \sum_{i=1}^{n} f(\xi_i,\eta_i)\Delta\sigma_i.$$

其中 $f(x,y)$ 称为**被积函数**,$f(x,y)\mathrm{d}\sigma$ 称为**被积表达式**,$\mathrm{d}\sigma$ 称为**面积元素**,x,y 称为**积分变量**,D 称为**积分区域**.

引例 1 中,曲顶柱体的体积

$$V = \iint\limits_{D} f(x,y)\mathrm{d}\sigma.$$

引例 2 中,平面薄片的质量

$$M = \iint\limits_{D} \mu(x,y)\mathrm{d}\sigma.$$

关于定义 9.1.1 的几点说明:

(1) 积分和 $\sum_{i=1}^{n} f(\xi_i,\eta_i)\Delta\sigma_i$ 的极限存在,是指对积分区域 D

的任意划分和点(ξ_i,η_i)的任意取法,其极限值$\lim\limits_{\lambda\to 0}\sum\limits_{i=1}^{n}f(\xi_i,\eta_i)\Delta\sigma_i$是存在的,即$\iint\limits_{D}f(x,y)\mathrm{d}\sigma$与区域$D$的划分及点$(\xi_i,\eta_i)$的取法无关.

(2)二重积分$\iint\limits_{D}f(x,y)\mathrm{d}\sigma$是一个数值,此数值只与积分区域$D$和被积函数$f(x,y)$有关,而与积分变量的符号无关,即

$$\iint\limits_{D}f(x,y)\mathrm{d}\sigma=\iint\limits_{D}f(u,v)\mathrm{d}\sigma.$$

(3)当$f(x,y)$连续,且$f(x,y)\geqslant 0$时,则$\iint\limits_{D}f(x,y)\mathrm{d}\sigma$表示以积分区域$D$为底面,以曲面$z=f(x,y)$为顶的曲顶柱体的体积;当$f(x,y)<0$时,$\iint\limits_{D}f(x,y)\mathrm{d}\sigma$的值就是以区域$D$为底面,以曲面$z=f(x,y)$为顶的曲顶柱体的体积的相反数.

9.1.3 二重积分的性质

类似一元函数定积分,二元函数具有下面的一些基本性质,其证明与一元函数类似,请读者自行完成.

性质 9.1.1 常数因子可提到积分符号的外面,即

$$\iint\limits_{D}kf(x,y)\mathrm{d}\sigma=k\iint\limits_{D}f(x,y)\mathrm{d}\sigma.$$

性质 9.1.2 函数代数和的积分等于各个函数积分的代数和,即

$$\iint\limits_{D}[f(x,y)\pm g(x,y)]\mathrm{d}\sigma=\iint\limits_{D}f(x,y)\mathrm{d}\sigma\pm\iint\limits_{D}g(x,y)\mathrm{d}\sigma.$$

通常将性质 9.1.1 和性质 9.1.2 称为二重积分的线性运算性质,即线性性质

$$\iint\limits_{D}[kf(x,y)\pm mg(x,y)]\mathrm{d}\sigma=k\iint\limits_{D}f(x,y)\mathrm{d}\sigma\pm m\iint\limits_{D}g(x,y)\mathrm{d}\sigma.$$

线性性质可以推广至有限个函数的情形.

性质 9.1.3(关于积分区域的可加性) 若$D=D_1+D_2$,则

$$\iint\limits_{D}f(x,y)\mathrm{d}\sigma=\iint\limits_{D_1}f(x,y)\mathrm{d}\sigma+\iint\limits_{D_2}f(x,y)\mathrm{d}\sigma.$$

性质 9.1.4(保序性) 若在区域D上,恒有$f(x,y)\leqslant g(x,y)$,则

$$\iint\limits_{D}f(x,y)\mathrm{d}\sigma\leqslant\iint\limits_{D}g(x,y)\mathrm{d}\sigma.$$

特殊地,由于$-|f(x,y)|\leqslant f(x,y)\leqslant|f(x,y)|$,则

$$\left|\iint\limits_{D}f(x,y)\mathrm{d}\sigma\right|\leqslant\iint\limits_{D}|f(x,y)|\mathrm{d}\sigma.$$

例 9.1.1　设积分区域 D 由 x 轴、y 轴与直线 $x+y=1$ 所围成,若

$$I_1 = \iint\limits_{D} (x+y)^2 \mathrm{d}x\mathrm{d}y, I_2 = \iint\limits_{D} (x+y)^4 \mathrm{d}x\mathrm{d}y, I_3 = \iint\limits_{D} (x+y)^6 \mathrm{d}x\mathrm{d}y,$$

比较 I_1, I_2, I_3 的大小.

解　易知在积分区域 D 上,$(x+y)^2 > (x+y)^4 > (x+y)^6$,因此由性质 9.1.4,有 $I_3 \leqslant I_2 \leqslant I_1$.

性质 9.1.5　若在区域 D 上,$f(x,y) \equiv 1$,则 $\iint\limits_{D} f(x,y)\mathrm{d}\sigma$ 为积分区域 D 的面积 A,即

$$\iint\limits_{D} \mathrm{d}\sigma = \iint\limits_{D} 1 \cdot \mathrm{d}\sigma = A.$$

性质 9.1.6(估值定理)　设 M 和 m 分别是函数 $f(x,y)$ 在闭区域 D 上的最大值和最小值,A 为区域 D 的面积,则

$$mA \leqslant \iint\limits_{D} f(x,y)\mathrm{d}\sigma \leqslant MA.$$

微课:例 9.1.2

例 9.1.2　不经过计算,估计二重积分 $\iint\limits_{D} xy(x+y)\mathrm{d}\sigma$ 的值,其中 $D = \{(x,y) \mid 0 \leqslant x \leqslant 1, 0 \leqslant y \leqslant 1\}$.

解　因为在积分区域 D 上 $0 \leqslant x \leqslant 1, 0 \leqslant y \leqslant 1$,所以

$$0 \leqslant xy \leqslant 1, 0 \leqslant x+y \leqslant 2,\text{可得}\qquad 0 \leqslant xy(x+y) \leqslant 2,$$

于是 $\iint\limits_{D} 0\mathrm{d}\sigma \leqslant \iint\limits_{D} xy(x+y)\mathrm{d}\sigma \leqslant \iint\limits_{D} 2\mathrm{d}\sigma$,即 $0 \leqslant \iint\limits_{D} xy(x+y)\mathrm{d}\sigma \leqslant 2$.

性质 9.1.7(二重积分的中值定理)　设函数 $f(x,y)$ 在有界闭区域 D 上连续,A 为区域 D 的面积,则至少存在一点 $(\xi,\eta) \in D$,使得

$$\iint\limits_{D} f(x,y)\mathrm{d}\sigma = f(\xi,\eta)A.$$

性质 9.1.8(二重积分的对称性)

① 如果积分域 D 关于 y 轴对称,$f(x,y)$ 为 x 的奇(偶)函数,则有

$$\iint\limits_{D} f(x,y)\mathrm{d}\sigma = \begin{cases} 0, & f(x,y) \text{ 关于 } x \text{ 为奇函数,即 } f(-x,y) = -f(x,y), \\ 2\iint\limits_{D_1} f(x,y)\mathrm{d}\sigma, & f(x,y) \text{ 关于 } x \text{ 为偶函数,即 } f(-x,y) = f(x,y), \end{cases}$$

其中 D_1 为 D 位于 y 轴右侧的部分;

② 积分域 D 关于 x 轴对称,$f(x,y)$ 为 y 的奇(偶)函数,则有

$$\iint\limits_{D} f(x,y)\mathrm{d}\sigma = \begin{cases} 0, & f(x,y) \text{ 关于 } y \text{ 为奇函数,即 } f(x,-y) = -f(x,y), \\ 2\iint\limits_{D_1} f(x,y)\mathrm{d}\sigma, & f(x,y) \text{ 关于 } y \text{ 为偶函数,即 } f(x,-y) = f(x,y), \end{cases}$$

其中 D_1 为 D 位于 x 轴上侧的部分.

9.1.4 同步习题

1. 设有一平面薄片(不计其厚度),占有 xOy 面上的闭区域 D,薄片上分布有面密度为 $\mu=\mu(x,y)$ 的电荷,且 $\mu(x,y)$ 在 D 上连续,试用二重积分表示该薄片上的全部电荷.

2. 比较下列各组积分的大小:

(1) $\iint\limits_{D} \ln(x+y)\mathrm{d}\sigma$ 与 $\iint\limits_{D} [\ln(x+y)]^2\mathrm{d}\sigma$,其中 $D=\{(x,y)\mid 0\leqslant x\leqslant 3,3\leqslant y\leqslant 5\}$;

(2) $\iint\limits_{D} \ln^3(x+y)\mathrm{d}\sigma$ 与 $\iint\limits_{D} (x+y)^3\mathrm{d}\sigma$,其中 D 是由 $x=0,y=0$, $x+y=\dfrac{1}{2},x+y=1$ 所围成的闭区域;

(3) $\iint\limits_{D} (x+y)^3\mathrm{d}\sigma$ 与 $\iint\limits_{D} [\sin(x+y)]^3\mathrm{d}\sigma$,其中 D 是由 $x=0$, $y=0,x+y=\dfrac{1}{2}$,$x+y=1$ 所围成的闭区域.

9.2　二重积分的计算

本节要求:通过本节的学习,学生应掌握直角坐标系下二重积分的计算以及极坐标系下二重积分的计算,并且了解选用适当的积分次序来求二重积分.

直接使用二重积分的定义来计算二重积分是不切实际的,只有对于被积函数比较简单,积分区域形状比较特殊的才可以使用定义来计算,对于一般的函数与积分区域,计算二重积分时常转换为二次积分(也叫作累次积分)来计算.

本节介绍在直角坐标系下和极坐标系下两种形式二重积分的计算.

9.2.1 直角坐标系下计算二重积分

先从几何上讨论二重积分的计算问题.

设 $f(x,y)$ 在有界闭区域 D 上可积,由于积分值与积分区域 D 的分割方式及点 (x_i,y_i) 的取法无关,因此在计算二重积分时常采用对平面区域 D 的特殊分割方式和选取特殊的点.

在直角坐标系下,常用平行于 x 轴与 y 轴的两组直线来分割积分区域 D,这时,小区域 $\Delta\sigma_i(i=1,2,\cdots,n)$ 除了边界外都是一些小矩形,而随着分割的加细,边界区域不规则图形的面积可以忽略不计,因而分割小区域全都是小矩形(见图 9-3).

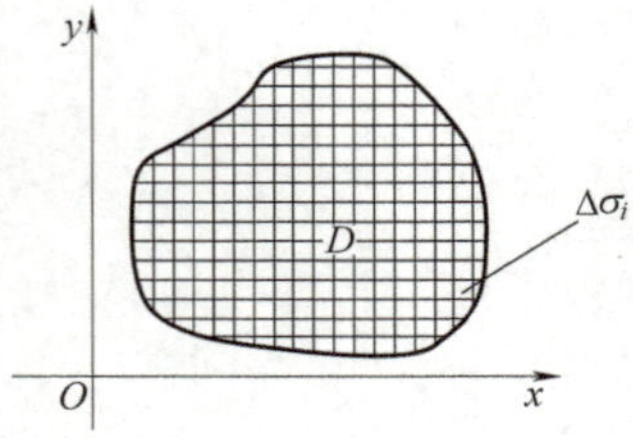

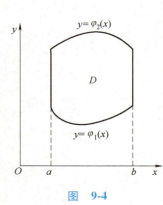

图　9-3

由图 9-3 知小区域的面积 $\Delta\sigma_i = \Delta x_i \Delta y_i$,因此 $\iint\limits_D f(x,y)\mathrm{d}\sigma$ 中的面积元素 $\mathrm{d}\sigma = \mathrm{d}x\mathrm{d}y$,即在直角坐标系下

$$\iint\limits_D f(x,y)\mathrm{d}\sigma = \iint\limits_D f(x,y)\mathrm{d}x\mathrm{d}y.$$

以后二重积分常写成 $\iint\limits_D f(x,y)\mathrm{d}x\mathrm{d}y$ 形式.

由曲顶柱体体积的计算可知,当被积函数 $f(x,y) \geqslant 0$,且在 D 上连续时,若平面区域 D(见图 9-4),可以表示为如下的不等式组

$$D:\begin{cases}\varphi_1(x) \leqslant y \leqslant \varphi_2(x), \\ a \leqslant x \leqslant b.\end{cases}$$

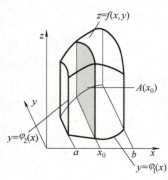

图　9-4

二重积分 $\iint\limits_D f(x,y)\mathrm{d}\sigma$ 等于曲顶柱体(见图 9-5)的体积,而由平行截面面积为已知的立体的体积的求法可知,

$$V = \iint\limits_D f(x,y)\mathrm{d}\sigma = \int_a^b A(x)\mathrm{d}x$$

而 $A(x) = \displaystyle\int_{\varphi_1(x)}^{\varphi_2(x)} f(x,y)\mathrm{d}y$

因此有,

$$\iint\limits_D f(x,y)\mathrm{d}x\mathrm{d}y = \int_a^b \left[\int_{\varphi_1(x)}^{\varphi_2(x)} f(x,y)\mathrm{d}y\right]\mathrm{d}x = \int_a^b \mathrm{d}x \int_{\varphi_1(x)}^{\varphi_2(x)} f(x,y)\mathrm{d}y.$$

上式将二重积分化为先对 y 后对 x 的累次积分,这就是二重积分的计算公式.当 $f(x,y) \leqslant 0$ 时,上述公式仍然成立.

若区域 D 可用如下的不等式组表示

$$D:\begin{cases}\psi_1(y) \leqslant x \leqslant \psi_2(y), \\ c \leqslant y \leqslant d,\end{cases}$$

类似地,二重积分化为先 x 后 y 的二次积分:

$$\iint\limits_D f(x,y)\mathrm{d}x\mathrm{d}y = \int_c^d \left[\int_{\psi_1(y)}^{\psi_2(y)} f(x,y)\mathrm{d}x\right]\mathrm{d}y = \int_c^d \mathrm{d}y \int_{\psi_1(y)}^{\psi_2(y)} f(x,y)\mathrm{d}x.$$

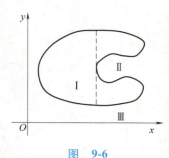

图　9-5

我们称图 9-4 所示的区域为 **X-型区域**.X-型区域的特点是:穿过区域内部且平行于 y 轴的直线与 D 的边界相交不多于两个交点.类似地,还有 **Y-型区域**.

注　(1)如果平行于坐标轴的直线与积分区域 D 的边界交点多于两点,则作辅助线把 D 分为若干 X-型区域或 Y-型区域,利用二重积分对区域的可加性进行计算,如图 9-6 所示.

(2)有一些区域既可以看作 X-型区域又可以看作 Y-型区域(见图 9-7),此时可以选择积分方便的积分区域进行计算.

二重积分化为二次积分的步骤:

图　9-6

（1）画出积分区域 D 的图形,确定区域所属类型;

（2）写出区域 D 上的点的坐标满足的不等式,从而定出积分的上下限;

（3）将二重积分化为累次积分;

（4）计算两次定积分,算出二重积分的值.

例 9.2.1 计算 $\iint\limits_{D} xy\mathrm{d}x\mathrm{d}y$,其中 D 由直线 $y=1$,$x=2$,$y=x$ 所围成.

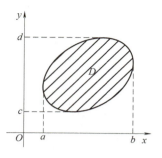

图 9-7

解 方法 1 如图 9-8 所示,将 D 看作 X-型区域,则 $D:\begin{cases}1\leqslant y\leqslant x,\\1\leqslant x\leqslant 2,\end{cases}$

$$I = \int_{1}^{2}\mathrm{d}x\int_{1}^{x}xy\mathrm{d}y = \int_{1}^{2}\left[\frac{1}{2}xy^2\right]_{1}^{x}\mathrm{d}x$$

$$= \int_{1}^{2}\left(\frac{1}{2}x^3 - \frac{1}{2}x\right)\mathrm{d}x = \frac{9}{8}.$$

方法 2 将 D 看作 Y-型区域,则

$$D:\begin{cases}y\leqslant x\leqslant 2,\\1\leqslant y\leqslant 2,\end{cases}$$

$$I = \int_{1}^{2}\mathrm{d}y\int_{y}^{2}xy\mathrm{d}x = \int_{1}^{2}\left[\frac{1}{2}x^2y\right]_{y}^{2}\mathrm{d}y$$

$$= \int_{1}^{2}\left[2y - \frac{1}{2}y^3\right]\mathrm{d}y = \frac{9}{8}.$$

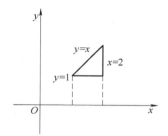

图 9-8

例 9.2.2 计算 $\iint\limits_{D} xy\mathrm{d}\sigma$,其中 D 是抛物线 $y^2 = x$ 及直线 $y = x-2$ 所围成的闭区域.

解 积分区域为图 9-9 中阴影部分,为计算简便,先对 x 后对 y 积分,

则

$$D:\begin{cases}y^2\leqslant x\leqslant y+2,\\-1\leqslant y\leqslant 2.\end{cases}$$

$$\iint\limits_{D} xy\mathrm{d}\sigma = \int_{-1}^{2}\mathrm{d}y\int_{y^2}^{y+2}xy\mathrm{d}x$$

$$= \int_{-1}^{2}\left[\frac{1}{2}x^2y\right]_{y^2}^{y+2}\mathrm{d}y = \frac{1}{2}\int_{-1}^{2}\left[y(y+2)^2 - y^5\right]\mathrm{d}y$$

$$= \frac{1}{2}\left[\frac{y^4}{4} + \frac{4}{3}y^3 + 2y^2 - \frac{1}{6}y^6\right]_{-1}^{2} = \frac{45}{8}.$$

微课:例 9.2.2

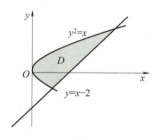

图 9-9

例 9.2.3 二元函数 $f(x,y)$ 在区域 D 上连续,改变积分次序

$$\int_{0}^{\frac{\sqrt{2}}{2}}\mathrm{d}x\int_{x}^{\sqrt{1-x^2}}f(x,y)\mathrm{d}y.$$

解 将区域 D 视为 X-型区域:

$$D:\begin{cases}0\leqslant x\leqslant \dfrac{\sqrt{2}}{2},\\x\leqslant y\leqslant \sqrt{1-x^2},\end{cases}$$

图 9-10

则积分区域如图 9-10 所示.

将区域 D 视为 Y-型区域：

$$D:\begin{cases}0\leqslant y\leqslant\dfrac{\sqrt{2}}{2},\\ 0\leqslant x\leqslant y,\end{cases}\cup\begin{cases}\dfrac{\sqrt{2}}{2}\leqslant y\leqslant 1,\\ 0\leqslant x\leqslant\sqrt{1-y^2},\end{cases}$$

于是

$$\int_0^{\frac{\sqrt{2}}{2}}\mathrm{d}x\int_x^{\sqrt{1-x^2}}f(x,y)\,\mathrm{d}y=\int_0^{\frac{\sqrt{2}}{2}}\mathrm{d}y\int_0^{y}f(x,y)\,\mathrm{d}x+$$
$$\int_{\frac{\sqrt{2}}{2}}^{1}\mathrm{d}y\int_0^{\sqrt{1-y^2}}f(x,y)\,\mathrm{d}x.$$

例 9.2.4　计算 $\displaystyle\iint_D\frac{\sin x}{x}\mathrm{d}x\mathrm{d}y$，其中 D 由直线 $x=\pi,y=x,y=0$ 所围成.

解　若化为先 x 后 y 的二次积分，$\dfrac{\sin x}{x}$ 的原函数不能求出，将使计算无法进行. 此例应化为先 y 后 x 的二次积分方能计算，因此取 D 为 X-型区域：

$$D:\begin{cases}0\leqslant y\leqslant x,\\ 0\leqslant x\leqslant\pi,\end{cases}$$

$$\iint_D\frac{\sin x}{x}\mathrm{d}x\mathrm{d}y=\int_0^{\pi}\frac{\sin x}{x}\mathrm{d}x\int_0^{x}\mathrm{d}y$$

$$=\int_0^{\pi}\sin x\,\mathrm{d}x=\left[-\cos x\right]_0^{\pi}=2.$$

注　在化二重积分为二次积分时，应选择恰当的积分次序. 有时，由于积分次序选择不当，会造成计算过程烦琐，甚至使计算无法进行.

9.2.2　极坐标系下计算二重积分

在极坐标系下，用同心圆 $r=$ 常数，及射线 $\theta=$ 常数，划分区域 D 为（见图 9-11）

$$\Delta\sigma_k(k=1,2,\cdots,n),$$

则除包含边界点的小区域外，小区域的面积

$$\Delta\sigma_k=\frac{1}{2}(r_k+\Delta r_k)^2\cdot\Delta\theta_k-\frac{1}{2}r_k^2\cdot\Delta\theta_k$$

$$=\frac{1}{2}\left[r_k+(r_k+\Delta r_k)\right]\Delta r_k\cdot\Delta\theta_k$$

$$=\overline{r_k}\Delta r_k\cdot\Delta\theta_k.$$

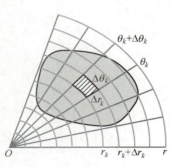

图 9-11

在 $\Delta\sigma_k$ 内取点 $(\overline{r_k},\overline{\theta_k})$，对应有

$$\xi_k=\overline{r_k}\cos\overline{\theta_k},\eta_k=\overline{r_k}\sin\overline{\theta_k},$$

$$\lim_{\lambda \to 0} \sum_{k=1}^{n} f(\xi_k, \eta_k) \Delta \sigma_k = \lim_{\lambda \to 0} \sum_{k=1}^{n} f(\overline{r_k} \cos \overline{\theta_k}, \overline{r_k} \sin \overline{\theta_k}) \overline{r_k} \Delta r_k \Delta \theta_k,$$

即

$$\iint_D f(x, y) \mathrm{d}x\mathrm{d}y = \iint_D f(r\cos\theta, r\sin\theta) r\mathrm{d}r\mathrm{d}\theta.$$

特别地:

（1）极点 O 在区域 D 之外,如图 9-12a 所示,则

$$D = \{(r, \theta) \mid \alpha \leqslant \theta \leqslant \beta, r_1(\theta) \leqslant r \leqslant r_2(\theta)\}.$$

于是

$$\iint_D f(r\cos\theta, r\sin\theta) r\mathrm{d}r\mathrm{d}\theta = \int_\alpha^\beta \mathrm{d}\theta \int_{r_1(\theta)}^{r_2(\theta)} f(r\cos\theta, r\sin\theta) r\mathrm{d}r.$$

（2）极点 O 在区域 D 的边界上,如图 9-12b 所示,则

$$D = \{(r, \theta) \mid \alpha \leqslant \theta \leqslant \beta, 0 \leqslant r \leqslant r(\theta)\}.$$

于是

$$\iint_D f(r\cos\theta, r\sin\theta) r\mathrm{d}r\mathrm{d}\theta = \int_\alpha^\beta \mathrm{d}\theta \int_0^{r(\theta)} f(r\cos\theta, r\sin\theta) r\mathrm{d}r.$$

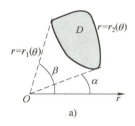 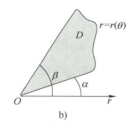 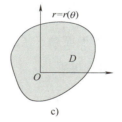

a)   b)   c)

图 **9-12**

（3）极点 O 在区域 D 之内,如图 9-12c 所示,则

$$D = \{(r, \theta) \mid 0 \leqslant \theta \leqslant 2\pi, 0 \leqslant r \leqslant r(\theta)\}.$$

于是

$$\iint_D f(r\cos\theta, r\sin\theta) r\mathrm{d}r\mathrm{d}\theta = \int_0^{2\pi} \mathrm{d}\theta \int_0^{r(\theta)} f(r\cos\theta, r\sin\theta) r\mathrm{d}r.$$

注 一般,当积分区域为圆形、扇形或环形时,或者被积函数为 $f(x^2+y^2)$, $f\left(\dfrac{y}{x}\right)$, $f\left(\dfrac{x}{y}\right)$ 时,利用极坐标计算比较简单.

例 9.2.5 计算 $\displaystyle\iint_D \mathrm{e}^{-x^2-y^2}\mathrm{d}x\mathrm{d}y$,其中 $D: x^2+y^2 \leqslant 1$.

解 在极坐标系下

$$D: \begin{cases} 0 \leqslant r \leqslant 1, \\ 0 \leqslant \theta \leqslant 2\pi. \end{cases}$$

$$原式 = \iint_D \mathrm{e}^{-r^2} r\mathrm{d}r\mathrm{d}\theta = \int_0^{2\pi} \mathrm{d}\theta \int_0^1 r\mathrm{e}^{-r^2}\mathrm{d}r$$

$$= 2\pi \left[\frac{-1}{2}\mathrm{e}^{-r^2} \right]_0^1 = \pi(1 - \mathrm{e}^{-1}).$$

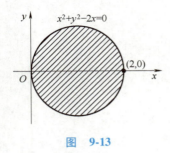

图 9-13

例 9.2.6　计算二重积分 $\iint\limits_D \sqrt{x^2+y^2}\,\mathrm{d}\sigma$，其中 D 是由 $x^2+y^2-2x=0$ 所围成的区域（见图 9-13）.

解　积分区域 D，用极坐标表示为：

$$D=\left\{(r,\theta)\,\middle|\,-\frac{\pi}{2}\leqslant\theta\leqslant\frac{\pi}{2},0\leqslant r\leqslant 2\cos\theta\right\}.$$

于是

$$\iint\limits_D \sqrt{x^2+y^2}\,\mathrm{d}\sigma=\iint\limits_D r^2\mathrm{d}r\mathrm{d}\theta=\int_{-\frac{\pi}{2}}^{\frac{\pi}{2}}\mathrm{d}\theta\int_0^{2\cos\theta}r^2\mathrm{d}r$$

$$=\frac{8}{3}\int_{-\frac{\pi}{2}}^{\frac{\pi}{2}}\cos^3\theta\mathrm{d}\theta=\frac{32}{9}.$$

9.2.3　无界区域上的反常二重积分

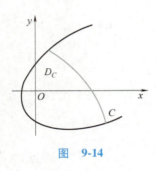

图 9-14

设函数 $f(x,y)$ 在无界区域 D 上有定义，用任意光滑或分段光滑曲线 C 在 D 中划出有界区域 D_C，如图 9-14 所示.

若二重积分 $\iint\limits_{D_C}f(x,y)\mathrm{d}\sigma$ 存在且当 C 连续变动使区域 D_C 无限扩展而趋于区域 D 时，不论 C 的形状如何，也不论 C 的扩展过程怎样，极限 $\lim\limits_{D_C\to D}\iint\limits_{D_C}f(x,y)\mathrm{d}\sigma$ 总存在，称反常二重积分 $\iint\limits_D f(x,y)\mathrm{d}\sigma$ 收敛，即

$$\iint\limits_D f(x,y)\mathrm{d}\sigma=\lim\limits_{D_C\to D}\iint\limits_{D_C}f(x,y)\mathrm{d}\sigma=I.$$

否则，称 $\iint\limits_D f(x,y)\mathrm{d}\sigma$ 发散.

例 9.2.7　设 D 是由全平面构成的，求 $\iint\limits_D \mathrm{e}^{-x^2-y^2}\mathrm{d}x\mathrm{d}y,\int_{-\infty}^{+\infty}\mathrm{e}^{-x^2}\mathrm{d}x$ 及 $\int_0^{+\infty}\mathrm{e}^{-x^2}\mathrm{d}x$.

解　设 $D_R:x^2+y^2\leqslant R^2$，由极坐标可得

$$\iint\limits_{D_R}\mathrm{e}^{-x^2-y^2}\mathrm{d}x\mathrm{d}y=\int_0^{2\pi}\mathrm{d}\theta\int_0^R \mathrm{e}^{-r^2}r\mathrm{d}r=\pi(1-\mathrm{e}^{-R^2}),$$

$$\iint\limits_{D_R}\mathrm{e}^{-x^2-y^2}\mathrm{d}x\mathrm{d}y=\lim\limits_{R\to+\infty}\iint\limits_{D_R}\mathrm{e}^{-x^2-y^2}\mathrm{d}x\mathrm{d}y=\pi.$$

另外，设 $D_M:-M\leqslant x\leqslant M,-M\leqslant y\leqslant M$，则

$$\iint\limits_{D_M}\mathrm{e}^{-x^2-y^2}\mathrm{d}x\mathrm{d}y=\int_{-M}^M \mathrm{d}x\int_{-M}^M \mathrm{e}^{-x^2-y^2}\mathrm{d}y=\left(\int_{-M}^M \mathrm{e}^{-x^2}\mathrm{d}x\right)^2.$$

因此　　　　$$\iint\limits_{D_M}\mathrm{e}^{-x^2-y^2}\mathrm{d}x\mathrm{d}y=\lim\limits_{M\to+\infty}\iint\limits_{D_R}\mathrm{e}^{-x^2-y^2}\mathrm{d}x\mathrm{d}y=\left(\int_{-\infty}^{+\infty}\mathrm{e}^{-x^2}\mathrm{d}x\right)^2.$$

所以 $\int_{-\infty}^{+\infty}\mathrm{e}^{-x^2}\mathrm{d}x=\sqrt{\pi}$，又因为 e^{-x^2} 为偶函数，所以 $\int_0^{+\infty}\mathrm{e}^{-x^2}\mathrm{d}x=\dfrac{\sqrt{\pi}}{2}$.

9.2.4 同步习题

1. 计算下列二重积分.

（1）$I=\iint\limits_{D}(x^3+3x^2y+y^3)\mathrm{d}\sigma$，其中 $D=\{(x,y)\mid 0\leqslant x\leqslant 1,0\leqslant y\leqslant 1\}$；

（2）$I=\iint\limits_{D}(3x+2y)\mathrm{d}\sigma$，其中 D 由坐标轴与 $x+y=2$ 所围成；

（3）$I=\iint\limits_{D}x\mathrm{e}^{xy}\mathrm{d}x\mathrm{d}y$，其中 $D=\{(x,y)\mid 0\leqslant x\leqslant 1,0\leqslant y\leqslant 1\}$；

（4）$I=\iint\limits_{D}(x+6y)\mathrm{d}x\mathrm{d}y$，其中 D 是由 $y=x,y=5x,x=1$ 所围成
的区域；

（5）$I=\iint\limits_{D}y\mathrm{d}\sigma$，其中 D 是由 $y=4-x,y=x^2$ 所围成的区域；

（6）$I=\iint\limits_{D}x^2\mathrm{d}x\mathrm{d}y$，其中 D 是由 $y=x^3$ 和 $y=x$ 所围成的区域.

2. 交换积分次序.

（1）$\int_0^1\mathrm{d}x\int_0^{1-x}f(x,y)\mathrm{d}y$；

（2）$\int_0^1\mathrm{d}y\int_0^y f(x,y)\mathrm{d}x+\int_1^2\mathrm{d}y\int_0^{2-y}f(x,y)\mathrm{d}x$；

（3）$\int_0^1\mathrm{d}y\int_y^{\sqrt{y}}f(x,y)\mathrm{d}x$；

（4）$\int_0^1\mathrm{d}y\int_0^{\sqrt[3]{y}}f(x,y)\mathrm{d}x+\int_1^2\mathrm{d}y\int_0^{2-y}f(x,y)\mathrm{d}x$.

3. 利用极坐标计算下列二重积分.

（1）$\iint\limits_{D}\dfrac{1}{1+x^2+y^2}\mathrm{d}x\mathrm{d}y$，其中 D 是由 $x^2+y^2\leqslant 4$ 所确定的区域；

（2）$\iint\limits_{D}\sqrt{a^2-x^2-y^2}\mathrm{d}x\mathrm{d}y$，其中 D 为 $x^2+y^2\leqslant a^2$ 围成的区域；

（3）$\iint\limits_{D}\mathrm{e}^{-x^2-y^2}\mathrm{d}x\mathrm{d}y$，其中 D 为 $x^2+y^2\leqslant R^2$ 围成的区域；

（4）$\iint\limits_{D}\sqrt{x^2+y^2}\mathrm{d}x\mathrm{d}y$，其中 D 为 $x^2+y^2\leqslant 2y$ 围成的区域.

4. 选择适当的坐标计算下列二重积分.

（1）$\iint\limits_{D}\sin\sqrt{x^2+y^2}\mathrm{d}x\mathrm{d}y$，其中 D 是圆环形闭区域，$\pi^2\leqslant x^2+y^2\leqslant 4\pi^2$；

（2）$\iint\limits_{D}\dfrac{x^2}{y^2}\mathrm{d}x\mathrm{d}y$，其中 D 是由直线 $x=2,y=x$ 及曲线 $xy=1$ 所围

成的闭区域;

（3）$\iint\limits_{D}(x^2+y^2)\,\mathrm{d}x\mathrm{d}y$，其中 D 是由直线 $y=x,y=x+a,y=a,y=3a(a>0)$ 所围成的闭区域;

（4）$\iint\limits_{D}\sqrt{R^2-x^2-y^2}\,\mathrm{d}x\mathrm{d}y$，其中 D 是由圆周 $x^2+y^2=Rx$ 所围成的闭区域;

（5）$\iint\limits_{D}(x^2+y^2+2x)\,\mathrm{d}x\mathrm{d}y$，其中 $D=\{(x,y)\mid x^2+y^2\leqslant 2y\}$.

5. 利用二重积分计算由 $y=x^2,y=\sqrt{x}$ 所围成的区域的面积.

6. 利用二重积分计算由平面 $x=0,y=0,x+y=1$ 所围成的柱体被平面 $z=0$ 及抛物面 $x^2+y^2=6-z$ 所截得的立体的体积.

9.3　三　重　积　分

本节要求:通过本节的学习,学生应掌握三重积分的概念以及三重积分的三种计算方法,即直角坐标系下的计算、柱面坐标系下的计算和球面坐标系下的计算.

由定积分和二重积分的概念,我们可以把积分的概念推广到三元函数,因此我们得到三重积分的概念.对于三重积分,我们可以根据积分区域和被积函数的特征,介绍三种形式坐标的计算,即直角坐标系下的计算、柱面坐标系下的计算和球面坐标系下的计算.

9.3.1　三重积分的概念

与平面薄片质量类似,密度为连续函数 $f(x,y,z)$ 的空间立体 Ω 的质量 M 可以表示为

$$M=\lim_{\lambda\to 0}\sum_{i=1}^{n}f(\xi_i,\eta_i,\zeta_i)\Delta v_i.$$

由此得到三重积分的定义:

定义 9.3.1　设 $f(x,y,z)$ 是空间有界闭区域 Ω 上的有界函数.将 Ω 任意分成 n 个小闭区域 $\Delta v_1,\Delta v_2,\cdots,\Delta v_n$,其中 Δv_i 表示第 i 个小闭区域,也表示它的体积.在每个 Δv_i 上任取一点 (ξ_i,η_i,ζ_i),并作和式 $\sum_{i=1}^{n}f(\xi_i,\eta_i,\zeta_i)\Delta v_i$.如果当各小闭区域的直径中的

最大值 λ 趋于零时,此和式的极限存在,则称此极限为函数 $f(x,y,z)$ 在闭区域 Ω 上的**三重积分**,记作 $\iiint\limits_{\Omega} f(x,y,z)\mathrm{d}v$. 即

$$\iiint\limits_{\Omega} f(x,y,z)\,\mathrm{d}v = \lim_{\lambda \to 0} \sum_{i=1}^{n} f(\xi_i,\eta_i,\zeta_i)\Delta v_i,$$

其中 $f(x,y,z)$ 称为**被积函数**, $f(x,y,z)\mathrm{d}v$ 称为**被积表达式**, $\mathrm{d}v$ 称为**体积元素**, x,y,z 称为**积分变量**, Ω 称为**积分区域**.

在直角坐标系中,如果用平行于坐标面的平面来划分 Ω,除了包含 Ω 的边界点的一些不规则小闭区域外,得到的小闭区域 Δv_i 均为长方体. 设小长方体的边长为 $\Delta x_i,\Delta y_i,\Delta z_i$,则

$$\Delta v_i = \Delta x_i \Delta y_i \Delta z_i.$$

因此,在直角坐标系中 $\mathrm{d}v$ 记作 $\mathrm{d}x\mathrm{d}y\mathrm{d}z$,于是

$$\iiint\limits_{\Omega} f(x,y,z)\,\mathrm{d}v = \iiint\limits_{\Omega} f(x,y,z)\,\mathrm{d}x\mathrm{d}y\mathrm{d}z,$$

其中 $\mathrm{d}x\mathrm{d}y\mathrm{d}z$ 称为直角坐标系中的**体积元素**.

根据定义,密度为 $f(x,y,z)$ 的空间立体 Ω 的质量为

$$M = \iiint\limits_{\Omega} f(x,y,z)\,\mathrm{d}v,$$

这就是三重积分的物理意义.

三重积分的性质与二重积分类似,这里不再叙述.

当函数 $f(x,y,z)$ 在闭区域 Ω 上连续时,极限 $\lim\limits_{\lambda \to 0} \sum\limits_{i=1}^{n} f(\xi_i,\eta_i,\zeta_i)\Delta v_i$ 总是存在的,因此函数 $f(x,y,z)$ 在闭区域 Ω 上的三重积分是存在的,以后也总假定函数 $f(x,y,z)$ 在闭区域 Ω 上是连续的.

9.3.2　直角坐标系下三重积分的计算

三重积分的计算与二重积分的计算类似,基本思路是将三重积分化成三次积分. 下面介绍直角坐标系下三重积分化成三次积分的方法.

为了化三重积分为三次积分,首先要写出闭区域的不等式表示.

假设平行于 z 轴且穿过区域 Ω 内部的直线和闭区域 Ω 的边界曲面的交点不多于两点, Ω 在 xOy 面上的投影区域为 D_{xy}(见图 9-15). 以 D_{xy} 的边界曲线为准线作母线平行于 z 轴的柱面,这个柱面与区域 Ω 的边界曲面 S 相交,并将 S 分成上、下两部分 S_2 和 S_1,它们分别为

$$S_1: z = z_1(x,y),$$
$$S_2: z = z_2(x,y),$$

其中 $z_1(x,y)$ 和 $z_2(x,y)$ 都是 D_{xy} 上的连续函数,且 $z_1(x,y) \leqslant z_2(x,y)$. 于是,积分区域 Ω 可示为

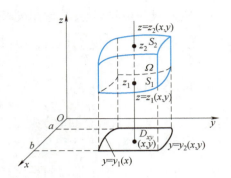

图　9-15

$$\Omega = \{(x,y,z) \mid z_1(x,y) \leqslant z \leqslant z_2(x,y), (x,y) \in D_{xy}\}.$$

将 x,y 看作定值,对 z 作定积分 $\int_{z_1(x,y)}^{z_2(x,y)} f(x,y,z)\,\mathrm{d}z$.

积分的结果是 x,y 的二元函数记为 $F(x,y)$,即

$$F(x,y) = \int_{z_1(x,y)}^{z_2(x,y)} f(x,y,z)\,\mathrm{d}z.$$

然后再计算 $F(x,y)$ 在闭区域 D_{xy} 上的二重积分,如果闭区域 D_{xy} 可以表示为

$$D_{xy} = \{(x,y) \mid y_1(x) \leqslant y \leqslant y_2(x), a \leqslant x \leqslant b\},$$

把这个二重积分化为二次积分,便可得到三重积分化为先对 z,再对 y,最后对 x 的三次积分公式:

$$\iiint\limits_{\Omega} f(x,y,z)\,\mathrm{d}v = \int_a^b \mathrm{d}x \int_{y_1(x)}^{y_2(x)} \mathrm{d}y \int_{z_1(x,y)}^{z_2(x,y)} f(x,y,z)\,\mathrm{d}z.$$

依次计算三个定积分,就得到三重积分的结果.

当然我们也可以根据所给闭区域和被积函数的特点,把三重积分化为其他顺序的三次积分.

例 9.3.1 计算三重积分 $\iiint\limits_{\Omega} y\,\mathrm{d}x\mathrm{d}y\mathrm{d}z$,其中 Ω 是由三个坐标平面及平面 $x+y+2z=2$ 所围成的闭区域.

解 Ω 的图形如图 9-16 所示.

将 Ω 投影到 xOy 面上,得到投影区域 D_{xy} 为三角形闭区域 OAB. 直线 OA,OB 及 AB 的方程分别为 $y=0,x=0$ 及 $x+y=2$,所以

$$D_{xy} = \{(x,y) \mid 0 \leqslant y \leqslant 2-x, 0 \leqslant x \leqslant 2\}.$$

在 D_{xy} 内任取一点 (x,y),过该点作平行于 z 轴的直线,直线上位于 Ω 内的点的竖坐标满足 $0 \leqslant z \leqslant 1-\dfrac{1}{2}(x+y)$,所以积分区域 Ω 可以表示为

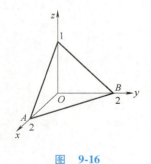

图　9-16

$$\Omega = \left\{(x,y,z) \;\middle|\; 0 \leqslant z \leqslant 1-\frac{1}{2}(x+y), 0 \leqslant y \leqslant 2-x, 0 \leqslant x \leqslant 2\right\}.$$

于是,由三重积分的计算公式,可得

$$\iiint\limits_{\Omega} y\,\mathrm{d}x\mathrm{d}y\mathrm{d}z = \int_0^2 \mathrm{d}x \int_0^{2-x} \mathrm{d}y \int_0^{1-\frac{1}{2}(x+y)} y\,\mathrm{d}z = \int_0^2 \mathrm{d}x \int_0^{2-x} \left[\, yz\,\right]_0^{1-\frac{1}{2}(x+y)} \mathrm{d}y$$

$$= \int_0^2 \mathrm{d}x \int_0^{2-x} \left[\, y - \frac{1}{2}(xy+y^2)\,\right] \mathrm{d}y = \frac{1}{12}\int_0^2 (2-x)^3\,\mathrm{d}x = \frac{1}{3}.$$

　　三重积分的计算除了上述先求定积分,再求二重积分的方法外,有时也可先求二重积分,再求定积分(即先二后一法).

　　设空间区域 Ω 夹在两个平行平面 $z=c_1$ 和 $z=c_2$ 之间,不妨设 $c_1<c_2$,过 z 轴上 $[c_1,c_2]$ 内任意一点 z 作垂直于 z 轴的平面,该平面截 Ω 得到平面区域 D_z(见图 9-17),则空间区域 Ω 可以表示为

$$\Omega = \left\{ (x,y,z) \mid (x,y) \in D_z, c_1 \leqslant z \leqslant c_2 \right\},$$

于是, $\displaystyle\iiint\limits_{\Omega} y\,\mathrm{d}x\mathrm{d}y\mathrm{d}z = \int_{c_1}^{c_2} \mathrm{d}z \iint\limits_{D_z} f(x,y,z)\,\mathrm{d}x\mathrm{d}y.$

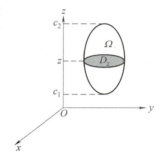

图　9-17

例 9.3.2　计算 $\displaystyle\iiint\limits_{\Omega}(x+z)\,\mathrm{d}x\mathrm{d}y\mathrm{d}z$,其中

$$\Omega = \left\{ (x,y,z) \mid \frac{x^2}{a^2}+\frac{y^2}{b^2}+\frac{z^2}{c^2} \leqslant 1, z \geqslant 0, a>0, b>0, c>0 \right\}.$$

解　$\displaystyle\iiint\limits_{\Omega}(x+z)\,\mathrm{d}x\mathrm{d}y\mathrm{d}z = \iiint\limits_{\Omega} x\,\mathrm{d}x\mathrm{d}y\mathrm{d}z + \iiint\limits_{\Omega} z\,\mathrm{d}x\mathrm{d}y\mathrm{d}z.$

由于 Ω(上半椭球体)关于平面 $x=0$(yOz 坐标面)对称,而被积函数 $f(x,y,z)=x$ 是关于 x 的奇函数,所以

$$\iiint\limits_{\Omega} x\,\mathrm{d}x\mathrm{d}y\mathrm{d}z = 0.$$

　　空间闭区域 Ω 夹在平面 $z=0$ 与平面 $z=c$ 之间,过 z 轴上 $[0,c]$ 内任意一点 z 作垂直于 z 轴的平面,该平面截 Ω 得到平面区域 D_z:

$$D_z = \left\{ (x,y,z) \mid \frac{x^2}{a^2}+\frac{y^2}{b^2} \leqslant 1-\frac{z^2}{c^2} \right\}.$$

于是

$$\iiint\limits_{\Omega} z\,\mathrm{d}x\mathrm{d}y\mathrm{d}z = \int_0^c \mathrm{d}z \iint\limits_{D_z} z\,\mathrm{d}x\mathrm{d}y = \int_0^c z\,\mathrm{d}z \iint\limits_{D_z} \mathrm{d}x\mathrm{d}y.$$

而二重积分 $\displaystyle\iint\limits_{D_z}\mathrm{d}x\mathrm{d}y$ 的值等于平面闭区域 D_z 的面积. D_z 是椭圆

$$\frac{x^2}{a^2\left(1-\dfrac{z^2}{c^2}\right)}+\frac{y^2}{b^2\left(1-\dfrac{z^2}{c^2}\right)} \leqslant 1,$$

所以它的面积为

$$\pi \sqrt{a^2\left(1-\frac{z^2}{c^2}\right)} \sqrt{b^2\left(1-\frac{z^2}{c^2}\right)} = \pi ab\left(1-\frac{z^2}{c^2}\right)$$

因此

$$\iiint\limits_{\Omega} z\mathrm{d}x\mathrm{d}y\mathrm{d}z = \int_0^c z\pi ab\left(1-\frac{z^2}{c^2}\right)\mathrm{d}z = \frac{\pi}{4}abc^2.$$

9.3.3 柱面坐标系下三重积分的计算

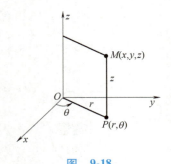

图 9-18

空间中的点除了用直角坐标表示外,还可以用柱面坐标来表示.柱面坐标可以看成是 xOy 面中的极坐标与直角坐标系中的竖坐标相结合而成的坐标.

设空间中的点 $M(x,y,z)$ 在 xOy 面上的投影 P 的极坐标为 (r,θ),则数组 (r,θ,z) 就叫作点 M 的柱面坐标(见图 9-18).显然空间点 M 的柱面坐标 (r,θ,z) 与其直角坐标 (x,y,z) 的关系为

$x=r\cos\theta, y=r\sin\theta, z=z$,其中 $0\leqslant r\leqslant +\infty, 0\leqslant\theta\leqslant 2\pi, -\infty\leqslant z\leqslant +\infty.$

柱面坐标系下的坐标平面是:

(1) r 为常数,表示以 z 轴为中心轴,半径为 r 的圆柱面;

(2) θ 为常数,表示过 z 轴的半平面;

(3) z 为常数,表示平行于 xOy 面的平面.

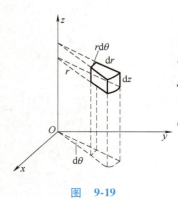

图 9-19

利用柱面坐标来计算三重积分,需要把被积函数 $f(x,y,z)$、积分区域 Ω 和体积微元 $\mathrm{d}v$ 都用柱面坐标来表示.为了得到柱面坐标系下体积元素 $\mathrm{d}v$,我们用柱面坐标系下的三组坐标平面去划分积分区域 Ω,设 $\Delta\Omega$(见图 9-19)是由半径为 r 和 $r+\mathrm{d}r$ 的柱面与极角为 θ 和 $\theta+\mathrm{d}\theta$ 的半平面,以及高度为 z 和 $z+\mathrm{d}z$ 的平面所围成的小柱体,其高度为 $\mathrm{d}z$,其底边可看成是以 $\mathrm{d}r$ 和 $r\mathrm{d}\theta$ 为邻边的小矩形,因此体积元素为

$$\mathrm{d}v = r\mathrm{d}r\mathrm{d}\theta\mathrm{d}z.$$

这就是柱面坐标系下的体积元素.而三重积分可化为

$$\iiint\limits_{\Omega} f(x,y,z)\mathrm{d}x\mathrm{d}y\mathrm{d}z = \iiint\limits_{\Omega} f(r\cos\theta, r\sin\theta, z) r\mathrm{d}r\mathrm{d}\theta\mathrm{d}z,$$

其中等式右端的 Ω 也应该用柱面坐标来表示.

上式右端的三重积分也应该化成三次积分进行计算.我们假定平行于 z 轴的直线与区域 Ω 的边界最多有两个交点.设 Ω 在 xOy 上的投影区域为 D,区域 D 用极坐标表示.以区域 D 的边界曲线为准线,平行于 z 轴的直线为母线的柱面将 Ω 的边界曲面分成上、下两部分,设下曲面的方程为 $z=z_1(r,\theta)$,上曲面的方程为 $z=z_2(r,\theta)$,于是

$$\Omega = \{(r,\theta,z) \mid z_1(r,\theta)\leqslant z\leqslant z_2(r,\theta), (r,\theta)\in D\},$$

因此 $\displaystyle\iiint\limits_{\Omega} f(r\cos\theta, r\sin\theta, z) r\mathrm{d}r\mathrm{d}\theta\mathrm{d}z = \iint\limits_{D} r\mathrm{d}r\mathrm{d}\theta \int_{z_1(r,\theta)}^{z_2(r,\theta)} f(r\cos\theta, r\sin\theta, z)\mathrm{d}z.$

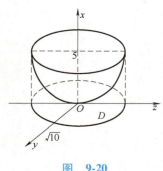

图 9-20

例 9.3.3 计算 $I = \displaystyle\iiint\limits_{\Omega}(z^2+y^2)\mathrm{d}v$,其中 Ω 是由曲线 $\begin{cases} y^2=2x \\ z=0 \end{cases}$,绕 x 轴旋转而成的曲面与平面 $x=5$ 所围成的闭区域.

解 旋转曲面方程为 $y^2+z^2=2x$,Ω 的图形如图 9-20 所示,显然,Ω 在 yOz 面上的投影区域为 $D: y^2+z^2\leqslant 10$,使用柱坐标计算,令

$$\begin{cases} x = r\cos\theta, \\ y = y\sin\theta, \\ z = z, \end{cases}$$ 则 $\mathrm{d}v = r\mathrm{d}r\mathrm{d}\theta\mathrm{d}z$，故有 $I = \int_0^{2\pi}\mathrm{d}\theta\int_0^{\sqrt{10}}r^3\mathrm{d}r\int_{\frac{r^2}{2}}^5\mathrm{d}z = \dfrac{250}{3}\pi$.

例 9.3.4 求 $\iiint\limits_\Omega z\mathrm{d}x\mathrm{d}y\mathrm{d}z$，$\Omega$ 由 $z = \sqrt{2-x^2-y^2}$，$z = x^2 + y^2$ 围成.

微课：例 9.3.4

解 用柱坐标，Ω：$\begin{cases} r^2 \leqslant z \leqslant \sqrt{2-r^2}, \\ 0 \leqslant r \leqslant 1, \\ 0 \leqslant \theta \leqslant 2\pi. \end{cases}$

$$\iiint\limits_\Omega z\mathrm{d}x\mathrm{d}y\mathrm{d}z = \int_0^{2\pi}\mathrm{d}\theta\int_0^1 r\mathrm{d}r\int_{r^2}^{\sqrt{2-r^2}} z\mathrm{d}z$$

$$= \pi\int_0^1 (2r - r^3 - r^5)\,\mathrm{d}r$$

$$= \pi\left(1 - \frac{1}{4} - \frac{1}{6}\right) = \frac{7}{12}\pi.$$

9.3.4 球面坐标系下三重积分的计算

空间中的点可以用柱面坐标来表示.空间中的点 $M(x,y,z)$ 也可以用三元有序数组 (r,φ,θ) 来确定，其中 r 表示点 M 到原点 O 的距离，φ 表示向量 $\overrightarrow{OM}$ 与 z 轴正半轴的夹角，设 $\overrightarrow{OM}$ 在 xOy 面上的投影向量为 $\overrightarrow{OP}$，则从 x 轴正半轴按逆时针方向转到 $\overrightarrow{OP}$ 的角度为 θ，如图 9-21 所示.这样的三个数 r,φ,θ 称为点 M **球面坐标**.这里 r,φ,θ 的取值范围为：

$$0 \leqslant r < +\infty,\ 0 \leqslant \varphi \leqslant \pi,\ 0 \leqslant \theta \leqslant 2\pi.$$

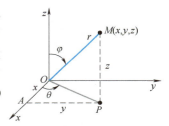

图 9-21

显然，点 M 的直角坐标 (x,y,z) 和球面坐标 (r,φ,θ) 之间有如下关系

$$\begin{cases} x = r\sin\varphi\cos\theta, \\ y = r\sin\varphi\sin\theta, \\ z = r\cos\varphi. \end{cases}$$

球面坐标系下坐标平面分别为：

（1）r 为常数，表示圆心在原点的球面；

（2）φ 为常数，表示以原点为顶点，z 轴为对称轴的锥面；

（3）θ 为常数，表示过 z 轴的半平面.

现在来考察三重积分在球面坐标系下的形式.我们需要把被积函数 $f(x,y,z)$，积分区域 Ω 和体积元素 $\mathrm{d}v$ 都用球面坐标来表示.为了得到球面坐标系下体积元素 $\mathrm{d}v$，我们用球面坐标系下的三组坐标平面去划分积分区域 Ω，设 $\Delta\Omega$（见图 9-22）是由半径为 r 和 $r+\mathrm{d}r$ 的球面，与半顶角为 φ 和 $\varphi+\mathrm{d}\varphi$ 的圆锥面，以及半平面 θ 和 $\theta+\mathrm{d}\theta$ 所围成的小立体，在不计高阶无穷小时，这个体积可以看作以 $r\mathrm{d}\theta$，$r\sin\varphi\mathrm{d}\varphi$，$\mathrm{d}r$ 为边的长方体，于是得到体积微元为 $\mathrm{d}v = r^2\sin\varphi\mathrm{d}r\mathrm{d}\varphi\mathrm{d}\theta$.

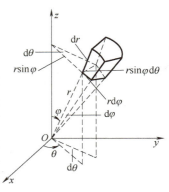

图 9-22

　　再利用直角坐标和球面坐标的转化关系,可以得到球面坐标系下三重积分的计算公式

$$\iiint\limits_{\Omega} f(x,y,z)\,\mathrm{d}x\mathrm{d}y\mathrm{d}z = \iiint\limits_{\Omega} f(r\sin\varphi\cos\theta, r\sin\varphi\sin\theta, r\cos\varphi)r^2\sin\varphi\mathrm{d}r\mathrm{d}\varphi\mathrm{d}\theta.$$

　　当被积函数含有 $x^2+y^2+z^2$,积分区域是由球面或者球面和锥面所围成的区域时,利用球面坐标进行三重积分的计算往往能够使计算变得简便.

　　例 9.3.5　　计算 $I = \iiint\limits_{\Omega}(x^2+y^2)\,\mathrm{d}v$,其中 Ω 由曲面 $z=\sqrt{x^2+y^2}$ 与 $z=1+\sqrt{1-x^2-y^2}$ 围成.

　　解　　积分区域 Ω 如图 9-23 所示.

　　用球坐标计算.

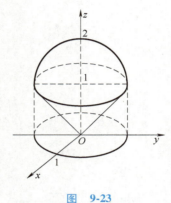

图　9-23

$$令\begin{cases} x=r\sin\varphi\cos\theta, \\ y=r\sin\varphi\sin\theta, \\ z=r\cos\varphi, \end{cases}$$

则 $\mathrm{d}v=r^2\sin\varphi\mathrm{d}r\mathrm{d}\varphi\mathrm{d}\theta$,$\Omega$ 的球坐标方程为:$0 \leqslant r \leqslant 2\cos\varphi$,$0 \leqslant \varphi \leqslant \dfrac{\pi}{4}$,$0 \leqslant \theta \leqslant 2\pi$,于是有

$$I = \int_0^{2\pi}\mathrm{d}\theta \int_0^{\frac{\pi}{4}}\sin\varphi\mathrm{d}\varphi \int_0^{2\cos\varphi} r^2\sin^2\varphi \cdot r^2\mathrm{d}r$$

$$= 2\pi \int_0^{\frac{\pi}{4}}\sin^3\varphi \cdot \frac{1}{5}(2\cos\varphi)^5\mathrm{d}\varphi$$

$$= \frac{8\pi}{5}\int_0^{\frac{\pi}{4}}(2\sin\varphi\cos\varphi)^3\cos^2\varphi\mathrm{d}\varphi$$

$$= \frac{8\pi}{5}\int_0^{\frac{\pi}{4}}(\sin 2\varphi)^3\left(\frac{\cos 2\varphi+1}{2}\right)\mathrm{d}\varphi$$

$$= \frac{2\pi}{5}\int_0^{\frac{\pi}{4}}(\sin 2\varphi)^3(\cos 2\varphi+1)\mathrm{d}(2\varphi)$$

$$= \frac{2\pi}{5}\int_0^{\frac{\pi}{2}}\sin^3 t \cdot (\cos t+1)\mathrm{d}t = \frac{11}{15}\pi.$$

　　例 9.3.6　　计算三重积分 $\iiint\limits_{\Omega}\mathrm{d}v$,其中 Ω 是由 $x^2+y^2+z^2=R^2$ 所围成的闭区域.

　　解　　易知空间闭区域 Ω 为

$$\Omega = \{(r,\theta,\varphi)\,|\,0 \leqslant r \leqslant R, 0 \leqslant \varphi \leqslant \pi, 0 \leqslant \theta \leqslant 2\pi\},$$

于是

$$\iiint\limits_{\Omega}\mathrm{d}v = \int_0^{2\pi}\mathrm{d}\theta \int_0^{\pi}\mathrm{d}\varphi \int_0^R \sin\varphi r^2\mathrm{d}r$$

$$= \int_0^{2\pi}\mathrm{d}\theta \int_0^{\pi}\sin\varphi\mathrm{d}\varphi \int_0^R r^2\mathrm{d}r = \frac{4\pi}{3}R^3.$$

由例 9.3.6 被积函数的几何意义知,积分结果为积分区域的体

积,而积分区域为球体,所以我们得到球体的体积为 $\dfrac{4\pi}{3}R^3$.

例 9.3.7 计算 $I = \iiint\limits_{\Omega} (ax+by+cz)\mathrm{d}v$,其中 Ω 为球体 $x^2+y^2+z^2 \leqslant 2z$.

解 积分区域如图 9-24 所示.注意到积分域 Ω 关于 xOz 面与

yOz 面对称,而 ax 与 by 关于 x 与 y 分别为奇函数,故由对称性定理

可知 $\iiint\limits_{\Omega} ax\mathrm{d}v = \iiint\limits_{\Omega} by\mathrm{d}v = 0$.

由于积分域 Ω 为球体,故采用球面坐标计算.

令 $\begin{cases} x = r\sin\varphi\cos\theta, \\ y = r\sin\varphi\sin\theta, \\ z = r\cos\varphi, \end{cases}$

$$\mathrm{d}v = r^2\sin\varphi\,\mathrm{d}r\,\mathrm{d}\varphi\,\mathrm{d}\theta,$$

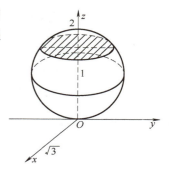

图 9-24

于是有 $\quad I = \iiint\limits_{\Omega} cz\,\mathrm{d}v$

$$= c\int_0^{2\pi}\mathrm{d}\theta\int_0^{\frac{\pi}{2}}\cos\varphi\sin\varphi\,\mathrm{d}\varphi\int_0^{2\cos\varphi} r^3\,\mathrm{d}r$$

$$= 2\pi c\int_0^{\frac{\pi}{2}}\cos\varphi\cdot\sin\varphi\cdot\frac{1}{4}(2\cos\varphi)^4\,\mathrm{d}\varphi$$

$$= 8\pi c\int_0^{\frac{\pi}{2}}\cos^5\varphi\cdot\sin\varphi\,\mathrm{d}\varphi$$

$$= \frac{4}{3}\pi c.$$

9.3.5 同步习题

1. 化 $I = \iiint\limits_{\Omega} f(x,y,z)\mathrm{d}x\mathrm{d}y\mathrm{d}z$ 为三次积分,其中积分区域 Ω 分

别是:

(1) 由双曲抛物面 $xy = z$ 及平面 $x+y = 1, z = 0$ 所围成的闭

区域;

(2) 由曲面 $z = x^2+2y^2$ 及 $z = 2-x^2$ 所围成的闭区域.

2. 利用直角坐标计算下列三重积分:

(1) $\iiint\limits_{\Omega} xz\,\mathrm{d}x\mathrm{d}y\mathrm{d}z$,其中 Ω 是平面 $z = 0, z = y, y = 1$ 以及抛物柱面

$y = x^2$ 所围成的闭区域;

(2) $\iiint\limits_{\Omega} y\sqrt{1-x^2}\,\mathrm{d}x\mathrm{d}y\mathrm{d}z$,其中 Ω 由曲面 $y = -\sqrt{1-x^2-z^2}$,$x^2+z^2 = 1$

和平面 $y = 1$ 所围成.

3. 利用柱面坐标计算下列三重积分:

（1）$\iiint\limits_{\Omega} \dfrac{\mathrm{d}x\mathrm{d}y\mathrm{d}z}{x^2+y^2+1}$,其中 Ω 是由曲面 $z=x^2+y^2$ 及 $z=1$ 所围成的闭区域;

（2）$\iiint\limits_{\Omega} z\sqrt{x^2+y^2}\,\mathrm{d}x\mathrm{d}y\mathrm{d}z$,其中 Ω 是由曲面 $x^2+y^2=2x$,平面 $z=0$ 以及 $z=1$ 所围成的闭区域.

4. 利用球面坐标计算下列三重积分:

（1）$\iiint\limits_{\Omega} \sqrt{x^2+y^2+z^2}\,\mathrm{d}x\mathrm{d}y\mathrm{d}z$,其中 Ω 是由球面 $x^2+y^2+z^2=z$ 所围成的闭区域;

（2）$\iiint\limits_{\Omega} z\mathrm{d}x\mathrm{d}y\mathrm{d}z$,其中 Ω 由不等式 $x^2+y^2+(z-a)^2\leqslant a^2$,$x^2+y^2\leqslant z^2$ 所确定.

5. 选择适当的坐标计算下列三重积分:

（1）$\iiint\limits_{\Omega} xy\mathrm{d}x\mathrm{d}y\mathrm{d}z$,其中 Ω 是由柱面 $x^2+y^2=1$ 及平面 $z=1$,$z=0$,$x=0$,$y=0$ 所围成的在第一象限内的闭区域;

（2）$\iiint\limits_{\Omega} (x^2+y^2)\,\mathrm{d}v$,其中 Ω 是由曲面 $4z^2=25(x^2+y^2)$ 及平面 $z=5$ 所围成的闭区域;

（3）$\iiint\limits_{\Omega} (y^2+z^2)\,\mathrm{d}v$,其中闭区域 Ω 由不等式 $0<a\leqslant\sqrt{x^2+y^2+z^2}\leqslant A$,$z>0$ 所确定.

9.4　重积分的应用

本节要求:通过本节的学习,学生应了解定积分中的元素法在二重积分以及三重积分的推广,并且会利用二重积分或三重积分来求一些简单的几何问题或物理问题.

　　微元法不仅在直角坐标系中有所应用,对于高维度空间中的某些几何问题或物理问题,我们也可以用类似的方法找到微元,确定区域然后写出问题的积分(二重积分或三重积分)形式.

9.4.1　几何应用

1. 曲顶柱体的体积

由本章 9.1 节内容可知,当连续函数 $f(x,y)\geqslant 0$ 时,以 xOy 面

上的闭区域 D 为底,以曲面 $z=f(x,y)$ 为顶的曲顶柱体的体积 V 可以用二重积分表示,即

$$V=\iint\limits_{D}f(x,y)\mathrm{d}\sigma.$$

例 9.4.1　求由三个坐标平面和平面 $x+y+2z=1$ 所围成的立体的体积.

解　由题意知,该立体是以 xOy 面上的闭区域 D 为底,以 $z=\dfrac{1}{2}-\dfrac{1}{2}(x+y)\geqslant 0$ 为顶的曲顶柱体,其中

$$D=\{(x,y)\,|\,0\leqslant x\leqslant 1,0\leqslant y\leqslant 1-x\},$$

所以,它的体积为

$$V=\iint\limits_{D}\left[1-\frac{1}{2}(x+y)\right]\mathrm{d}\sigma=\int_{0}^{1}\mathrm{d}x\int_{0}^{1-x}\left[1-\frac{1}{2}(x+y)\right]\mathrm{d}y=\frac{1}{12}.$$

2. 空间立体的体积

设物体占有空间有界闭区域 Ω,则它的体积 V 可以用二重积分表示为

$$V=\iint\limits_{D}\left[z_2(x,y)-z_1(x,y)\right]\mathrm{d}\sigma.$$

其中 D 是 Ω 在 xOy 面上的投影区域.以 D 的边界曲线为母线,平行于 z 轴的直线为准线的柱面将区域 D 分成上、下两个曲面. $y=z_2(x,y)$ 表示上曲面的方程, $y=z_1(x,y)$ 表示下曲面方程.

空间立体 Ω 的体积也可以用三重积分表示为

$$V=\iiint\limits_{\Omega}\mathrm{d}v.$$

而实际上由三重积分的计算方法,可以看到,上面两种方法在本质上是一致的.

例 9.4.2　证明:半径为 R 的球的体积为 $\dfrac{4\pi}{3}R^3$.

证　建立坐标系,使球心在原点,球体所占空间 Ω 是由 $x^2+y^2+z^2=R^2$ 所围成的闭区域,由例 9.3.6 可知,半径为 R 的球的体积为 $\dfrac{4\pi}{3}R^3$.

9.4.2　物理应用

1. 平面薄片、空间物体的质量

由 9.1 节内容可知,平面薄片的质量 M 是它的面密度函数 $f(x,y)$ 在薄片所占区域 D 上的二重积分,即

$$M=\iint\limits_{D}f(x,y)\mathrm{d}\sigma.$$

由 9.3 节内容可知,空间物体的质量 M 是它的体密度函数 $f(x,y,z)$ 在 Ω 上的三重积分,即

$$M=\iiint\limits_{\Omega}f(x,y,z)\mathrm{d}v.$$

2. 平面薄片、空间物体的质心

设一块平面薄片的质量分布不均匀,其面密度为 $f(x,y)$,其边界曲线围成的平面区域记为 D.我们用元素法来得出薄片的质心公式.

在平面区域 D 上任意取一个很小的闭区域 $\Delta\sigma$,设 $P(x,y)$ 为 $\Delta\sigma$ 中的一点,$\Delta\sigma$ 的面积为 $\mathrm{d}\sigma$,则当 $f(x,y)$ 在 D 上连续时,小块薄片 $\Delta\sigma$ 的质量近似地等于 $f(x,y)\mathrm{d}\sigma$,它对 y 轴的静力矩近似地等于 $xf(x,y)\mathrm{d}\sigma$,这就是平面薄片对 y 轴的静力矩元素 $\mathrm{d}M_y$,即

$$\mathrm{d}M_y = xf(x,y)\mathrm{d}\sigma.$$

以静力矩元素为被积表达式,在闭区域 D 上进行二重积分,便得到平面薄片对 y 轴的静力矩

$$M_y = \iint\limits_D xf(x,y)\mathrm{d}\sigma.$$

同理,可以得到平面薄片对 x 轴的静力矩,

$$M_x = \iint\limits_D yf(x,y)\mathrm{d}\sigma.$$

设平面薄片的质心为 $(\bar{x},\bar{y})$,质量为 M.由静力矩定理知,薄片对某坐标轴的静力矩,等于位于质心 $(\bar{x},\bar{y})$,质量为 M 的质点对该坐标轴的静力矩,即

$$\begin{cases} M_y = \bar{x}M, \\ M_x = \bar{y}M, \end{cases}$$

由此,可得

$$\begin{cases} \bar{x} = \dfrac{M_y}{M} = \dfrac{\iint\limits_D xf(x,y)\mathrm{d}\sigma}{\iint\limits_D f(x,y)\mathrm{d}\sigma} \\[4ex] \bar{y} = \dfrac{M_x}{M} = \dfrac{\iint\limits_D yf(x,y)\mathrm{d}\sigma}{\iint\limits_D f(x,y)\mathrm{d}\sigma} \end{cases}$$

这就是平面薄片的质心坐标公式.

如果薄片是均匀的,即面密度是常数 μ,则它的质心坐标为

$$\bar{x} = \frac{\iint\limits_D x\mu\mathrm{d}\sigma}{\iint\limits_D \mu\mathrm{d}\sigma} = \frac{\mu\iint\limits_D x\mathrm{d}\sigma}{\mu\iint\limits_D \mathrm{d}\sigma} = \frac{1}{A}\iint\limits_D x\mathrm{d}\sigma,$$

同理可得

$$\bar{y} = \frac{1}{A}\iint\limits_D y\mathrm{d}\sigma,$$

其中 A 表示积分区域 D 的面积,这时,平面薄片的质心就完全由闭

区域 D 的形状决定,因而也把该质心叫作这个平面薄片的形心.因此,平面薄片的形心公式为

$$\bar{x}=\frac{1}{A}\iint\limits_{D}x\mathrm{d}\sigma,\ \bar{y}=\frac{1}{A}\iint\limits_{D}y\mathrm{d}\sigma.$$

如果把对坐标轴的静力矩改成对坐标平面的静力矩,我们类似地得到空间物体的质心公式,如下

$$\begin{cases}\bar{x}=\dfrac{\iiint\limits_{\Omega}xf(x,y,z)\mathrm{d}v}{\iiint\limits_{\Omega}f(x,y,z)\mathrm{d}v},\\[6mm]\bar{y}=\dfrac{\iiint\limits_{\Omega}yf(x,y,z)\mathrm{d}v}{\iiint\limits_{\Omega}f(x,y,z)\mathrm{d}v},\\[6mm]\bar{z}=\dfrac{\iiint\limits_{\Omega}zf(x,y,z)\mathrm{d}v}{\iiint\limits_{\Omega}f(x,y,z)\mathrm{d}v}.\end{cases}$$

类似地可得到空间立体的形心公式

$$\bar{x}=\frac{1}{V}\iiint\limits_{\Omega}x\mathrm{d}v,\ \bar{y}=\frac{1}{V}\iiint\limits_{\Omega}y\mathrm{d}v,\ \bar{z}=\frac{1}{V}\iiint\limits_{\Omega}z\mathrm{d}v.$$

例 9.4.3 求直线 $x+2y=6$ 与两坐标轴所围成的三角形均匀薄片的形心.

解 因为薄片是均匀的,所以其形心为

$$\bar{x}=\frac{1}{A}\iint\limits_{D}x\mathrm{d}\sigma,\ \bar{y}=\frac{1}{A}\iint\limits_{D}y\mathrm{d}\sigma.$$

微课:例 9.4.3

而三角形薄片的面积为 $A=\dfrac{1}{2}\cdot3\cdot6=9$.

因此

$$\bar{x}=\frac{1}{9}\iint\limits_{D}x\mathrm{d}\sigma=\frac{1}{9}\int_{0}^{6}\mathrm{d}x\int_{0}^{3-\frac{1}{2}x}x\mathrm{d}y=\frac{1}{9}\int_{0}^{6}\left(3x-\frac{1}{2}x^{2}\right)\mathrm{d}x=2,$$

$$\bar{y}=\frac{1}{9}\iint\limits_{D}y\mathrm{d}\sigma=\frac{1}{9}\int_{0}^{6}\mathrm{d}x\int_{0}^{3-\frac{1}{2}x}y\mathrm{d}y=\frac{1}{18}\int_{0}^{6}\left(3-\frac{1}{2}x\right)^{2}\mathrm{d}x=1,$$

所以形心位于点 $(2,1)$.

例 9.4.4 设有一等腰直角三角形薄片,腰长为 a,各点处的密度等于该点到直角顶点的距离的平方,求这薄片的重心.

解 如图 9-25 所示,建立直角坐标系并作图,则薄片上的任一点 (x,y) 处的密度为 $\rho(x,y)=x^{2}+y^{2}$,于是

$$M_{y}=\iint\limits_{D}x\rho(x,y)\mathrm{d}x\mathrm{d}y=\int_{0}^{a}\mathrm{d}y\int_{0}^{a-y}x(x^{2}+y^{2})\mathrm{d}x=\frac{a^{5}}{15},$$

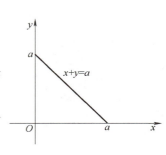

图 9-25

$$M_x = \iint\limits_{D} y\rho(x,y)\,\mathrm{d}x\mathrm{d}y = \int_0^a \mathrm{d}x \int_0^{a-x} y(x^2+y^2)\,\mathrm{d}y = \frac{a^5}{15},$$

$$M = \iint\limits_{D} \rho(x,y)\,\mathrm{d}x\mathrm{d}y = \int_0^a \mathrm{d}x \int_0^{a-x} (x^2+y^2)\,\mathrm{d}y = \frac{a^4}{6},$$

故有 $\bar{x} = \dfrac{M_y}{M} = \dfrac{2}{5}a$，$\bar{y} = \dfrac{M_x}{M} = \dfrac{2a}{5}$，则所求重心为 $\left(\dfrac{2a}{5}, \dfrac{2a}{5}\right)$.

3. 转动惯量

位于 xOy 平面上的点 $P(x,y)$ 处，质量为 M 的质点绕 x 轴、y 轴的转动惯量分别为

$$I_x = My^2, \quad I_y = Mx^2.$$

下面考察平面薄片绕 x 轴、y 轴的转动惯量.

设平面薄片的密度函数为 $f(x,y)$，其边界曲线围成的闭区域为 D. 在 D 内任取小薄片 $\Delta\sigma$，设 $P(x,y)$ 是 $\Delta\sigma$ 中的任意一点，$\Delta\sigma$ 的面积为 $\mathrm{d}\sigma$，若 $f(x,y)$ 是 D 上的连续函数，则 $\Delta\sigma$ 的质量近似等于 $f(x,y)\mathrm{d}\sigma$，它绕 y 轴旋转的转动惯量为 $x^2 f(x,y)\mathrm{d}\sigma$，这就是平面薄片绕 y 轴旋转的转动惯量元素，即

$$\mathrm{d}I_y = x^2 f(x,y)\,\mathrm{d}\sigma.$$

用上式在 D 上二重积分，就得到平面薄片绕 y 轴旋转的转动惯量，即

$$I_y = \iint\limits_{D} x^2 f(x,y)\,\mathrm{d}\sigma,$$

同理可得

$$I_x = \iint\limits_{D} y^2 f(x,y)\,\mathrm{d}\sigma.$$

对于空间物体，假设其密度函数是 $f(x,y,z)$，所占空间区域为 Ω，类似地可以得到此物体绕 x 轴、y 轴、z 轴、原点的转动惯量分别为

$$I_x = \iint\limits_{\Omega} (y^2+z^2) f(x,y,z)\,\mathrm{d}v;$$

$$I_y = \iint\limits_{\Omega} (x^2+z^2) f(x,y,z)\,\mathrm{d}v;$$

$$I_z = \iint\limits_{\Omega} (x^2+y^2) f(x,y,z)\,\mathrm{d}v;$$

$$I_O = \iint\limits_{\Omega} (x^2+y^2+z^2) f(x,y,z)\,\mathrm{d}v.$$

例 9.4.5 在半径为 a 的均匀密度（$\rho = 1$）的球体内部挖去两个互相外切的半径为 $\dfrac{a}{2}$ 的球体，试求剩余部分对于这 3 个球体的公共直径的转动惯量.

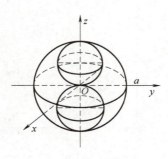

图 9-26

解 建立坐标系，并作图，如图 9-26 所示，利用球面坐标计算，注意到对称性，则有

$$I_z = \iiint\limits_{\Omega} (x^2+y^2)\,\mathrm{d}v$$

$$= 2\int_0^{2\pi}\mathrm{d}\theta\int_0^{\frac{\pi}{2}}\sin^3\varphi\,\mathrm{d}\varphi\int_{a\cos\varphi}^{a}r^4\,\mathrm{d}r$$

$$= \frac{4}{5}\pi a^5\int_0^{\frac{\pi}{2}}\sin^3\varphi(1-\cos^5\varphi)\,\mathrm{d}\varphi$$

$$= \frac{1}{2}\pi a^5.$$

9.4.3 同步习题

1. 利用三重积分计算由曲面 $z=\sqrt{x^2+y^2}$ 及 $z=x^2+y^2$ 所围成的立体的体积.

2. 由不等式 $x^2+y^2+(z-1)^2\leqslant 1$，$x^2+y^2\leqslant z^2$ 所确定的物体，在其上任意一点的体密度 $\mu=z$，求这个物体的质量.

3. 求半圆形薄板 $x^2+y^2\leqslant a^2(y\geqslant 0)$ 的重心坐标，设它在点 M 的密度与点 M 到原点的距离成正比$(a>0)$.

4. 计算由曲面 $z=x^2+y^2$，$x+y=a(a>0)$，$x=0$，$y=0$，$z=0$ 所围成的立体的重心(设密度 $\mu=1$).

5. 求半径为 R，高为 h 的均匀圆柱体对于过中心而平行于母线的轴的转动惯量(设密度 $\mu=1$).

数学家的故事

朱世杰，元代数学家、教育家，有"中世纪世界最伟大的数学家"之誉.朱世杰在当时天元术的基础上发展出"四元术"，也就是列出四元高次多项式方程，以及消元求解的方法.此外，他还创造出"垛积术"，即高阶等差数列的求和方法，以及"招差术"，即高次内插法.主要著作有《算学启蒙》和《四元玉鉴》.

朱世杰

总复习题 9

第一部分:基础题

1. 计算二重积分 $\iint\limits_{D}x\cos(x+y)\,\mathrm{d}x\mathrm{d}y$，其中 D 是顶点分别为 $(0,0)$，$(\pi,0)$ 和 (π,π) 的三角形闭区域.

2. 计算 $\iint\limits_{D}|xy|\,\mathrm{d}\sigma$，其中 D 是由圆周 $x^2+y^2=a^2(a>0)$ 所围成的闭区域.

3. 把积分 $\iint\limits_D f(x,y)\,\mathrm{d}x\mathrm{d}y$ 表示为极坐标形式的二次积分,其中积分区域 $D=\{(x,y)\mid 0\leqslant y\leqslant x^2,0\leqslant x\leqslant 1\}$.

4. 化 $I=\iiint\limits_\Omega f(x,y,z)\,\mathrm{d}x\mathrm{d}y\mathrm{d}z$ 为三次积分,其中积分区域 Ω 分别是由双曲抛物面 $xy=z$ 及平面 $x+y=1,z=0$ 所围成的闭区域.

5. 计算 $\iiint\limits_\Omega xz\,\mathrm{d}x\mathrm{d}y\mathrm{d}z$,其中 Ω 是由平面 $z=0,z=y,y=1$ 以及抛物柱面 $y=x^2$ 所围成的闭区域.

6. 计算三重积分,$\iiint\limits_\Omega \dfrac{\mathrm{d}x\mathrm{d}y\mathrm{d}z}{x^2+y^2+1}$,其中 Ω 是由锥面 $x^2+y^2=z^2$ 以及平面 $z=1$ 所围成的闭区域.

7. 计算三重积分,$\iiint\limits_\Omega x^2\,\mathrm{d}v$,其中 Ω 是由曲面 $x^2+y^2+z^2\leqslant R^2$ 及 $z\geqslant\sqrt{x^2+y^2}$ 所围成的立体.

8. 求底圆半径相等的两个直交圆柱面 $x^2+y^2=R^2$ 及 $x^2+z^2=R^2$ 所围成的立体的表面积.

9. 求半圆形薄板 $x^2+y^2\leqslant a^2(y\geqslant 0)$ 的重心坐标,设它在点 M 的密度与点 M 到原点的距离成正比 $(a>0)$.

10. 计算由曲面 $z=x^2+y^2,x+y=a(a>0),x=0,y=0,z=0$ 所围成的立体的重心(设密度 $\mu=1$).

第二部分:拓展题

1. 计算 $I=\iint\limits_D \sqrt{x^2+y^2}\,\mathrm{d}x\mathrm{d}y$,其中 $D:x^2+y^2\leqslant a^2,x^2+y^2\geqslant ay$.

2. 计算 $I=\iint\limits_D (x+y)\,\mathrm{d}\sigma$,其中 D 由 $y=x^2,y=4x^2,y=1$ 围成.

3. 计算 $I=\iint\limits_D |\cos(x+y)|\,\mathrm{d}x\mathrm{d}y$,其中 $D:0\leqslant x\leqslant\dfrac{\pi}{2},0\leqslant y\leqslant\dfrac{\pi}{2}$.

4. 如果 $f(x,y)$ 在 $D:\dfrac{x^2}{a^2}+\dfrac{y^2}{b^2}\leqslant 1$ 上连续,求 $\lim\limits_{\substack{a\to 0\\ b\to 0}}\dfrac{1}{\pi ab}\iint\limits_D f(x,y)\,\mathrm{d}x\mathrm{d}y$.

5. 证明:$\int_0^a \mathrm{d}y\int_0^y \mathrm{e}^{m(a-x)}f(x)\,\mathrm{d}x=\int_0^a (a-x)\mathrm{e}^{m(a-x)}f(x)\,\mathrm{d}x$.

6. 计算 $\iiint\limits_\Omega (x^2+y^2)\,\mathrm{d}v$,其中 Ω 是由 $z=\dfrac{x^2}{2}$ 绕 z 轴旋转而成的曲面与两平面 $z=1$ 和 $z=2$ 所围成的立体.

7. 求由 $z\leqslant\dfrac{7}{2},z\leqslant 4-\dfrac{1}{2}(x^2+y^2)$ 及 $(x^2+y^2)\leqslant 2z$ 所确定的立体的体积.

8. 计算二次积分 $\int_0^1 \mathrm{d}x \int_{\sqrt{1-x^2}}^{\sqrt{4-x^2}} \mathrm{e}^{x^2+y^2} \mathrm{d}y + \int_1^2 \mathrm{d}x \int_0^{\sqrt{4-x^2}} \mathrm{e}^{x^2+y^2} \mathrm{d}y$.

第三部分:考研真题

一、选择题

1. (2015 年,数学一、二)设 D 是第一象限由曲线 $2xy=1, 4xy=1$ 与直线 $y=x, y=\sqrt{3}x$ 所围成的平面区域,函数 $f(x,y)$ 在 D 上连续,则 $\iint\limits_D f(x,y)\mathrm{d}x\mathrm{d}y = ($).

(A) $\int_{\frac{\pi}{4}}^{\frac{\pi}{3}} \mathrm{d}\theta \int_{\frac{1}{2\sin2\theta}}^{\frac{1}{\sin2\theta}} f(r\cos\theta, r\sin\theta) r\mathrm{d}r$

(B) $\int_{\frac{\pi}{4}}^{\frac{\pi}{3}} \mathrm{d}\theta \int_{\frac{1}{\sqrt{2\sin2\theta}}}^{\frac{1}{\sqrt{\sin2\theta}}} f(r\cos\theta, r\sin\theta) r\mathrm{d}r$

(C) $\int_{\frac{\pi}{4}}^{\frac{\pi}{3}} \mathrm{d}\theta \int_{\frac{1}{2\sin2\theta}}^{\frac{1}{\sin2\theta}} f(r\cos\theta, r\sin\theta) \mathrm{d}r$

(D) $\int_{\frac{\pi}{4}}^{\frac{\pi}{3}} \mathrm{d}\theta \int_{\frac{1}{\sqrt{2\sin2\theta}}}^{\frac{1}{\sqrt{\sin2\theta}}} f(r\cos\theta, r\sin\theta) \mathrm{d}r$

2. (2015 年,数学三)设 $D = \{(x,y) \mid x^2+y^2 \le 2x, x^2+y^2 \le 2y\}$,函数 $f(x,y)$ 在 D 上连续,则 $\iint\limits_D f(x,y)\mathrm{d}x\mathrm{d}y = ($).

(A) $\int_0^{\frac{\pi}{4}} \mathrm{d}\theta \int_0^{2\cos\theta} f(r\cos\theta, r\sin\theta) r\mathrm{d}r + \int_{\frac{\pi}{4}}^{\frac{\pi}{2}} \mathrm{d}\theta \int_0^{2\sin\theta} f(r\cos\theta, r\sin\theta) r\mathrm{d}r$

(B) $\int_0^{\frac{\pi}{4}} \mathrm{d}\theta \int_0^{2\sin\theta} f(r\cos\theta, r\sin\theta) r\mathrm{d}r + \int_{\frac{\pi}{4}}^{\frac{\pi}{2}} \mathrm{d}\theta \int_0^{2\cos\theta} f(r\cos\theta, r\sin\theta) r\mathrm{d}r$

(C) $2\int_0^1 \mathrm{d}x \int_{1-\sqrt{1-x^2}}^{x} f(x,y) \mathrm{d}y$

(D) $2\int_0^1 \mathrm{d}x \int_x^{\sqrt{2x-x^2}} f(x,y) \mathrm{d}y$

3. (2009 年,数学一)如图 9-27,正方形 $\{(x,y) \mid |x| \le 1, |y| \le 1\}$,被其对角线划分为四个区域 $D_k (k=1,2,3,4)$,令 $I_k = \iint\limits_{D_k} y\cos x\mathrm{d}x\mathrm{d}y$,则 $\max\limits_{1 \le k \le 4}\{I_k\} = ($).

(A) I_1　　　(B) I_2　　　(C) I_3　　　(D) I_4

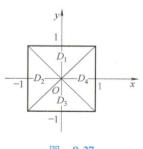

图 **9-27**

4. (2009 年,数学二)设函数 $f(x,y)$ 连续,则 $\int_1^2 \mathrm{d}x \int_x^2 f(x,y)\mathrm{d}y + \int_1^2 \mathrm{d}y \int_y^{4-y} f(x,y)\mathrm{d}x = ($).

(A) $\int_1^2 \mathrm{d}x \int_1^{4-x} f(x,y)\mathrm{d}y$　　(B) $\int_1^2 \mathrm{d}x \int_x^{4-x} f(x,y)\mathrm{d}y$

(C) $\int_1^2 \mathrm{d}y \int_1^{4-y} f(x,y)\mathrm{d}x$　　(D) $\int_1^2 \mathrm{d}y \int_y^2 f(x,y)\mathrm{d}x$

5. (2019 年,数学二)已知积分区域 $D = \left\{ (x,y) \left| \ |x| + |y| \leqslant \dfrac{\pi}{2} \right. \right\}$,

$I_1 = \iint\limits_{D} \sqrt{x^2+y^2}\,\mathrm{d}x\mathrm{d}y, I_2 = \iint\limits_{D} \sin\sqrt{x^2+y^2}\,\mathrm{d}x\mathrm{d}y, I_3 = \iint\limits_{D}(1-\cos\sqrt{x^2+y^2}\,)\,\mathrm{d}x\mathrm{d}y,$

试比较 I_1,I_2,I_3 的大小(　　).

　　(A) $I_3 \leqslant I_2 \leqslant I_1$ 　　　　　　　　(B) $I_1 \leqslant I_2 \leqslant I_3$

　　(C) $I_2 \leqslant I_1 \leqslant I_3$ 　　　　　　　　(D) $I_2 \leqslant I_3 \leqslant I_1$

二、填空题

1. (2015 年,数学一)设 $\varOmega$ 是由平面 $x+y+z=1$ 以及三个坐标平面所围成的空间区域,则 $\iiint\limits_{\varOmega}(x+2y+3z)\,\mathrm{d}x\mathrm{d}y\mathrm{d}z = $ _____.

2. (2022 年,数学三)已知函数 $f(x) = \begin{cases} \mathrm{e}^x, & 0 \leqslant x \leqslant 1, \\ 0, & \text{其他}, \end{cases}$ 则 $\displaystyle\int_{-\infty}^{+\infty}\mathrm{d}x$

$\displaystyle\int_{-\infty}^{+\infty} f(x)f(y-x)\,\mathrm{d}y = $ _____.

3. (2016 年,数学三)设 $D = \{ (x,y) \mid |x| \leqslant y \leqslant 1, -1 \leqslant x \leqslant 1 \}$,则

$\iint\limits_{D} x^2 \mathrm{e}^{-y^2}\,\mathrm{d}x\mathrm{d}y = $ _____.

三、计算题

1. (2023 年,数学二)设平面有界区域 D 位于第一象限,由曲线 $x^2+y^2-xy=1, x^2+y^2-xy=2, y=\sqrt{3}\,x, y=0$ 围成,求 $\iint\limits_{D} \dfrac{1}{3x^2+y^2}\,\mathrm{d}x\mathrm{d}y$.

2. (2023 年,数学三)已知平面区域 $D = \{ (x,y) \mid (x-1)^2+y^2 \leqslant 1 \}$,求 $\iint\limits_{D} | \sqrt{x^2+y^2}-1 |\,\mathrm{d}x\mathrm{d}y$.

3. (2021 年,数学一)设 $D \subset \mathbf{R}^2$ 是有界单连通闭区域,$I(D) = \iint\limits_{D}(4-x^2-y^2)\,\mathrm{d}x\mathrm{d}y$ 取得最大值的积分区域是 D_1.

(1) 求 $I(D_1)$ 的值;

(2) 计算 $\displaystyle\int_{\partial D_1} \dfrac{(x\mathrm{e}^{x^2+4y^2}+y)\,\mathrm{d}x+(4y\mathrm{e}^{x^2+4y^2}-x)\,\mathrm{d}y}{x^2+4y^2}$,其中 ∂D_1 是 D_1 的正向边界.

4. (2013 年,数学一)设直线 L 经过 $A(1,0,0), B(0,1,1)$ 两点,将 L 绕 z 轴旋转一周得到曲面 $\varSigma, \varSigma$ 与平面 $z=0, z=2$ 所围成的立体为 $\varOmega$.

(1) 求曲面 $\varSigma$ 的方程;

(2) 求 $\varOmega$ 的形心坐标.

5. (2017 年,数学三)计算积分 $\iint\limits_{D} \dfrac{y^3}{(1+x^2+y^4)}\,\mathrm{d}x\mathrm{d}y$,其中 D 是第一象限中以曲线 $y=\sqrt{x}$ 与 x 轴为边界的无界区域.

6.(2015 年,数学三)计算二重积分 $\iint\limits_{D} x(x+y)\mathrm{d}x\mathrm{d}y$,其中 $D=\{(x,y)\mid x^2+y^2\leqslant 2,y\geqslant x^2\}$.

7.(2013 年,数学二)设平面区域 D 由直线 $x=3y,y=3x$ 及 $x+y=8$ 围成,计算 $\iint\limits_{D} x^2\mathrm{d}x\mathrm{d}y$.

自 测 题 9

(满分 100 分,测试时间 45min)

一、单项选择题(本题共 10 个小题,每小题 5 分,共 50 分)

1. 设平面区域 D 由 $x=0,y=0,x+y=\dfrac{1}{2},x+y=1$ 围成,若:

$$I_1=\iint\limits_{D}\left[\ln(x+y)\right]^7\mathrm{d}x\mathrm{d}y,\ I_2=\iint\limits_{D}(x+y)^7\mathrm{d}x\mathrm{d}y,\ I_3=\iint\limits_{D}\left[\sin(x+y)\right]^7\mathrm{d}x\mathrm{d}y,$$

则 I_1,I_2,I_3 之间的大小顺序为(　　).

(A) $I_1<I_2<I_3$ 　　　　(B) $I_2<I_1<I_3$

(C) $I_3<I_1<I_2$ 　　　　(D) $I_1<I_3<I_2$

2. 求 $I=\iint\limits_{D}(x^2+y)\mathrm{d}x\mathrm{d}y$,其中 D 是由抛物线 $y=x^2$ 和 $x=y^2$ 所围成的平面闭区域,则 $I=$(　　).

(A) $-\dfrac{33}{140}$ 　　　　(B) $\dfrac{33}{140}$

(C) $\dfrac{35}{140}$ 　　　　(D) $-\dfrac{35}{140}$

3. 设 $D:1\leqslant x^2+y^2\leqslant 2^2$,$f$ 在 D 上连续,则二重积分 $\iint\limits_{D} f(x^2+y^2)\mathrm{d}x\mathrm{d}y$ 在极坐标下等于(　　).

(A) $2\pi\displaystyle\int_1^2\rho f(\rho^2)\mathrm{d}\rho$ 　　　　(B) $2\pi\left[\displaystyle\int_0^2\rho f(\rho)\mathrm{d}\rho-\int_0^1\rho f(\rho)\mathrm{d}\rho\right]$

(C) $2\pi\displaystyle\int_1^2\rho f(\rho)\mathrm{d}\rho$ 　　　　(D) $2\pi\left[\displaystyle\int_0^2 f(\rho^2)\mathrm{d}\rho-\int_0^1 f(\rho^2)\mathrm{d}\rho\right]$

4. $I=\iint\limits_{D}\mathrm{e}^{-x^2-y^2}\mathrm{d}x\mathrm{d}y$,其中 D 是由中心在原点,半径为 2 的圆周所围成的闭区域,则 $I=$(　　).

(A) $\pi(1-\mathrm{e}^{-2})$ 　　　　(B) $\pi(1-\mathrm{e}^2)$

(C) $\pi(\mathrm{e}^{-2}-1)$ 　　　　(D) $\pi(\mathrm{e}^2-1)$

5. 设空间区域 $\Omega_1:x^2+y^2+z^2\leqslant R^2,z\geqslant 0$;$\Omega_2:x^2+y^2+z^2\leqslant R^2,x\geqslant 0,y\geqslant 0,z\geqslant 0$.下列等式成立的是(　　).

(A) $\iiint\limits_{\Omega_1} x\mathrm{d}v=4\iiint\limits_{\Omega_2} x\mathrm{d}v$ 　　　　(B) $\iiint\limits_{\Omega_1} y\mathrm{d}v=4\iiint\limits_{\Omega_2} y\mathrm{d}v$

（C）$\iiint\limits_{\Omega_1} z\mathrm{d}v = 4\iiint\limits_{\Omega_2} z\mathrm{d}v$ （D）$\iiint\limits_{\Omega_1} xyz\mathrm{d}v = 4\iiint\limits_{\Omega_2} xyz\mathrm{d}v$

6. 设域 Ω 由平面 $x+y+z=1$，$x=0$，$y=0$，$z=1$，$x+y=1$ 所围成，把三重积分 $\iiint\limits_{\Omega} f(x,y,z)\,\mathrm{d}v$ 化为三次积分，正确的是（   ）.

（A）$\int_0^1 \mathrm{d}x \int_0^{1-x} \mathrm{d}y \int_{1-x-y}^1 f(x,y,z)\,\mathrm{d}z$

（B）$\int_0^1 \mathrm{d}x \int_0^{1-x} \mathrm{d}y \int_1^{1-x-y} f(x,y,z)\,\mathrm{d}z$

（C）$\int_0^1 \mathrm{d}x \int_0^{1-x} \mathrm{d}y \int_0^{1-x-y} f(x,y,z)\,\mathrm{d}z$

（D）$\int_0^1 \mathrm{d}x \int_0^{1-x} \mathrm{d}y \int_0^1 f(x,y,z)\,\mathrm{d}z$

7. 球心在原点，半径为 r 的球体 Ω，在其上任意一点的密度的大小与该点到球心的距离相等，则这一球体的质量为（   ）.

（A）$\iiint\limits_{\Omega} \mathrm{d}v$ （B）$\iiint\limits_{\Omega} x\mu\mathrm{d}v$

（C）$\iiint\limits_{\Omega} \sqrt{x^2+y^2+z^2}\,\mathrm{d}v$ （D）$\iiint\limits_{\Omega} r\mathrm{d}v$

8. $I = \iiint\limits_{\Omega} z\mathrm{d}x\mathrm{d}y\mathrm{d}z$，其中 Ω 是球面 $x^2+y^2+z^2=4$ 与抛物面 $x^2+y^2=3z$ 所围成的立体，则 $I=$（   ）.

（A）$\dfrac{13}{8}\pi$ （B）$\dfrac{13}{4}\pi$

（C）$\dfrac{3}{8}\pi$ （D）$\dfrac{3}{4}\pi$

9. 设函数 $f(x,y)$ 连续，则 $\int_1^2 \mathrm{d}x \int_x^2 f(x,y)\,\mathrm{d}y + \int_1^2 \mathrm{d}y \int_y^{4-y} f(x,y)\,\mathrm{d}x =$（   ）.

（A）$\int_1^2 \mathrm{d}x \int_1^{4-x} f(x,y)\,\mathrm{d}y$ （B）$\int_1^2 \mathrm{d}x \int_x^{4-x} f(x,y)\,\mathrm{d}y$

（C）$\int_1^2 \mathrm{d}y \int_1^{4-y} f(x,y)\,\mathrm{d}x$ （D）$\int_1^2 \mathrm{d}y \int_y^2 f(x,y)\,\mathrm{d}x$

10. 球面坐标的三重积分，体积元素 $\mathrm{d}x\mathrm{d}y\mathrm{d}z=$（   ）.

（A）$r^2\mathrm{d}r\mathrm{d}\theta\mathrm{d}\phi$ （B）$r^2\sin\phi\mathrm{d}r\mathrm{d}\theta\mathrm{d}\phi$

（C）$r^2\cos\phi\mathrm{d}r\mathrm{d}\theta\mathrm{d}\phi$ （D）$r^2\sin\theta\mathrm{d}r\mathrm{d}\theta\mathrm{d}\phi$

二、判断题（用 √、× 表示. 本题共 10 个小题，每小题 5 分，共 50 分）

1. 二元函数 $z=f(x,y)$ 在关于 x 轴对称的区域 D 上连续，且满足 $f(x,-y)=-f(x,y)$，则 $\iint\limits_{D} f(x,y)\mathrm{d}x\mathrm{d}y=0$.   （   ）

2. 二重积分 $\iint\limits_{D} \sin(x^2+y^2)\mathrm{d}x\mathrm{d}y \leq \iint\limits_{D} \sin(x^2+y^2)^2\mathrm{d}x\mathrm{d}y$，其中 D 是由 $x^2+y^2 \leq 1$ 所围成的闭区域. （ ）

3. 二重积分 $\iint\limits_{D} 2x\mathrm{d}x\mathrm{d}y = 1$，其中 D 是由 x 轴，y 轴以及 $x+y=1$ 所围成的闭区域. （ ）

4. 二次积分 $\int_0^1 \mathrm{d}x \int_0^{\sqrt{2x-x^2}} f(x,y)\mathrm{d}y = \int_0^1 \mathrm{d}y \int_{1+\sqrt{1-y^2}}^1 f(x,y)\mathrm{d}x.$ （ ）

5. 二次积分 $\int_0^1 \mathrm{d}x \int_0^{\sqrt{1-x^2}} f(x,y)\mathrm{d}y = \int_0^{\frac{\pi}{2}} \mathrm{d}\theta \int_0^1 f(r\cos\theta, r\sin\theta) r\mathrm{d}r.$ （ ）

6. 二重积分 $\iint\limits_{D} \mathrm{e}^{x^2+y^2}\mathrm{d}x\mathrm{d}y = 2\pi(\mathrm{e}-1)$，其中 D 是由 $x^2+y^2 \leq 1$ 所围成的闭区域. （ ）

7. 三重积分 $\iiint\limits_{\Omega} \dfrac{z\ln(x^2+y^2+z^2+1)}{x^2+y^2+z^2+1}\mathrm{d}x\mathrm{d}y\mathrm{d}z = 0$，其中积分区域 $\Omega = \{(x,y,z) \mid x^2+y^2+z^2 \leq 1\}.$ （ ）

8. 曲面 $x^2+y^2+z^2 \leq 2a^2 (a>0)$ 与 $z \geq \sqrt{x^2+y^2}$ 所围成的立体体积 $V = \dfrac{2}{3}\pi(\sqrt{2}-1)a^3.$ （ ）

9. 柱面坐标系下三重积分的体积元素 $\mathrm{d}x\mathrm{d}y\mathrm{d}z = r\mathrm{d}r\mathrm{d}\theta\mathrm{d}z.$ （ ）

10. $\iiint\limits_{\Omega}(x^2+y^2)\mathrm{d}x\mathrm{d}y\mathrm{d}z = \dfrac{\pi}{10}a^5.$ 其中 Ω 是由锥面 $x^2+y^2=z^2$ 与平面 $z=a(a>0)$ 所围成的立体. （ ）

第 10 章
曲线积分与曲面积分

本章要点：首先介绍两种曲线积分，即对弧长的曲线积分和对坐标的曲线积分，分别给出了这两种曲线积分的计算方法，得到了格林公式，以及对坐标的曲线积分和二重积分之间的关系，讨论了对坐标曲线积分与积分路径无关的条件；然后介绍了对面积的曲面积分和对坐标的曲面积分，并且给出了高斯公式，揭示了对坐标的曲面积分和三重积分的关系；最后给出了斯托克斯公式把曲面积分与沿着曲面的边界曲线的曲线积分联系起来.

上一章已经把定积分的概念推广为二重积分和三重积分.本章将继续把积分的概念推广为曲线积分和曲面积分，并阐明有关这两种积分的一些基本内容.

本章知识结构图

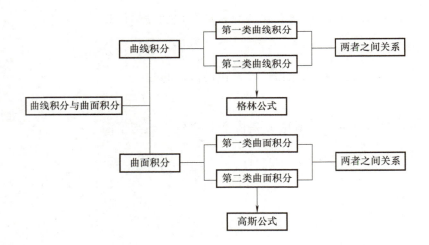

10.1　对弧长的曲线积分

本节要求：通过本节的学习，学生应掌握对弧长的曲线积分的定义和计算方法，了解定积分和对弧长的曲线积分的区别.

把定积分的积分区域推广到平面区域且把被积函数推广到二元函数，我们得到了二重积分的概念.如果把积分区域推广为一般的曲线（平面曲线或空间曲线），我们便可以得到对弧长的曲线积分.

10.1.1　对弧长的曲线积分的概念与性质

在引入定义之前,先看一个实例.

引例　曲线形构件的质量.设一曲线形构件形如 xOy 面内的一段曲线弧 L,L 的端点分别为 A 和 B,在 L 上任一点 (x,y) 处的线密度为 $\mu(x,y)$,且 $\mu(x,y)$ 在曲线 L 上连续,现在要计算这个构件的质量 m(见图 10-1).

如果曲线构件是均匀分布的(即线密度为常量),则其质量等于线密度与曲线长度的乘积.当构件的线密度 $\mu(x,y)$ 不是常量时,我们用积分的思想求构件的质量.

用 L 上的点 $M_1,M_2,\cdots,M_{n-1}$ 把 L 分成 n 个小段,取其中一小段构件 $\overparen{M_{i-1}M_i}$ 来分析.在线密度连续变化的前提下,只要这小段足够短,就可以用这小段上任一点 (ξ_i,η_i) 处的线密度代替这小段上其他各点处的线密度,从而得到这小段构件的质量的近似值为

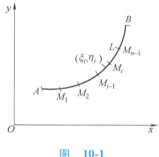

图　**10-1**

$$\mu(\xi_i,\eta_i)\Delta s_i,$$

其中 Δs_i 表示 $\overparen{M_{i-1}M_i}$ 的长度.于是整个曲线形构件的质量

$$m\approx\sum_{i=1}^{n}\mu(\xi_i,\eta_i)\Delta s_i.$$

用 λ 表示 n 个小弧段的最大长度.为了计算 m 的精确值,取上式右端之和当 $\lambda\to0$ 时的极限,从而得到

$$m=\lim_{\lambda\to0}\sum_{i=1}^{n}\mu(\xi_i,\eta_i)\Delta s_i.$$

抽去上述问题的具体意义,就得到对弧长的曲线积分的定义.

定义 10.1.1　设 L 为 xOy 面内的一条光滑曲线弧,函数 $f(x,y)$ 在 L 上有界.在 L 上任意插入一点列 $M_1,M_2,\cdots,M_{n-1}$ 把 L 分成 n 个小段.设第 i 个小段的长度为 Δs_i.又点 (ξ_i,η_i) 为第 i 个小段上任意取定的一点,作乘积 $f(\xi_i,\eta_i)\Delta s_i(i=1,2,\cdots,n)$,并作和 $\sum_{i=1}^{n}f(\xi_i,\eta_i)\Delta s_i$,如果当各小弧段的长度的最大值 $\lambda\to0$ 时,这个和的极限总存在,则称此极限为函数 $f(x,y)$ 在曲线弧 L 上对弧长的曲线积分或第一类曲线积分,记作 $\int_L f(x,y)\mathrm{d}s$,即

$$\int_L f(x,y)\mathrm{d}s=\lim_{\lambda\to0}\sum_{i=1}^{n}\mu(\xi_i,\eta_i)\Delta s_i,$$

其中 $f(x,y)$ 叫作被积函数,L 叫作积分弧段.

根据这个定义,前述曲线形构件的质量 m 当线密度 $\mu(x,y)$ 在 L 上连续时,就等于对弧长的曲线积分,即

$$m = \int_L \mu(x,y)\,\mathrm{d}s.$$

可以证明:若函数 $f(x,y)$ 在光滑曲线 L 或者分段光滑曲线 L 上连续,则 $f(x,y)$ 在曲线 L 上的第一类曲线积分存在.

类似地,可以定义三元函数 $f(x,y,z)$ 沿空间曲线 Γ 的第一类曲线积分:

$$\int_\Gamma f(x,y,z)\,\mathrm{d}s = \lim_{\lambda \to 0} \sum_{i=1}^n f(\xi_i, \eta_i, \zeta_i) \Delta s_i.$$

如果 L (或 Γ) 是分段光滑的,我们规定函数在 L (或 Γ) 上的曲线积分等于函数在光滑的各段上的曲线积分之和.例如,设 L 可分成两段光滑曲线弧 L_1 及 L_2 (记作 $L = L_1 + L_2$),就规定

$$\int_{L_1+L_2} f(x,y)\,\mathrm{d}s = \int_{L_1} f(x,y)\,\mathrm{d}s + \int_{L_2} f(x,y)\,\mathrm{d}s.$$

如果 L 是闭曲线,那么函数 $f(x,y)$ 在闭曲线 L 上对弧长的曲线积分记为 $\oint_L f(x,y)\,\mathrm{d}s$.

由对弧长的曲线积分的定义可知,它有以下性质.

(1) $\int_L [f(x,y) \pm g(x,y)]\,\mathrm{d}s = \int_L f(x,y)\,\mathrm{d}s \pm \int_L g(x,y)\,\mathrm{d}s$;

(2) $\int_L Kf(x,y)\,\mathrm{d}s = K \int_L f(x,y)\,\mathrm{d}s$ (K 为常数);

(3) $\int_L f(x,y)\,\mathrm{d}s = \int_{L_1} f(x,y)\,\mathrm{d}s + \int_{L_2} f(x,y)\,\mathrm{d}s$ ($L = L_1 + L_2$);

(4) $\int_L \mathrm{d}s = l$ (l 为曲线弧 L 的长度);

(5) 设 L 关于 y 轴对称 (L_1 表示 L 在 y 轴右侧的部分),则

$$\int_L f(x,y)\,\mathrm{d}s = \begin{cases} 0, & \text{当} f(x,y) \text{关于} x \text{为奇函数,} \\ 2\int_{L_1} f(x,y)\,\mathrm{d}s, & \text{当} f(x,y) \text{关于} x \text{为偶函数,} \end{cases}$$

若 L 关于 x 轴对称,则有类似的结论.

10. 1. 2　对弧长的曲线积分的计算法

定理 10. 1. 1　设 $f(x,y)$ 在曲线弧 L 上有定义且连续,L 的参数方程为

$$\begin{cases} x = \varphi(t), \\ y = \psi(t), \end{cases} (\alpha \leqslant t \leqslant \beta),$$

其中 $\varphi(t) \setminus \psi(t)$ 在 $[\alpha, \beta]$ 上具有一阶连续导数,且 $\varphi'^2(t) + \psi'^2(t) \neq 0$,则曲线积分 $\int_L f(x,y)\,\mathrm{d}s$ 存在,且

$$\int_L f(x,y)\,\mathrm{d}s = \int_\alpha^\beta f[\varphi(t), \psi(t)] \sqrt{\varphi'^2(t) + \psi'^2(t)}\,\mathrm{d}t (\alpha < \beta).$$

证　根据对弧长的曲线积分的定义,有

$$\int_L f(x,y)\,\mathrm{d}s = \lim_{\lambda \to 0} \sum_{i=1}^n f(\xi_i,\eta_i)\,\Delta s_i.$$

设各分点对应参数为 $t_i(i=0,1,\cdots,n)$，点 (ξ_i,η_i) 对应参数值 τ_i，即 $\xi_i=\varphi(\tau_i)$、$\eta_i=\psi(\tau_i)$，这里 $t_{i-1}\leq\tau_i\leq t_i$. 由弧长的计算公式及定积分的中值定理可得

$$\Delta s_i = \int_{t_{i-1}}^{t_i} \sqrt{\varphi'^2(t)+\psi'^2(t)}\,\mathrm{d}t = \sqrt{\varphi'^2(\tau_i')+\psi'^2(\tau_i')}\,\Delta t_i,$$

其中 $\tau_i'\in[t_{i-1},t_i]$. 于是

$$\int_L f(x,y)\,\mathrm{d}s = \lim_{\lambda \to 0} \sum_{i=1}^n f[\varphi(\tau_i),\psi(\tau_i)]\sqrt{\varphi'^2(\tau_i')+\psi'^2(\tau_i')}\,\Delta t_i$$

$$= \lim_{\lambda \to 0} \sum_{i=1}^n f[\varphi(\tau_i),\psi(\tau_i)]\sqrt{\varphi'^2(\tau_i)+\psi'^2(\tau_i)}\,\Delta t_i$$

$$= \int_{\alpha}^{\beta} f[\varphi(t),\psi(t)]\sqrt{\varphi'^2(t)+\psi'^2(t)}\,\mathrm{d}t.$$

这就是第一类曲线积分的计算公式.

上述公式可推广到空间曲线弧 Γ 由参数方程

$$\begin{cases} x=\varphi(t), \\ y=\psi(t),\,(\alpha\leq t\leq\beta), \\ z=\omega(t), \end{cases}$$

给出的情形，这时有

$$\int_{\Gamma} f(x,y,z)\,\mathrm{d}s = \int_{\alpha}^{\beta} f[\varphi(t),\psi(t),\omega(t)]\sqrt{\varphi'^2(t)+\psi'^2(t)+\omega'^2(t)}\,\mathrm{d}t$$

$$(\alpha<\beta).$$

由于弧长的微分 $\mathrm{d}s$ 总是正的，所以相应的 L 也应当为正的，因此上面等式右边定积分的下限必须小于上限.

尽管曲线 L 的方程可以有不同的表示形式，但在计算第一类曲线积分时，通常都化为参数方程. 例如，

（1）当曲线 L 由方程 $y=y(x)(a\leq x\leq b)$ 给出时，这时可将 x 视为参数，则

$$\int_L f(x,y)\,\mathrm{d}s = \int_a^b f(x,y(x))\sqrt{1+y'^2(x)}\,\mathrm{d}x.$$

（2）当曲线 L 由方程 $x=x(y)(c\leq y\leq d)$ 给出时，这时可将 y 视为参数，则

$$\int_L f(x,y)\,\mathrm{d}s = \int_c^d f(x(y),y)\sqrt{1+x'^2(y)}\,\mathrm{d}y.$$

（3）当曲线 L 由极坐标方程 $r=r(\theta)(\alpha\leq\theta\leq\beta)$ 给出时，利用极坐标和直角坐标的关系 $x=r(\theta)\cos\theta,y=r(\theta)\sin\theta$，可将 θ 视为参数，则

$$\int_L f(x,y)\,\mathrm{d}s = \int_{\alpha}^{\beta} f(r(\theta)\cos\theta,r(\theta)\sin\theta)\sqrt{r^2(\theta)+r'^2(\theta)}\,\mathrm{d}\theta.$$

例 10.1.1　计算 $\oint_L (x^2+y^2)^n \mathrm{d}s$，其中 L 为圆周 $x=a\cos t$，$y=a\sin t(0 \le t \le 2\pi, a>0)$.

解　由曲线积分计算法，代入参数

$$\oint_L (x^2+y^2)^n \mathrm{d}s = \int_0^{2\pi} (a^2\cos^2 t + a^2\sin^2 t)^n \sqrt{(-a\sin t)^2 + (a\cos t)^2}\,\mathrm{d}t$$

$$= \int_0^{2\pi} a^{2n+1}\mathrm{d}t = 2\pi a^{2n+1}.$$

例 10.1.2　计算 $\oint_L \mathrm{e}^{\sqrt{x^2+y^2}}\mathrm{d}s$，其中 L 为圆周 $x^2+y^2=a^2(a>0)$，直线 $y=x$ 及 x 轴在第一象限内所围成的扇形的整个边界（见图10-2）.

解　$L=L_1 \cup L_2 \cup L_3$，其中，

L_1 在 x 轴上：$y=0(0 \le x \le a)$；

$L_2 : \begin{cases} x=a\cos t, \\ y=a\sin t, \end{cases} \left(0 \le t \le \dfrac{\pi}{4}\right)$；

$L_3 : \begin{cases} x=x, \\ y=x, \end{cases} \left(0 \le x \le \dfrac{a}{\sqrt{2}}\right).$

故

$$\oint_L \mathrm{e}^{\sqrt{x^2+y^2}}\mathrm{d}s = \int_{L_1} \mathrm{e}^{\sqrt{x^2+y^2}}\mathrm{d}s + \int_{L_2} \mathrm{e}^{\sqrt{x^2+y^2}}\mathrm{d}s + \int_{L_3} \mathrm{e}^{\sqrt{x^2+y^2}}\mathrm{d}s$$

$$= \int_0^a \mathrm{e}^x \mathrm{d}x + \int_0^{\frac{\pi}{4}} a\mathrm{e}^a \mathrm{d}t + \int_0^{\frac{a}{\sqrt{2}}} \mathrm{e}^{\sqrt{2}x}\sqrt{2}\,\mathrm{d}x$$

$$= \mathrm{e}^a - 1 + \frac{\pi}{4}a\mathrm{e}^a + \mathrm{e}^a - 1$$

$$= 2(\mathrm{e}^a - 1) + \frac{\pi}{4}a\mathrm{e}^a.$$

微课：例 10.1.2

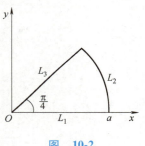

图　10-2

例 10.1.3　计算 $\oint_L (2xy+3x^2+4y^2)\mathrm{d}s$，其中 L 为椭圆 $\dfrac{x^2}{4}+\dfrac{y^2}{3}=1$，其周长记为 $a(a>0)$.

解　$\oint_L (2xy+3x^2+4y^2)\mathrm{d}s = 2\oint_L xy\mathrm{d}s + \oint_L (3x^2+4y^2)\mathrm{d}s$，

由奇偶对称性（性质5），可知 $\oint_L xy\mathrm{d}s = 0$.

由 L 的方程知 L 上点的坐标满足 $3x^2+4y^2=12$，因此

$$\oint_L (3x^2+4y^2)\mathrm{d}s = \oint_L 12\mathrm{d}s = 12a.$$

所以　　　　　　　$\oint_L (2xy+3x^2+4y^2)\mathrm{d}s = 12a.$

例 10.1.4　计算 $\oint_L \sqrt{x^2+y^2}\mathrm{d}s$，其中 L 为 $x^2+y^2=ax(a>0)$.

解　L 用极坐标方程表示为

$$r=a\cos\theta, \left(-\frac{\pi}{2} \le \theta \le \frac{\pi}{2}\right),$$

又　　　$ds=\sqrt{r^2(\theta)+r'^2(\theta)}\,d\theta=\sqrt{a^2\cos^2\theta+a^2\sin^2\theta}\,d\theta=a\,d\theta,$

所以

$$\oint_L\sqrt{x^2+y^2}\,ds=\oint_L\sqrt{ax}\,ds=\int_{-\frac{\pi}{2}}^{\frac{\pi}{2}}\sqrt{a^2\cos^2\theta}\cdot a\,d\theta$$

$$=a^2\int_{-\frac{\pi}{2}}^{\frac{\pi}{2}}\cos\theta\,d\theta=2a^2.$$

10.1.3　同步习题

计算下列第一类曲线积分:

(1) $\displaystyle\int_L xy\,ds$,其中 L 为圆周 $x^2+y^2=a^2$ 在第一象限内的部分;

(2) $\displaystyle\int_L\sqrt{y}\,ds$,其中 L 是抛物线 $y=x^2$ 上点 $O(0,0)$ 与点 $B(1,1)$ 之间的一段弧;

(3) $\displaystyle\int_L y^2\,ds$,其中 L 为摆线 $x=a(t-\sin t)$,$y=a(1-\cos t)$ 的一拱 $(a>0,0\leqslant t\leqslant 2\pi)$.

10.2　对坐标的曲线积分

本节要求:通过本节的学习,学生应掌握对坐标的曲线积分的定义和计算方法,了解两类曲线积分之间的关系.

对弧长的曲线积分中的曲线是没有方向的曲线弧,而物理或工程中的许多问题是对有向曲线提出的,因此我们得到了对坐标的曲线积分,并且分析了两类曲线积分的关系.

10.2.1　对坐标的曲线积分的概念与性质

本节要讨论另一种曲线积分——对坐标的曲线积分,在具体讨论之前先看一个实例.

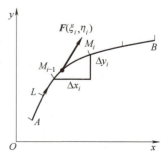

图　10-3

引例　变力沿曲线所做的功.设质点在变力 $\boldsymbol{F}(x,y)=P(x,y)\boldsymbol{i}+Q(x,y)\boldsymbol{j}$ 的作用下从 A 点沿平面光滑曲线 L 移动到 B 点,现在要计算变力 $\boldsymbol{F}$ 所做的功 W(见图 10-3).

我们知道,如果力 $\boldsymbol{F}$ 是恒力,且质点从 A 沿直线移动到 B,那么恒力 $\boldsymbol{F}$ 所做的功 $W=\boldsymbol{F}\cdot\overrightarrow{AB}.$ 现在 $\boldsymbol{F}(x,y)$ 是变力,且质点沿曲线 L 移动,所做的功 W 不能直接按以上公式计算.然而 10.1 节中用来处理曲线形构件质量问题的方法,原则上也适用于目前的问题.

1."大化小"

把 L 分成 n 个小弧段,$\boldsymbol{F}$ 沿 $\overset{\frown}{M_{i-1}M_i}$ 所做的功为 ΔW_i,则

$$W=\sum_{i=1}^{n}\Delta W_i.$$

2."常代变"

有向小弧段 $\overset{\frown}{M_{i-1}M_i}$ 用有向线段 $\overrightarrow{M_{i-1}M_i}=(\Delta x_i,\Delta y_i)$ 近似代替,在 $\overset{\frown}{M_{i-1}M_i}$ 上任取一点 (ξ_i,η_i),则有

$$\Delta W_i\approx\boldsymbol{F}(\xi_i,\eta_i)\cdot\overrightarrow{M_{i-1}M_i}=P(\xi_i,\eta_i)\Delta x_i+Q(\xi_i,\eta_i)\Delta y_i.$$

3."近似和"

$$W\approx\sum_{i=1}^{n}\left[P(\xi_i,\eta_i)\Delta x_i+Q(\xi_i,\eta_i)\Delta y_i\right].$$

4."取极限"

$$W=\lim_{\lambda\to0}\sum_{i=1}^{n}\left[P(\xi_i,\eta_i)\Delta x_i+Q(\xi_i,\eta_i)\Delta y_i\right].$$

其中 λ 为 n 个小弧段中的最大长度.

这种和的极限在研究其他问题时也会遇到.现在引进下面的定义:

定义 10.2.1 设 $P(x,y),Q(x,y)$ 是定义在平面有向光滑曲线 L 上的有界函数,将 L 分成 n 个小段.设第 i 个小曲线段 $\overset{\frown}{M_{i-1}M_i}$ 在 x 轴和 y 轴上的投影分别是 Δx_i 和 Δy_i,并在 $\overset{\frown}{M_{i-1}M_i}$ 上任取一点 (ξ_i,η_i),作和式 $\sum_{i=1}^{n}P(\xi_i,\eta_i)\Delta x_i$ 与 $\sum_{i=1}^{n}Q(\xi_i,\eta_i)\Delta y_i$.如果对任何 L 的分法及点 (ξ_i,η_i) 的取法,只要各个小弧段的长度的最大值 $\lambda\to0$ 时,上述两个和式的极限存在且有确定的值,则称这两个极限之和为向量函数 $(P(x,y),Q(x,y))$ 在有向曲线 L 上的对坐标的曲线积分或第二类曲线积分,记作

$$\int_{L}P(x,y)\,\mathrm{d}x+Q(x,y)\,\mathrm{d}y,$$

即

$$\int_{L}P(x,y)\,\mathrm{d}x+Q(x,y)\,\mathrm{d}y=\lim_{\lambda\to0}\sum_{i=1}^{n}P(\xi_i,\eta_i)\Delta x_i+\lim_{\lambda\to0}\sum_{i=1}^{n}Q(\xi_i,\eta_i)\Delta y_i,$$

其中 $P(x,y),Q(x,y)$ 称为被积函数,曲线 L 称为积分路径.

可以证明:若函数 $P(x,y),Q(x,y)$ 分别在有向光滑曲线(或分段光滑曲线)L 上连续,则 $(P(x,y),Q(x,y))$ 在有向曲线上的第二类曲线积分存在.

类似地,可以定义空间向量函数:

$$\boldsymbol{F}(x,y,z)=(P(x,y,z),Q(x,y,z),R(x,y,z)),$$

沿空间有向光滑曲线 Γ 上的第二类曲线积分:

$$\int_{\Gamma} P(x,y,z)\,\mathrm{d}x + Q(x,y,z)\,\mathrm{d}y + R(x,y,z)\,\mathrm{d}z$$

$$= \lim_{\lambda \to 0} \sum_{i=1}^{n} P(\xi_i,\eta_i,\zeta_i)\Delta x_i + \lim_{\lambda \to 0} \sum_{i=1}^{n} Q(\xi_i,\eta_i,\zeta_i)\Delta y_i +$$

$$\lim_{\lambda \to 0} \sum_{i=1}^{n} R(\xi_i,\eta_i,\zeta_i)\Delta z_i.$$

设 $\alpha(x,y),\beta(x,y)$ 为平面有向曲线 L 上点 (x,y) 处切线向量的方向角,则由 $\cos\alpha\mathrm{d}s = \mathrm{d}x, \cos\beta\mathrm{d}s = \mathrm{d}y$ 可得平面曲线 L 上第一类曲线积分和第二类曲线积分之间的关系式:

$$\int_{L} P\mathrm{d}x + Q\mathrm{d}y = \int_{L} (P\cos\alpha + Q\cos\beta)\,\mathrm{d}s.$$

第二类曲线积分有下列性质:

(1) k 为常数,则

$$\int_{L} k[P(x,y)\,\mathrm{d}x + Q(x,y)\,\mathrm{d}y] = k\int_{L} P(x,y)\,\mathrm{d}x + Q(x,y)\,\mathrm{d}y.$$

(2) 如果把 L 分成两段光滑的有向曲线弧 L_1 和 $L_2(L_1,L_2$ 的方向与 L 相同)则

$$\int_{L} P(x,y)\,\mathrm{d}x + Q(x,y)\,\mathrm{d}y = \int_{L_1} P(x,y)\,\mathrm{d}x + Q(x,y)\,\mathrm{d}y + \int_{L_2} P(x,y)\,\mathrm{d}x +$$
$$Q(x,y)\,\mathrm{d}y.$$

(3) 设 L 是有向光滑曲线弧,L^- 是与 L 方向相反的有向曲线,则

$$\int_{L^-} P(x,y)\,\mathrm{d}x + Q(x,y)\,\mathrm{d}y = -\int_{L} P(x,y)\,\mathrm{d}x + Q(x,y)\,\mathrm{d}y.$$

10.2.2　对坐标的曲线积分的计算法

定理 10.2.1　设 $P(x,y),Q(x,y)$ 在有向曲线弧 L 上有定义且连续,L 的参数方程为

$$\begin{cases} x = \varphi(t), \\ y = \psi(t), \end{cases} \quad t:\alpha \to \beta$$

$t:\alpha \to \beta$ 表示参数 t 单调地由 α 变化到 β,其中 $\varphi(t),\psi(t)$ 在以 α 及 β 为端点的闭区间上具有一阶连续导数,且 $\varphi'^2(t) + \psi'^2(t) \neq 0$,则曲线积分 $\int_{L} P(x,y)\,\mathrm{d}x + Q(x,y)\,\mathrm{d}y$ 存在,且

$$\int_{L} P(x,y)\,\mathrm{d}x + Q(x,y)\,\mathrm{d}y = \int_{\alpha}^{\beta} \{P[\varphi(t),\psi(t)]\varphi'(t) +$$
$$Q[\varphi(t),\psi(t)]\psi'(t)\}\,\mathrm{d}t.$$

证　设 $\alpha = t_0,t_1,\cdots,t_{n-1},t_n = \beta$ 为一列单调变化的参数值.根据对坐标的曲线积分的定义,有

$$\int_{L} P(x,y)\,\mathrm{d}x = \lim_{\lambda \to 0} \sum_{i=1}^{n} P(\xi_i,\eta_i)\Delta x_i.$$

设点(ξ_i,η_i)对应于参数值τ_i,即$\xi_i=\varphi(\tau_i)$,$\eta_i=\psi(\tau_i)$,这里$t_{i-1}\leqslant$ $\tau_i\leqslant t_i$.根据拉格朗日中值定理有

$$\Delta x_i=x_i-x_{i-1}=\varphi(t_i)-\varphi(t_{i-1})=\varphi'(\tau_i')\Delta t_i,$$

其中τ_i'介于t_{i-1}与t_i之间.于是

$$\int_L P(x,y)\mathrm{d}x=\lim_{\lambda\to0}\sum_{i=1}^n P[\varphi(\tau_i),\psi(\tau_i)]\varphi'(\tau_i')\Delta t_i.$$

因为函数$\varphi'(t)$在闭区间$[\alpha,\beta]$(或$[\beta,\alpha]$)上连续,我们可以把上式中τ_i'换成τ_i,从而

$$\int_L P(x,y)\mathrm{d}x=\lim_{\lambda\to0}\sum_{i=1}^n P[\varphi(\tau_i),\psi(\tau_i)]\varphi'(\tau_i)\Delta t_i$$

$$=\int_\alpha^\beta P[\varphi(t),\psi(t)]\varphi'(t)\mathrm{d}t.$$

同理可证

$$\int_L Q(x,y)\mathrm{d}y=\int_\alpha^\beta Q[\varphi(t),\psi(t)]\psi'(t)\mathrm{d}t.$$

把以上两式相加,得

$$\int_L P(x,y)\mathrm{d}x+Q(x,y)\mathrm{d}y=\int_\alpha^\beta\{P[\varphi(t),\psi(t)]\varphi'(t)+$$
$$Q[\varphi(t),\psi(t)]\psi'(t)\}\mathrm{d}t,$$

这里下限α对应L的起点,上限β对应L的终点.

如果L由方程$y=\psi(x)$　$x:a\to b$给出,可以看作参数方程的特殊情形,从而

$$\int_L P(x,y)\mathrm{d}x+Q(x,y)\mathrm{d}y=\int_a^b\{P[x,\psi(x)]+Q[x,\psi(x)]\psi'(x)\}\mathrm{d}x$$

类似地,对于空间光滑曲线Γ,

$$\begin{cases}x=\varphi(t),\\ y=\psi(t),\quad t:\alpha\to\beta,\\ z=\omega(t),\end{cases}$$

有

$$\int_\Gamma P(x,y,z)\mathrm{d}x+Q(x,y,z)\mathrm{d}y+R(x,y,z)\mathrm{d}z$$

$$=\int_\alpha^\beta\{P[\varphi(t),\psi(t),\omega(t)]\varphi'(t)+Q[\varphi(t),\psi(t),\omega(t)]\psi'(t)+$$
$$R[\varphi(t),\psi(t),\omega(t)]\omega'(t)\}\mathrm{d}t.$$

例 10.2.1　计算$\int_L(x+y)\mathrm{d}x+(y-x)\mathrm{d}y$,其中$L$是:

(1) 抛物线$y^2=x$上从点$(1,1)$到点$(4,2)$的一段弧;

(2) 从点$(1,1)$到点$(4,2)$的直线段;

(3) 先沿直线从点$(1,1)$到点$(1,2)$,再沿直线到点$(4,2)$的折线.

解　(1) 曲线参数方程:$x=y^2,y=y,y:1\to2$,从而

$$\int_L(x+y)\,dx+(y-x)\,dy=\int_1^2\left[(y^2+y)2y+(y-y^2)\right]dy$$
$$=\int_1^2(2y^3+y^2+y)\,dy=\frac{34}{3}.$$

（2）L 的方程为 $y-1=\dfrac{2-1}{4-1}(x-1)$，即 $x=3y-2,y:1\to2$. 化为对 y 的定积分计算，有

$$\int_L(x+y)\,dx+(y-x)\,dy=\int_1^2\left[(3y-2+y)\cdot3+(y-3y+2)\right]dy$$
$$=\int_1^2(10y-4)\,dy=11.$$

（3）$L=L_1+L_2,L_1:x=1,y:1\to2;L_2:y=2,x:1\to4$. 从而

$$\int_L(x+y)\,dx+(y-x)\,dy=\int_1^2(y-1)\,dy+\int_1^4(x+2)\,dx=14.$$

例 10.2.2　计算 $\int_L y^2\,dx$，其中 L 为（见图 10-4）：

（1）半径为 a 圆心为原点、按逆时针方向绕行的上半圆周；

（2）从点 $A(a,0)$ 沿 x 轴到点 $B(-a,0)$ 的直线段.

解　（1）L 的参数方程为

$$\begin{cases}x=a\cos\theta,\\y=a\sin\theta,\end{cases}$$

微课：例 **10.2.2**

当参数 θ 从 0 变到 π 时的曲线弧. 因此

$$\int_L y^2\,dx=\int_0^\pi a^2\sin^2\theta(-a\sin\theta)\,d\theta$$
$$=a^3\int_0^\pi(1-\cos^2\theta)\,d(\cos\theta)$$
$$=a^3\left[\cos\theta-\frac{\cos^3\theta}{3}\right]_0^\pi=-\frac{4}{3}a^3.$$

（2）L 的方程为 $y=0,x:a\to-a$，则

$$\int_L y^2\,dx=\int_a^{-a}0\,dx=0.$$

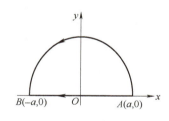

图　**10-4**

从例 10.2.2 可以看出，虽然两个曲线积分的被积函数相同，起点和终点也相同，但沿不同路径得出的积分值并不相等.

10.2.3　同步习题

1. 计算下列第二类曲线积分：

（1）$\int_L xy\,dx$，其中 L 为抛物线 $y^2=x$ 上从点 $A(1,-1)$ 到 $B(1,1)$ 的一段弧；

（2）$\oint_L\dfrac{(x+y)\,dx-(x-y)\,dy}{x^2+y^2}$，其中 L 为圆周 $x^2+y^2=a^2$（按逆时针方向绕行）；

（3）$\int_L x\mathrm{d}y - y\mathrm{d}x$，其中 L 是沿摆线 $x = t - \sin t,\ y = 1 - \cos t$ 的从 $O(0,0)$ 到 $A(2\pi,0)$ 的一段路径；

（4）$\int_\Gamma x\mathrm{d}x + y\mathrm{d}y + (x + y - 1)\,\mathrm{d}z$，其中 Γ 是从点 $(1,1,1)$ 到点 $(2,3,4)$ 的一段直线.

2. 计算 $\int_L y\mathrm{d}x + x\mathrm{d}y$，其中 L 是：

（1）沿抛物线 $y = 2x^2$ 上从点 $(0,0)$ 到点 $(1,2)$ 的一段弧；

（2）沿直线 $y = 2x$ 从点 $(0,0)$ 到点 $(1,2)$ 的线段；

（3）先沿直线从点 $(0,0)$ 到点 $(1,0)$，然后再沿直线到点 $(1,2)$ 的折线.

10.3　格林公式及其应用

本节要求：通过本节的学习，学生应掌握格林公式，了解对坐标的曲线积分和二重积分之间的关系，了解第二类曲线积分与积分路径无关的四个充要条件.

格林公式揭示了平面区域 D 上的二重积分与 D 的边界上的第二类平面曲线积分的关系，它在理论和应用上都有其重要意义.

10.3.1　格林公式

定理 10.3.1（格林公式）　设闭区域 D 由分段光滑的曲线 L 所围成，函数 $P(x,y)$ 及 $Q(x,y)$ 在 D 上具有一阶连续偏导数，则有

$$\iint\limits_D \left(\frac{\partial Q}{\partial x} - \frac{\partial P}{\partial y} \right) \mathrm{d}x\mathrm{d}y = \oint_L P\mathrm{d}x + Q\mathrm{d}y.$$

其中 L 是 D 的取正向的边界曲线.

区域 D 的**正向**这样确定：设平面区域 D 由一条或者几条封闭曲线所围成，当沿 D 的边界的某一方向前进时，如果区域 D 总在左侧，则称此前进方向为区域 D 的边界曲线的正向，反之则是负向.

证　不妨设 $D = \{(x,y)\,|\,y_1(x) \leqslant y \leqslant y_2(x),\,a \leqslant x \leqslant b\}$，　（10.3.1）如图 10-5 所示，先证

$$-\iint\limits_D \frac{\partial P}{\partial y}\mathrm{d}x\mathrm{d}y = \oint_L P\mathrm{d}x.$$

设 $L_1: y = y_1(x),\ L_2: y = y_2(x)$，由于

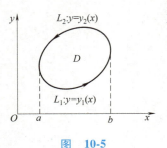

图　10-5

$$\oint_L P \mathrm{d}x = \int_{L_1} P \mathrm{d}x + \int_{L_2} P \mathrm{d}x$$

$$= \int_a^b P(x, y_1(x)) \mathrm{d}x + \int_b^a P(x, y_2(x)) \mathrm{d}x$$

$$= \int_a^b [P(x, y_1(x)) - P(x, y_2(x))] \mathrm{d}x,$$

又　$\displaystyle\iint_D \frac{\partial P}{\partial y} \mathrm{d}x \mathrm{d}y = \int_a^b \mathrm{d}x \int_{y_1(x)}^{y_2(x)} \frac{\partial P}{\partial y} \mathrm{d}y = \int_a^b [P(x, y_2(x)) - P(x, y_1(x))] \mathrm{d}x,$

所以　　　　　　　　　$\displaystyle -\iint_D \frac{\partial P}{\partial y} \mathrm{d}x \mathrm{d}y = \oint_L P \mathrm{d}x;$

同理可证　　　　　　　$\displaystyle \iint_D \frac{\partial Q}{\partial x} \mathrm{d}x \mathrm{d}y = \oint_L Q \mathrm{d}y.$

上述两式相加,即得格林公式.

　　在上述证明中,闭区域 D 为平行于坐标轴且穿过 D 内部的直线与 D 边界曲线的交点至多是两个,若多于两个,如平面多连通域,则可添加辅助曲线将域 D 分为若干个小区域,使每个小区域符合上述条件,由于沿辅助曲线正、反两个方向的曲线积分恰好相互抵消,故格林公式仍然成立.

　　格林公式中,L 取区域 D 的正向边界,函数 $P(x,y)$ 及 $Q(x,y)$ 在 D 上具有一阶连续偏导数这两个条件是重要的,缺一不可.否则,要变 L 为正向或作辅助曲线,使之符合条件方可应用(见例 10.3.3、例 10.3.4).

　　下面说明格林公式的一个简单应用.

　　在式(10.3.1)中取 $P = -y, Q = x$,即得

$$2 \iint_D \mathrm{d}x \mathrm{d}y = \oint_L x \mathrm{d}y - y \mathrm{d}x.$$

上式左端是闭区域 D 的面积 A 的两倍,因此有

$$A = \frac{1}{2} \oint_L x \mathrm{d}y - y \mathrm{d}x. \tag{10.3.2}$$

例 10.3.1　求椭圆 $x = a\cos\theta, y = b\sin\theta$ 所围成图形的面积 A.

解　根据式(10.3.2)有

$$A = \frac{1}{2} \oint_L x \mathrm{d}y - y \mathrm{d}x = \frac{1}{2} \int_0^{2\pi} (ab\cos^2\theta + ab\sin^2\theta) \mathrm{d}\theta$$

$$= \frac{1}{2} ab \int_0^{2\pi} \mathrm{d}\theta = \pi ab.$$

例 10.3.2　计算 $\oint_L xy^2 \mathrm{d}y - yx^2 \mathrm{d}x$,$L$ 为圆周 $x^2 + y^2 = R^2$,取逆时针方向.

解　由格林公式

$$\oint_L xy^2 \mathrm{d}y - yx^2 \mathrm{d}x = \iint_D (y^2 + x^2) \mathrm{d}x \mathrm{d}y = \int_0^{2\pi} \mathrm{d}\theta \int_0^R \rho^3 \mathrm{d}\rho = \frac{\pi R^4}{2}.$$

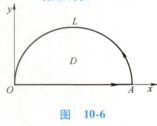

图 10-6

例 10.3.3　计算 $\int_L (e^x \sin y - y) dx + (e^x \cos y - 1) dy$，$L$ 为 $x^2 + y^2 = ax$ 的上半圆周，取逆时针方向.

解　这里 L 不是闭曲线(见图 10-6)，故不能直接应用格林公式，但可添加辅助线 $\overrightarrow{OA}$，使之成为闭曲线，便可使用公式了.

又　$\dfrac{\partial P}{\partial y} = e^x \cos y - 1$，$\dfrac{\partial Q}{\partial x} = e^x \cos y$，所以

$$\int_L (e^x \sin y - y) dx + (e^x \cos y - 1) dy$$

$$= \left(\int_{L+OA} - \int_{OA} \right) (e^x \sin y - y) dx + (e^x \cos y - 1) dy$$

$$= \iint_D dx dy - 0 = \frac{1}{8} \pi a^2.$$

例 10.3.4　计算 $\oint_L \dfrac{x dy - y dx}{x^2 + y^2}$，其中 L 为一条无重点、分段光滑且不经过原点的连续闭曲线，L 的方向为逆时针方向.

解　令 $P = \dfrac{-y}{x^2 + y^2}$，$Q = \dfrac{x}{x^2 + y^2}$，则当 $x^2 + y^2 \neq 0$ 时，有

$$\frac{\partial Q}{\partial x} = \frac{y^2 - x^2}{(x^2 + y^2)^2} = \frac{\partial P}{\partial y}.$$

记 L 所围成的闭区域为 D.当 $(0,0) \notin D$ 时，由格林公式知

$$\oint_L \frac{x dy - y dx}{x^2 + y^2} = 0;$$

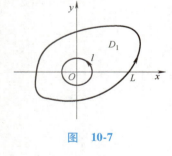

图 10-7

当 $(0,0) \in D$ 时，P, Q, P_y, Q_x 在 D 内点 $(0,0)$ 处不连续，为应用格林公式，可选取适当小的 $r > 0$，构造位于 D 内的圆周 $l: x^2 + y^2 = r^2$，取逆时针方向.记 L 和 l 所围成的闭区域为 D_1(见图 10-7)，对区域 D_1 应用格林公式，得

$$\oint_L \frac{x dy - y dx}{x^2 + y^2} - \oint_l \frac{x dy - y dx}{x^2 + y^2}$$

$$= \oint_{L+l^-} \frac{x dy - y dx}{x^2 + y^2} = \iint_{D_1} 0 dx dy = 0,$$

所以

$$\oint_L \frac{x dy - y dx}{x^2 + y^2} = \oint_l \frac{x dy - y dx}{x^2 + y^2} = \int_0^{2\pi} \frac{r^2 \cos^2 \theta + r^2 \sin^2 \theta}{r^2} d\theta = 2\pi.$$

10.3.2　平面上曲线积分与路径无关的条件

一般来说，曲线积分的值与积分路径有关，但也有例外.所谓平面曲线积分与路径无关，是指

$$\int_{L_1} P dx + Q dy = \int_{L_2} P dx + Q dy,$$

其中 L_1 和 L_2 是平面单连通区域 D 内从起点 A 到终点 B 的任意两

条曲线,如图 10-8 所示.下面我们来分析曲线积分 $\int_L P\mathrm{d}x+Q\mathrm{d}y$ 与路径无关的条件.

　　定理 10.3.2　设 D 为平面单连通区域,若函数 $P(x,y),Q(x,y)$ 在区域 D 上具有连续的一阶偏导数,则下列四个条件等价.

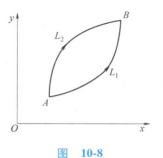

图　10-8

　　(1) 曲线积分 $\int_{L_1}P\mathrm{d}x+Q\mathrm{d}y=\int_{L_2}P\mathrm{d}x+Q\mathrm{d}y$,$L_1$ 和 L_2 为区域 D 内从起点 A 到终点 B 的任意两条分段光滑的有向曲线,即 $\int_A^B P\mathrm{d}x+Q\mathrm{d}y$ 与 D 内的积分路径无关.

　　(2) 在区域 D 内存在某函数 $u(x,y)$,使得
$$\mathrm{d}u=P\mathrm{d}x+Q\mathrm{d}y.$$

　　(3) 在 D 内任意点上有
$$\frac{\partial P}{\partial y}=\frac{\partial Q}{\partial x}.$$

　　(4) 沿区域 D 内任一分段光滑的封闭有向曲线 L 有
$$\oint_L P\mathrm{d}x+Q\mathrm{d}y=0.$$

　　证　(1)$\Rightarrow$(2).

　　由于 $\int_L P\mathrm{d}x+Q\mathrm{d}y$ 与路径无关,所以,起点 $A(x_0,y_0)$ 固定后,积分是终点 $B(x,y)$ 的函数,记为
$$u(x,y)=\int_{(x_0,y_0)}^{(x,y)}P(x,y)\,\mathrm{d}x+Q(x,y)\,\mathrm{d}y.$$

　　下面只要证 $u(x,y)$ 即为所求的连续可微函数,即有
$$\frac{\partial u}{\partial x}=P,\frac{\partial u}{\partial y}=Q.$$

因为 $u(x+\Delta x,y)=\int_{(x_0,y_0)}^{(x_0+\Delta x,y)}P(x,y)\,\mathrm{d}x+Q(x,y)\,\mathrm{d}y$(由于积分与路径无关),故可取图 10-9 的路径,所以

$$u(x+\Delta x,y)=\left(\int_{(x_0,y_0)}^{(x,y)}+\int_{(x,y)}^{(x+\Delta x,y)}\right)P(x,y)\,\mathrm{d}x+Q(x,y)\,\mathrm{d}y$$
$$=u(x,y)+\int_{(x,y)}^{(x+\Delta x,y)}P(x,y)\,\mathrm{d}x+Q(x,y)\,\mathrm{d}y,$$

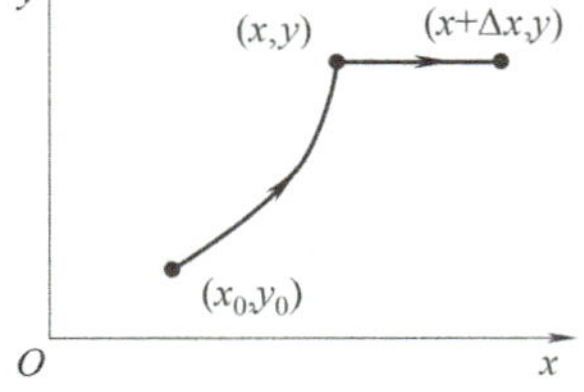

于是
$$u(x+\Delta x,y)-u(x,y)=\int_{(x,y)}^{(x+\Delta x,y)}P(x,y)\,\mathrm{d}x+Q(x,y)\,\mathrm{d}y$$
$$=\int_x^{x+\Delta x}P(x,y)\,\mathrm{d}x=P(x+\theta\Delta x,y)\Delta x,0\leqslant\theta\leqslant 1.$$

图　10-9

所以　$\displaystyle\lim_{\Delta x\to 0}\frac{u(x+\Delta x,y)-u(x,y)}{\Delta x}=\lim_{\Delta x\to 0}P(x+\theta\Delta x,y)=P(x,y),$

即
$$\frac{\partial u}{\partial x} = P(x,y).$$

同理可证
$$\frac{\partial u}{\partial y} = Q(x,y).$$

由定理条件可知 P 和 Q 在 D 内连续,故 $u(x,y)$ 在 D 内可微,且
$$\mathrm{d}u = P\mathrm{d}x + Q\mathrm{d}y.$$

$(2) \Rightarrow (3).$

由于 $\mathrm{d}u = P\mathrm{d}x + Q\mathrm{d}y = \dfrac{\partial u}{\partial x}\mathrm{d}x + \dfrac{\partial u}{\partial y}\mathrm{d}y$,则
$$P = \frac{\partial u}{\partial x}, Q = \frac{\partial u}{\partial y},$$

故
$$\frac{\partial P}{\partial y} = \frac{\partial^2 u}{\partial x \partial y}, \frac{\partial Q}{\partial x} = \frac{\partial^2 u}{\partial y \partial x}$$

又由 $\dfrac{\partial P}{\partial y}, \dfrac{\partial Q}{\partial x}$ 的连续性,即 $\dfrac{\partial^2 u}{\partial x \partial y}, \dfrac{\partial^2 u}{\partial y \partial x}$ 连续,从而
$$\frac{\partial P}{\partial y} = \frac{\partial Q}{\partial x}.$$

$(3) \Rightarrow (4).$

设 σ 为 D 内任意的分段光滑正向闭曲线 L 所围成的闭区域,由格林公式知
$$\oint_L P\mathrm{d}x + Q\mathrm{d}y = \iint_\sigma \left(\frac{\partial Q}{\partial x} - \frac{\partial P}{\partial y} \right) \mathrm{d}x\mathrm{d}y = 0.$$

$(4) \Rightarrow (1).$

如图 10-8 所示,在 D 内任作连接起点 A 到终点 B 的光滑曲线 L_1, L_2,方向由 A 到 B,显然 $L = L_1 \cup L_2^-$ 是分段光滑闭曲线.因为
$$\oint_L = \int_{L_1 \cup L_2^-} = \int_{L_1} + \int_{L_2^-} = \int_{L_1} - \int_{L_2},$$

所以当 $\oint_L = 0$ 时,有
$$\int_{L_1} = \int_{L_2},$$

故曲线积分与路径无关.

由命题(1)、(2)的等价性,可得到由原函数求曲线积分的公式.事实上,若 $u(x,y)$ 是 $P\mathrm{d}x + Q\mathrm{d}y$ 的一个原函数,又由于
$$\Phi(x,y) = \int_{(x_0,y_0)}^{(x,y)} P\mathrm{d}x + Q\mathrm{d}y$$

也是其一个原函数,故
$$\Phi(x,y) = u(x,y) + C,$$

又 $\Phi(x_0,y_0) = 0$,所以
$$C = -u(x_0,y_0),$$

于是　　　　　　　$\Phi(x,y)=u(x,y)-u(x_0,y_0)$，

即　　　　$\displaystyle\int_{(x_0,y_0)}^{(x,y)}P\mathrm{d}x+Q\mathrm{d}y=u(x,y)-u(x_0,y_0)=u(x,y)\Big|_{(x_0,y_0)}^{(x,y)}.$

此公式类似于计算定积分的牛顿-莱布尼茨公式.

例 10.3.5　计算 $\displaystyle\int_L(x^2-y)\mathrm{d}x-(x+\sin^2 y)\mathrm{d}y$，其中 L 是圆周 $y=$
$\sqrt{2x-x^2}$ 上由点 $(0,0)$ 到点 $(1,1)$ 的一段弧.

解　由于 $P=x^2-y,Q=-(x+\sin^2 y)$ 在 xOy 面内有一阶连续偏导

数，且 $\dfrac{\partial Q}{\partial x}=-1=\dfrac{\partial P}{\partial y}$，故所给曲线积分与路径无关. 于是将原积分路径

L 改为折线路径 ORN，其中 O 为 $(0,0)$，R 为 $(1,0)$，N 为 $(1,1)$（见
图 10-10），得

$$\begin{aligned}\int_L(x^2-y)\mathrm{d}x-(x+\sin^2 y)\mathrm{d}y&=\int_0^1 x^2\mathrm{d}x-\int_0^1(1+\sin^2 y)\mathrm{d}y\\&=\frac{1}{3}-1-\int_0^1\frac{1-\cos 2y}{2}\mathrm{d}y\\&=-\frac{2}{3}-\frac{1}{2}+\frac{1}{4}\sin 2=-\frac{7}{6}+\frac{1}{4}\sin 2.\end{aligned}$$

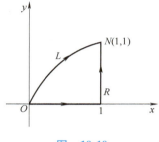

图　10-10

例 10.3.6　验证：在整个 xOy 面内，$(x+2y)\mathrm{d}x+(2x+y)\mathrm{d}y$ 是某
个函数的全微分，并求出一个这样的函数.

解　现在 $P=x+2y,Q=2x+y$，且

$$\frac{\partial P}{\partial y}=2=\frac{\partial Q}{\partial x}$$

在整个 xOy 面内恒成立，因此在整个 xOy 面内，$(x+2y)\mathrm{d}x+(2x+y)\mathrm{d}y$
是某个函数的全微分，由定理知

$$\begin{aligned}u(x,y)&=\int_{(0,0)}^{(x,y)}(x+2y)\mathrm{d}x+(2x+y)\mathrm{d}y\\&=\int_0^x x\mathrm{d}x+\int_0^y(2x+y)\mathrm{d}y=\frac{x^2}{2}+2xy+\frac{y^2}{2}.\end{aligned}$$

10.3.3　同步习题

1. 利用格林公式，计算下列曲线积分：

（1）$\displaystyle\oint_L(\mathrm{e}^{x^2}-x^2 y)\mathrm{d}x+(xy^2-\sin y^2)\mathrm{d}y$，其中 L 是圆周 $x^2+y^2=a^2$
按逆时针方向（$a>0$）；

（2）$\displaystyle\oint_L\mathrm{e}^{x^3}\mathrm{d}x+xy\mathrm{d}y$，其中 L 为 x 轴，y 轴及直线 $x+y=1$ 所围成
区域的正向边界曲线；

（3）$\displaystyle\oint_L(4y-\mathrm{e}^{\cos x})\mathrm{d}x+(6x+\sqrt{y^8+\mathrm{e}})\mathrm{d}y$，其中 L 为椭圆 $\dfrac{x^2}{a^2}+\dfrac{y^2}{b^2}=1$
的正向边界曲线；

(4) $\int_L (x^2-y)\,\mathrm{d}x - (x+\sin^2 y)\,\mathrm{d}y$，其中 L 是圆周 $y=\sqrt{2x-x^2}$ 上由点 $(0,0)$ 到点 $(1,1)$ 的一段弧.

2. 证明：曲线积分 $\int_{(1,1)}^{(2,3)} (x+y)\,\mathrm{d}x + (x-y)\,\mathrm{d}y$ 在整个 xOy 面内与路径无关，并计算积分值.

3. 利用曲线积分，求椭圆 $9x^2 + 16y^2 = 144$ 所围成的图形的面积.

10.4　对面积的曲面积分

本节要求：通过本节的学习，学生应掌握对面积的曲面积分的定义和计算方法，并且注意二重积分和对面积的曲面积分的区别.

在对弧长的曲线积分中，把曲线推广到曲面，对应地把弧长推广成面积，我们也可以得到类似于对弧长的曲线积分概念，即对面积的曲面积分.本节需要掌握对面积的曲面积分的概念和计算.

10.4.1　对面积的曲面积分的概念与性质

先看一个物理学中的实例.

引例　曲面状物体的质量.设有质量分布不均匀的空间曲面状物体 Σ，在其上任一点 $P(x,y,z)$ 处的面密度为 $\mu(x,y,z)$，现要求 Σ 的质量 m.

类似于求曲线状物体的质量，采用"大化小、常代变、近似和、求极限"的方法，可得

$$m = \lim_{\lambda \to 0} \sum_{i=1}^{n} \mu(\xi_i, \eta_i, \zeta_i)\Delta S_i.$$

其中 λ 表示 n 个小块曲面中直径的最大值.

这样的极限还会在其他问题中遇到.除去它们的具体意义，就得出对面积的曲面积分的概念.

定义 10.4.1　设曲面 Σ 是光滑的，函数 $f(x,y,z)$ 在 Σ 上有界.把 Σ 任意分成 n 小块 ΔS_i（ΔS_i 同时也代表第 i 小块曲面的面积），设 (ξ_i, η_i, ζ_i) 是 ΔS_i 上任意取定的一点，作乘积 $f(\xi_i, \eta_i, \zeta_i)\Delta S_i (i=1,2,\cdots,n)$，并作和 $\sum_{i=1}^{n} f(\xi_i, \eta_i, \zeta_i)\Delta S_i$，如果当各小块曲面的直径的最大值 $\lambda \to 0$ 时，和的极限总存在，则称此极限为函数 $f(x,y,z)$ 在曲面 Σ 上对面积的曲面积分或第一类曲面积分，记作 $\iint_\Sigma f(x,y,z)\,\mathrm{d}S$，即

$$\iint\limits_{\Sigma} f(x,y,z)\,\mathrm{d}S = \lim_{\lambda\to 0}\sum_{i=1}^{n}\mu(\xi_i,\eta_i,\zeta_i)\,\Delta S_i,$$

其中 $f(x,y,z)$ 叫作被积函数，Σ 叫作积分曲面．

由定义 10.4.1 可知，第一类曲面积分具有和第一类曲线积分相类似的性质，请读者自行叙述．

10.4.2 对面积的曲面积分的计算法

设函数 $f(x,y,z)$ 为定义在光滑曲面上的连续函数，若曲面 Σ 的方程为 $z=z(x,y)$，曲面在坐标平面 xOy 上的投影区域为有界闭区域 D_{xy}．由于函数 $f(x,y,z)$ 定义在曲面 $\Sigma: z=z(x,y)$ 上，因此变量 x，y,z 的变化受曲面方程 $z=z(x,y)$ 的约束，实际上只有两个独立的变量 x 和 y，即

$$f(x,y,z)=f[x,y,z(x,y)].$$

另外，曲面的微分为 $\mathrm{d}S=\sqrt{1+z_x^2+z_y^2}\,\mathrm{d}x\mathrm{d}y$，且 x,y 的变化范围是 Σ 在 xOy 平面上的投影 D_{xy}．于是，以 $f[x,y,z(x,y)]$，$\sqrt{1+z_x^2+z_y^2}\,\mathrm{d}x\mathrm{d}y$ 和 D_{xy} 分别代替 $f(x,y,z)$，$\mathrm{d}S$ 和 Σ，即又可得第一类曲面积分化为二重积分的计算公式：

$$\iint\limits_{\Sigma} f(x,y,z)\,\mathrm{d}S = \iint\limits_{D_{xy}} f[x,y,z(x,y)]\sqrt{1+z_x^2(x,y)+z_y^2(x,y)}\,\mathrm{d}x\mathrm{d}y.$$

$$(10.4.1)$$

如果积分曲面 Σ 由方程 $x=x(y,z)$ 或 $y=y(z,x)$ 给出，那么也可类似地把对面积的曲面积分化为相应的二重积分．

例 10.4.1　计算 $\iint\limits_{\Sigma}\left(z+2x+\dfrac{4}{3}y\right)\mathrm{d}S$，其中 Σ 为平面 $\dfrac{x}{2}+\dfrac{y}{3}+\dfrac{z}{4}=1$ 在第一卦限的部分．

解　在 Σ 上，$z=4-2x-\dfrac{4}{3}y$．Σ 在 xOy 平面上的投影 D_{xy} 为由 x 轴、y 轴和直线 $\dfrac{x}{2}+\dfrac{y}{3}=1$ 所围成的三角形闭区域．因此

$$\iint\limits_{\Sigma}\left(z+2x+\frac{4}{3}y\right)\mathrm{d}S = \iint\limits_{D_{xy}}\left[\left(4-2x-\frac{4}{3}y\right)+2x+\frac{4}{3}y\right]\sqrt{1+(-2)^2+\left(-\frac{4}{3}\right)^2}\,\mathrm{d}x\mathrm{d}y$$

$$= \iint\limits_{D_{xy}} 4\cdot\frac{\sqrt{61}}{3}\,\mathrm{d}x\mathrm{d}y = \frac{4\sqrt{61}}{3}\cdot\left(\frac{1}{2}\cdot 2\cdot 3\right)$$

$$= 4\sqrt{61}.$$

例 10.4.2　计算 $\iint\limits_{\Sigma}(x^2+y^2)\,\mathrm{d}S$，其中 Σ 为锥面 $z=\sqrt{x^2+y^2}$ 及平面 $z=1$ 所围成的区域的整个边界曲面．

解　Σ 由 Σ_1 和 Σ_2 组成，其中 Σ_1 为平面 $z=1$ 上被圆周 $x^2+y^2=1$

微课：例 10.4.2

所围的部分;Σ_2 为锥面 $z=\sqrt{x^2+y^2}\,(0\leqslant z\leqslant 1)$.

在 Σ_1 上,$\mathrm{d}S=\mathrm{d}x\mathrm{d}y$;

在 Σ_2 上,$\mathrm{d}S=\sqrt{1+z_x^2+z_y^2}\,\mathrm{d}x\mathrm{d}y=\sqrt{2}\,\mathrm{d}x\mathrm{d}y$.

Σ_1 和 Σ_2 在 xOy 面上的投影 D_{xy} 均为 $x^2+y^2\leqslant 1$.

因此
$$
\begin{aligned}
\iint_{\Sigma}(x^2+y^2)\,\mathrm{d}S &=\iint_{\Sigma_1}(x^2+y^2)\,\mathrm{d}S+\iint_{\Sigma_2}(x^2+y^2)\,\mathrm{d}S \\
&=\iint_{D_{xy}}(x^2+y^2)\,\mathrm{d}x\mathrm{d}y+\iint_{D_{xy}}(x^2+y^2)\sqrt{2}\,\mathrm{d}x\mathrm{d}y \\
&=(\sqrt{2}+1)\iint_{D_{xy}}(x^2+y^2)\,\mathrm{d}x\mathrm{d}y \\
&=(\sqrt{2}+1)\int_0^{2\pi}\mathrm{d}\theta\int_0^1\rho^3\mathrm{d}\rho \\
&=\frac{\sqrt{2}+1}{2}\pi.
\end{aligned}
$$

10.4.3　同步习题

计算下列第一类曲面积分:

(1) $\displaystyle\iint_{\Sigma}\mathrm{d}S$,其中 Σ 为抛物面 $z=2-(x^2+y^2)$ 在 xOy 面上方的部分;

(2) $\displaystyle\oiint_{\Sigma}xyz\,\mathrm{d}S$,其中 Σ 是由平面 $x=0,y=0,z=0$ 及 $x+y+z=1$ 所围成的四面体的整个边界曲面;

(3) $\displaystyle\iint_{\Sigma}(2xy-2x^2-x+z)\,\mathrm{d}S$,其中 Σ 是平面 $2x+2y+z=6$ 在第一卦限中的部分;

(4) $\displaystyle\iint_{\Sigma}\left(\frac{x^2}{2}+\frac{y^2}{3}+\frac{z^2}{4}\right)\mathrm{d}S$,其中 Σ 是球面 $x^2+y^2+z^2=1$.

10.5　对坐标的曲面积分

本节要求:通过本节的学习,学生应掌握对坐标的曲面积分的定义和计算方法,理解对坐标的曲面积分和对面积的曲面积分之间的关系.

本节先引入有向曲面的概念,再从一个物理问题引入对坐标的曲面积分的定义,然后探讨对坐标曲面积分的计算方法.

10.5.1　对坐标的曲面积分的概念与性质

我们对曲面作一些说明.这里假定曲面是光滑的.

一般的曲面通常有两侧,称为双侧曲面.所谓双侧曲面,即在规定了曲面上一点的法线正向后,当该点沿曲面上任一条不越过曲面边界的闭曲线移动而回到原来位置时,法线正方向保持不变.与之相反,若回到原来位置时,法线正方向与出发时的方向相反,则称此曲面为单侧曲面.今后,我们只讨论双侧曲面,并用曲面上法向量 $\boldsymbol{n}$ 的指向来确定曲面的侧,选定了侧的曲面称为有向曲面.习惯上,规定曲面 $z=z(x,y)$ 的法向量 $\boldsymbol{n}$ 指向朝上为曲面的上侧,相反为下侧;曲面 $x=x(y,z)$ 的 $\boldsymbol{n}$ 指向向前为曲面前侧,向后为后侧;曲面 $y=y(z,x)$ 的 $\boldsymbol{n}$ 指向向右为曲面右侧,相反为左侧;对于封闭曲面,规定法向量 $\boldsymbol{n}$ 指向朝外为曲面的外侧,相反为内侧.

设有向曲面 $\Sigma:z=z(x,y)$,在 Σ 上取小块曲面 ΔS,把 ΔS 投影到 xOy 面上得一投影区域,这投影区域的面积记为 $(\Delta\sigma)_{xy}$.假定 ΔS 上各点处的法向量与 z 轴的夹角 γ 的余弦 $\cos\gamma$ 有相同的符号.我们规定 ΔS 在 xOy 面上的投影 $(\Delta S)_{xy}$ 为

$$(\Delta S)_{xy}=\begin{cases}(\Delta\sigma)_{xy}, & \cos\gamma>0,\\ -(\Delta\sigma)_{xy}, & \cos\gamma<0,\\ 0, & \cos\gamma=0.\end{cases}$$

对于有向曲面 $x=x(y,z)$,$y=y(z,x)$ 也有类似的情形.

简言之,有向曲面在坐标上的投影有正、负之别.具体地说,曲面的上侧为正,下侧为负;前侧为正,后侧为负;右侧为正,左侧为负.

下面讨论一个例子,然后引进对坐标的曲面积分的概念.

引例　设稳定流动的不可压缩流体(假定密度为1)的速度场为

$$\boldsymbol{v}=(P(x,y,z),Q(x,y,z),R(x,y,z)),$$

Σ 是场域中的光滑有向曲面,求单位时间内流体流向曲面 Σ 指定的一侧的质量,即流量 Φ.

如果流体流过平面上面积为 S 的一个闭区域,且流体在这个闭区域上各点处的流速为(常向量)$\boldsymbol{v}$,又设 $\boldsymbol{n}$ 为该平面的单位法向量,$\boldsymbol{v}$ 与 $\boldsymbol{n}$ 的夹角为 θ,那么在单位时间内流过这个闭区域的流体组成一个底面积为 S、斜高为 $|\boldsymbol{v}|$ 的斜柱体,从而流量

$$\Phi=S|\boldsymbol{v}|\cos\theta=S\boldsymbol{v}\cdot\boldsymbol{n}.$$

对一般的有向曲面 Σ,对稳定流动的不可压缩流体的速度场 $\boldsymbol{v}=(P(x,y,z),Q(x,y,z),R(x,y,z))$,用"大化小、常代变、近似和、取极限"进行分析可得

$$\Phi=\lim_{\lambda\to0}\sum_{i=1}^{n}\boldsymbol{v}_i\cdot\boldsymbol{n}_i\Delta S_i,$$

其中 λ 为各小曲面直径的最大值.

设 $\boldsymbol{n}_i = (\cos\alpha_i, \cos\beta_i, \cos\gamma_i)$，则流量

$$\Phi = \lim_{\lambda \to 0} \sum_{i=1}^n \left[P(\xi_i, \eta_i, \zeta_i)\cos\alpha_i + Q(\xi_i, \eta_i, \zeta_i)\cos\beta_i + R(\xi_i, \eta_i, \zeta_i)\cos\gamma_i \right]\Delta S_i$$

$$= \lim_{\lambda \to 0} \sum_{i=1}^n \left[P(\xi_i, \eta_i, \zeta_i)(\Delta S_i)_{yz} + Q(\xi_i, \eta_i, \zeta_i)(\Delta S_i)_{zx} + \right.$$

$$\left. R(\xi_i, \eta_i, \zeta_i)(\Delta S_i)_{xy} \right].$$

这样的极限还会在其他问题中遇到. 除去它们的具体意义, 就得出下列对坐标的曲面积分的概念.

定义 10.5.1 设 Σ 为光滑的有向曲面, 函数 $R(x,y,z)$ 在 Σ 上有界. 把 Σ 任意分成 n 块小曲面 ΔS_i（ΔS_i 同时又表示第 i 块小曲面的面积）, ΔS_i 在 xOy 面上的投影为 $(\Delta S_i)_{xy}$，(ξ_i, η_i, ζ_i) 是 ΔS_i 上任意取定的一点. 当各小块曲面的直径的最大值 $\lambda \to 0$ 时,

$$\lim_{\lambda \to 0} \sum_{i=1}^n R(\xi_i, \eta_i, \zeta_i)(\Delta S_i)_{xy}$$

总存在, 则称此极限为函数 $R(x,y,z)$ 在有向曲面 Σ 上对坐标 x,y 的曲面积分, 记作 $\displaystyle\iint_{\Sigma} R(x,y,z)\,\mathrm{d}x\mathrm{d}y$，即

$$\iint_{\Sigma} R(x,y,z)\,\mathrm{d}x\mathrm{d}y = \lim_{\lambda \to 0} \sum_{i=1}^n R(\xi_i, \eta_i, \zeta_i)(\Delta S_i)_{xy},$$

其中 $R(x,y,z)$ 叫作被积函数, Σ 叫作积分曲面.

类似地可以定义函数 $P(x,y,z)$ 在有向曲面 Σ 上对坐标 y,z 的曲面积分 $\displaystyle\iint_{\Sigma} P(x,y,z)\,\mathrm{d}y\mathrm{d}z$ 及函数 $Q(x,y,z)$ 在有向曲面 Σ 上对坐标 z,x 的曲面积分 $\displaystyle\iint_{\Sigma} Q(x,y,z)\,\mathrm{d}z\mathrm{d}x$ 分别为

$$\iint_{\Sigma} P(x,y,z)\,\mathrm{d}y\mathrm{d}z = \lim_{\lambda \to 0} \sum_{i=1}^n P(\xi_i, \eta_i, \zeta_i)(\Delta S_i)_{yz},$$

$$\iint_{\Sigma} Q(x,y,z)\,\mathrm{d}z\mathrm{d}x = \lim_{\lambda \to 0} \sum_{i=1}^n Q(\xi_i, \eta_i, \zeta_i)(\Delta S_i)_{zx}.$$

以上三个曲面积分也称为第二类曲面积分.

我们指出, 当 $P(x,y,z)$，$Q(x,y,z)$ 与 $R(x,y,z)$ 在有向光滑曲面 Σ 上连续时, 对坐标的曲面积分是存在的. 以后总假定 P，Q 与 R 在 Σ 上连续.

在应用上出现较多的是

$$\iint_{\Sigma} P(x,y,z)\,\mathrm{d}y\mathrm{d}z + \iint_{\Sigma} Q(x,y,z)\,\mathrm{d}z\mathrm{d}x + \iint_{\Sigma} R(x,y,z)\,\mathrm{d}x\mathrm{d}y$$

这种合并起来的形式. 为简便起见, 我们把它写成

$$\iint_{\Sigma} P(x,y,z)\,\mathrm{d}y\mathrm{d}z + Q(x,y,z)\,\mathrm{d}z\mathrm{d}x + R(x,y,z)\,\mathrm{d}x\mathrm{d}y.$$

第二类曲面积分也有与第二类曲线积分相类似的性质:

（1）如果 Σ 可以分为 Σ_1 和 Σ_2 两片光滑有向曲面,且 Σ_1 和 Σ_2 都与 Σ 的侧相同,则

$$\iint_{\Sigma} P\mathrm{d}y\mathrm{d}z + Q\mathrm{d}z\mathrm{d}x + R\mathrm{d}x\mathrm{d}y$$

$$= \iint_{\Sigma_1} P\mathrm{d}y\mathrm{d}z + Q\mathrm{d}z\mathrm{d}x + R\mathrm{d}x\mathrm{d}y + \iint_{\Sigma_2} P\mathrm{d}y\mathrm{d}z + Q\mathrm{d}z\mathrm{d}x + R\mathrm{d}x\mathrm{d}y.$$

（2）用 Σ^- 表示与曲面 Σ 取相反侧的有向曲面,则

$$\iint_{\Sigma^-} P(x,y,z)\mathrm{d}y\mathrm{d}z = -\iint_{\Sigma} P(x,y,z)\mathrm{d}y\mathrm{d}z,$$

$$\iint_{\Sigma^-} Q(x,y,z)\mathrm{d}z\mathrm{d}x = -\iint_{\Sigma} Q(x,y,z)\mathrm{d}z\mathrm{d}x,$$

$$\iint_{\Sigma^-} R(x,y,z)\mathrm{d}x\mathrm{d}y = -\iint_{\Sigma} R(x,y,z)\mathrm{d}x\mathrm{d}y.$$

（3）如果 Σ 为母线平行于 z 轴的柱面,则对任意的 $R(x,y,z)$,有

$$\iint_{\Sigma} R(x,y,z)\mathrm{d}x\mathrm{d}y = 0.$$

10.5.2　对坐标的曲面积分的计算法

定理 10.5.1　设光滑曲面 $\Sigma: z = z(x,y)$,$(x,y) \in D_{xy}$ 取上侧, $R(x,y,z)$ 是 Σ 上的连续函数,则

$$\iint_{\Sigma} R(x,y,z)\mathrm{d}x\mathrm{d}y = \iint_{D_{xy}} R[x,y,z(x,y)]\mathrm{d}x\mathrm{d}y. \qquad (10.5.1)$$

证　由对坐标的曲面积分的定义,有

$$\iint_{\Sigma} R(x,y,z)\mathrm{d}x\mathrm{d}y = \lim_{\lambda \to 0} \sum_{i=1}^{n} R(\xi_i,\eta_i,\zeta_i)(\Delta S_i)_{xy}.$$

因为 Σ 取上侧,$\cos\gamma > 0$,所以

$$(\Delta S_i)_{xy} = (\Delta\sigma_i)_{xy}.$$

又因 (ξ_i,η_i,ζ_i) 是 Σ 上的一点,故 $\zeta_i = z(\xi_i,\eta_i)$.从而有

$$\iint_{\Sigma} R(x,y,z)\mathrm{d}x\mathrm{d}y = \lim_{\lambda \to 0} \sum_{i=1}^{n} R[\xi_i,\eta_i,z(\xi_i,\eta_i)](\Delta\sigma_i)_{xy}$$

$$= \iint_{D_{xy}} R[x,y,z(x,y)]\mathrm{d}x\mathrm{d}y.$$

式(10.5.1)的曲面积分是取曲面 Σ 上侧的;如果曲面积分取在 Σ 的下侧,这时 $\cos\gamma < 0$,那么

$$(\Delta S_i)_{xy} = -(\Delta\sigma_i)_{xy},$$

从而有

$$\iint_{\Sigma} R(x,y,z)\mathrm{d}x\mathrm{d}y = -\iint_{D_{xy}} R[x,y,z(x,y)]\mathrm{d}x\mathrm{d}y.$$

类似地有

$$\iint_{\Sigma} P(x,y,z)\mathrm{d}y\mathrm{d}z = \pm \iint_{D_{yz}} P[x(y,z),y,z]\mathrm{d}y\mathrm{d}z,$$

其中有向曲面 Σ 的方程为 $x=x(y,z)$，D_{yz} 为 Σ 在 yOz 平面上的投影.

$$\iint_{\Sigma} Q(x,y,z)\mathrm{d}z\mathrm{d}x = \pm \iint_{D_{zx}} Q[x,y(z,x),z]\mathrm{d}z\mathrm{d}x,$$

其中有向曲面 Σ 的方程为 $y=y(z,x)$，D_{zx} 为 Σ 在 zOx 平面上的投影.

例 10.5.1　计算曲面积分 $\iint_{\Sigma} x^2 y^2 z\mathrm{d}x\mathrm{d}y$，其中 Σ 是球面 $x^2+y^2+z^2=R^2$ 的下半部的下侧.

解　当 Σ 是球面 $x^2+y^2+z^2=R^2$ 的下半部分时 $z=-\sqrt{R^2-x^2-y^2}$，$D_{xy}=\{(x,y)\mid x^2+y^2\leqslant R^2\}$ 为 Σ 在 xOy 面上的投影区域，由于 Σ 取的是下侧，所以将所给积分化为二重积分时取负号. 于是

$$\begin{aligned}
\iint_{\Sigma} x^2 y^2 z\mathrm{d}x\mathrm{d}y &= -\iint_{D_{xy}} x^2 y^2 \left(-\sqrt{R^2-x^2-y^2}\right)\mathrm{d}x\mathrm{d}y \\
&= \iint_{D_{xy}} x^2 y^2 \sqrt{R^2-x^2-y^2}\,\mathrm{d}x\mathrm{d}y \\
&= \int_0^{2\pi}\mathrm{d}\theta \int_0^R \rho^4\cos^2\theta\sin^2\theta\sqrt{R^2-\rho^2}\,\rho\mathrm{d}\rho \\
&= \int_0^{2\pi}(\cos^2\theta\cdot\sin^2\theta)\mathrm{d}\theta \int_0^R \rho^5\sqrt{R^2-\rho^2}\,\mathrm{d}\rho \\
&= \int_0^{2\pi}\frac{1}{4}\sin^2 2\theta\mathrm{d}\theta \int_0^R \rho^5\sqrt{R^2-\rho^2}\,\mathrm{d}\rho
\end{aligned}$$

令 $\rho=R\sin t$，$|t|\leqslant\dfrac{\pi}{2}$，上式转化为

$$\frac{\pi}{4}\int_0^{\frac{\pi}{2}} R^5\sin^5 t\cdot R\cos t\cdot R\cos t\mathrm{d}t$$

$$= \frac{\pi}{4}R^7 \int_0^{\frac{\pi}{2}}(\sin^5 t - \sin^7 t)\mathrm{d}t$$

$$= \frac{\pi}{4}R^7\left(\frac{4}{5}\cdot\frac{2}{3}-\frac{6}{7}\cdot\frac{4}{5}\cdot\frac{2}{3}\right) = \frac{2}{105}\pi R^7.$$

微课：例 10.5.2

例 10.5.2　计算曲面积分 $\oiint_{\Sigma} xz\mathrm{d}x\mathrm{d}y+xy\mathrm{d}y\mathrm{d}z+yz\mathrm{d}z\mathrm{d}x$，其中 Σ 是平面 $x=0$，$y=0$，$z=0$，$x+y+z=1$ 所围成的空间区域的整个边界曲面的外侧.

解　如图 10-11 所示，有向曲面 Σ 由以下四个部分组成：
$\Sigma_1: z=0\ (x+y\leqslant 1)$ 取下侧；
$\Sigma_2: x=0\ (y+z\leqslant 1)$ 取后侧；
$\Sigma_3: y=0\ (x+z\leqslant 1)$ 取左侧；
$\Sigma_4: x+y+z=1\ (x>0,y>0,z>0)$ 取上侧. 根据积分的可加性有

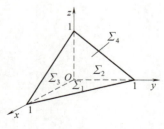

图 10-11

$$\oiint_{\Sigma} = \iint_{\Sigma_1} + \iint_{\Sigma_2} + \iint_{\Sigma_3} + \iint_{\Sigma_4}$$

又

$$\iint\limits_{\Sigma_1} xz\mathrm{d}x\mathrm{d}y+xy\mathrm{d}y\mathrm{d}z+yz\mathrm{d}z\mathrm{d}x = 0,$$

$$\iint\limits_{\Sigma_2} xz\mathrm{d}x\mathrm{d}y+xy\mathrm{d}y\mathrm{d}z+yz\mathrm{d}z\mathrm{d}x = 0,$$

$$\iint\limits_{\Sigma_3} xz\mathrm{d}x\mathrm{d}y+xy\mathrm{d}y\mathrm{d}z+yz\mathrm{d}z\mathrm{d}x = 0,$$

故

$$\oiint\limits_{\Sigma} xz\mathrm{d}x\mathrm{d}y+xy\mathrm{d}y\mathrm{d}z+yz\mathrm{d}z\mathrm{d}x = \iint\limits_{\Sigma_4} xz\mathrm{d}x\mathrm{d}y+xy\mathrm{d}y\mathrm{d}z+yz\mathrm{d}z\mathrm{d}x$$

$$= \iint\limits_{D_{xy}} x(1-x-y)\mathrm{d}x\mathrm{d}y + \iint\limits_{D_{yz}} y(1-z-y)\mathrm{d}y\mathrm{d}z + \iint\limits_{D_{zx}} z(1-x-z)\mathrm{d}z\mathrm{d}x,$$

由于 D_{xy}, D_{yz} 和 D_{xz} 分别为 Σ_4 在 xOy, yOz, zOx 坐标平面上的投影,它们都是直角边为 1 的等腰直角三角形区域,所以

$$\oiint\limits_{\Sigma} xz\mathrm{d}x\mathrm{d}y+xy\mathrm{d}y\mathrm{d}z+yz\mathrm{d}z\mathrm{d}x$$

$$= 3\iint\limits_{D_{xy}} x(1-x-y)\mathrm{d}x\mathrm{d}y$$

$$= 3\int_0^1 x\mathrm{d}x \int_0^{1-x} (1-x-y)\mathrm{d}y$$

$$= \frac{1}{8}.$$

例 10.5.3　计算曲面积分 $\oiint\limits_{\Sigma}(x^2+y^2+z^2)\mathrm{d}x\mathrm{d}y$,其中 Σ 是圆柱面 $x^2+y^2=1$ 与平面 $z=1, z=2$ 所围成的空间区域的整个边界曲面的外侧.

解　由题意可知,有向曲面 Σ 由三个光滑曲面 $\Sigma_1, \Sigma_2, \Sigma_3$ 组成,其中

$\Sigma_1 : z=1(x^2+y^2\leqslant 1)$ 取下侧;

$\Sigma_2 : z=2(x^2+y^2\leqslant 1)$ 取上侧;

$\Sigma_3 : x^2+y^2=1(1\leqslant z\leqslant 2)$ 取外侧.由积分的可加性得

$$\oiint\limits_{\Sigma}(x^2+y^2+z^2)\mathrm{d}x\mathrm{d}y$$

$$= \iint\limits_{\Sigma_1}(x^2+y^2+z^2)\mathrm{d}x\mathrm{d}y + \iint\limits_{\Sigma_2}(x^2+y^2+z^2)\mathrm{d}x\mathrm{d}y + \iint\limits_{\Sigma_3}(x^2+y^2+z^2)\mathrm{d}x\mathrm{d}y$$

Σ_1 在 xOy 面上的投影区域为 $D_1=\{(x,y)\mid x^2+y^2\leqslant 1\}$,由于 Σ_1 取的是下侧,所以化为二重积分时取负号:

$$\iint\limits_{\Sigma_1}(x^2+y^2+z^2)\mathrm{d}x\mathrm{d}y = -\iint\limits_{D_1}(x^2+y^2+1)\mathrm{d}x\mathrm{d}y$$

$$= -\int_0^{2\pi}\mathrm{d}\theta \int_0^1 (r^2+1)r\mathrm{d}r = -\frac{3\pi}{2}.$$

同理可知,Σ_2 在 xOy 面上的投影区域为 $D_1=\{(x,y)\mid x^2+y^2\leqslant 1\}$,

由于 Σ_2 取的是上侧,所以化为二重积分时取正号:

$$\iint\limits_{\Sigma_2}(x^2+y^2+z^2)\mathrm{d}x\mathrm{d}y = \iint\limits_{D_1}(x^2+y^2+4)\mathrm{d}x\mathrm{d}y$$

$$= \int_0^{2\pi}\mathrm{d}\theta\int_0^1(r^2+4)r\mathrm{d}r = \frac{9\pi}{2}.$$

因 Σ_3 的母线是平行于 z 轴的柱面,由第二类曲面积分性质(3)可得

$$\iint\limits_{\Sigma_3}(x^2+y^2+z^2)\mathrm{d}x\mathrm{d}y=0.$$

综上可得

$$\oiint\limits_{\Sigma}(x^2+y^2+z^2)\mathrm{d}x\mathrm{d}y=\frac{9\pi}{2}-\frac{3\pi}{2}=3\pi.$$

10.5.3　同步习题

计算下列第二类曲面积分:

(1) $\iint\limits_{\Sigma}x\mathrm{d}y\mathrm{d}z+y\mathrm{d}z\mathrm{d}x+z\mathrm{d}x\mathrm{d}y$,其中 Σ 是球面 $x^2+y^2+z^2=R^2$ 在第一卦限部分的上侧;

(2) $\iint\limits_{\Sigma}x\mathrm{d}y\mathrm{d}z+y\mathrm{d}z\mathrm{d}x+z\mathrm{d}x\mathrm{d}y$,其中 Σ 是柱面 $x^2+y^2=1$,平面 $z=0$ 和 $z=3$ 所围成的立体外侧表面中柱面部分;

(3) $\iint\limits_{\Sigma}(x^2+y^2)\mathrm{d}x\mathrm{d}y$,其中 $\Sigma:z=0(x^2+y^2\leqslant R^2)$ 取下侧;

(4) $\iint\limits_{\Sigma}\mathrm{d}y\mathrm{d}z+\mathrm{d}z\mathrm{d}x+\mathrm{d}x\mathrm{d}y$,其中 Σ 是半球面 $z=\sqrt{1-x^2-y^2}$ 的上侧.

10.6　高斯公式与斯托克斯公式

本节要求:通过本节的学习,学生应掌握对弧长的曲线积分的定义和计算方法,并且注意定积分和对弧长的曲线积分的关系.

格林公式表达了平面闭区域上的二重积分与其边界曲线上的曲线积分之间的关系,而高斯(Gauss)公式表达了空间闭区域上的三重积分与其边界曲面上的曲面积分之间的关系.斯托克斯(Stokes)公式是格林公式的推广.斯托克斯公式把曲面 Σ 上的曲面积分与沿着 Σ 的边界曲线的曲线积分联系起来.

10.6.1　高斯公式

定理 10.6.1　设有界空间闭区域 Ω 是由分片光滑有向曲面

Σ(取外侧)所围成,函数 $P(x,y,z),Q(x,y,z),R(x,y,z)$ 在 Ω 上具有一阶连续偏导数,则

$$\iiint\limits_{\Omega}\left(\frac{\partial P}{\partial x}+\frac{\partial Q}{\partial y}+\frac{\partial R}{\partial z}\right)\mathrm{d}x\mathrm{d}y\mathrm{d}z = \oiint\limits_{\Sigma}P\mathrm{d}y\mathrm{d}z+Q\mathrm{d}z\mathrm{d}x+R\mathrm{d}x\mathrm{d}y. \quad (10.6.1)$$

证　我们先证

$$\iiint\limits_{\Omega}\frac{\partial R}{\partial z}\mathrm{d}x\mathrm{d}y\mathrm{d}z = \oiint\limits_{\Sigma}R\mathrm{d}x\mathrm{d}y.$$

设空间区域 Ω 如图 10-12 所示,由边界曲面 $\Sigma_1 : z=z_1(x,y)$, Σ_2 : $z=z_2(x,y)$,和以 Ω 的投影区域 D_{xy} 的边界为准线,母线平行于 z 轴的柱面 Σ_3 所围成,且有

$$z_1(x,y)\leqslant z_2(x,y).$$

由三重积分的计算法知

$$\iiint\limits_{\Omega}\frac{\partial R}{\partial z}\mathrm{d}x\mathrm{d}y\mathrm{d}z = \iint\limits_{D_{xy}}\mathrm{d}x\mathrm{d}y\int_{z_1(x,y)}^{z_2(x,y)}\frac{\partial R}{\partial z}\mathrm{d}z$$

$$= \iint\limits_{D_{xy}}\{R[x,y,z_2(x,y)]-R[x,y,z_1(x,y)]\}\mathrm{d}x\mathrm{d}y;$$

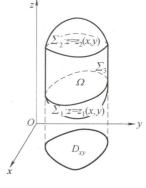

图　**10-12**

又由曲面积分的计算法可得

$$\oiint\limits_{\Sigma}R\mathrm{d}x\mathrm{d}y = \left(\iint\limits_{\Sigma_1}+\iint\limits_{\Sigma_2}+\iint\limits_{\Sigma_3}\right)R\mathrm{d}x\mathrm{d}y$$

$$= -\iint\limits_{D_{xy}}R[x,y,z_1(x,y)]\mathrm{d}x\mathrm{d}y+\iint\limits_{D_{xy}}R[x,y,z_2(x,y)]\mathrm{d}x\mathrm{d}y+0.$$

所以

$$\iiint\limits_{\Omega}\frac{\partial R}{\partial z}\mathrm{d}x\mathrm{d}y\mathrm{d}z = \oiint\limits_{\Sigma}R\mathrm{d}x\mathrm{d}y.$$

同理可证

$$\iiint\limits_{\Omega}\frac{\partial Q}{\partial y}\mathrm{d}x\mathrm{d}y\mathrm{d}z = \oiint\limits_{\Sigma}Q\mathrm{d}z\mathrm{d}x,$$

$$\iiint\limits_{\Omega}\frac{\partial P}{\partial x}\mathrm{d}x\mathrm{d}y\mathrm{d}z = \oiint\limits_{\Sigma}P\mathrm{d}y\mathrm{d}z,$$

三式相加即得式(10.6.1).

上述证明中,对空间区域 Ω 要求穿过 Ω 内且平行于坐标轴的直线与 Ω 的边界曲面 Σ 的交点至多是两个.如果 Ω 不满足该条件,则可用平行于坐标面的平面片将 Ω 分为若干个满足上述条件的闭区域,然后在各个区域上应用高斯公式,再把各个结果相加,由于沿辅助曲面两侧的曲面积分刚好抵消,故高斯公式仍成立.

例 10.6.1　计算曲面积分 $\oiint\limits_{\Sigma}2xz\mathrm{d}y\mathrm{d}z+yz\mathrm{d}z\mathrm{d}x-z^2\mathrm{d}x\mathrm{d}y$,其中 Σ 是

由曲面 $z=\sqrt{x^2+y^2}$ 与 $z=\sqrt{2-x^2-y^2}$ 所围立体表面的外侧.

解　此积分为闭曲面上的积分且被积函数为二次多项式,求偏导数后最多为一次的,所以用高斯公式化为三重积分后被积函数简单,易积分.

记 Ω 为 Σ 所围有界闭区域.由 $P=2xz,Q=yz,R=-z^2$,有

$$\frac{\partial P}{\partial x}=2z, \frac{\partial Q}{\partial y}=z, \frac{\partial R}{\partial z}=-2z,$$

根据高斯公式,得

$$\oiint\limits_{\Sigma} 2xz\mathrm{d}y\mathrm{d}z+yz\mathrm{d}z\mathrm{d}x-z^2\mathrm{d}x\mathrm{d}y=\iiint\limits_{\Omega}z\mathrm{d}x\mathrm{d}y\mathrm{d}z$$

$$=\int_0^{2\pi}\mathrm{d}\theta\int_0^{\frac{\pi}{4}}\mathrm{d}\varphi\int_0^{\sqrt{2}}r\cos\varphi\cdot r^2\sin\varphi\mathrm{d}r=\frac{\pi}{2}.$$

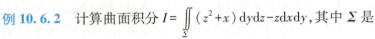

例 10.6.2　计算曲面积分 $I=\iint\limits_{\Sigma}(z^2+x)\mathrm{d}y\mathrm{d}z-z\mathrm{d}x\mathrm{d}y$,其中 Σ 是

旋转抛物面 $z=\dfrac{1}{2}(x^2+y^2)$ 介于平面 $z=0$ 及 $z=2$ 之间的部分的下侧.

微课:例 10.6.2

解　用"封口法".利用高斯公式把这个曲面积分化为一个三重积分和另一个曲面积分.

记曲面 $\Sigma_1:z=2(x^2+y^2\leqslant 4)$ 取上侧,投影区域 $D_{xy}:x^2+y^2\leqslant 4$.设 Σ 与 Σ_1 所围区域记为 Ω.根据高斯公式,有

$$I=\oiint\limits_{\Sigma+\Sigma_1}-\iint\limits_{\Sigma_1}$$

$$=\iiint\limits_{\Omega}(1-1)\mathrm{d}x\mathrm{d}y\mathrm{d}z-\iint\limits_{\Sigma_1}(z^2+x)\mathrm{d}y\mathrm{d}z+z\mathrm{d}x\mathrm{d}y$$

$$=0-0+\iint\limits_{\Sigma_1}z\mathrm{d}x\mathrm{d}y$$

$$=\iint\limits_{D_{xy}}2\mathrm{d}x\mathrm{d}y$$

$$=8\pi.$$

10.6.2　斯托克斯公式

斯托克斯(Stokes)公式是格林公式的推广.格林公式表达了平面闭区域上的二重积分与其边界曲线上的曲线积分间的关系,而斯托克斯公式则把曲面 Σ 上的曲面积分与沿着 Σ 的边界曲线的曲线积分联系起来.这个联系可陈述如下:

定理 10.6.2　设 Γ 为分段光滑的空间有向闭曲线,Σ 是以 Γ 为边界的分片光滑的有向曲面,Γ 的正向与 Σ 的一侧符合右手规则[⊖],函数 $P(x,y,z)$,$Q(x,y,z)$,$R(x,y,z)$ 在曲面 Σ(连同边界 Γ)上具有一阶连续偏导数,则

$$\oint_{\Gamma}P\mathrm{d}x+Q\mathrm{d}y+R\mathrm{d}z=\iint\limits_{\Sigma}\left(\frac{\partial R}{\partial y}-\frac{\partial Q}{\partial z}\right)\mathrm{d}y\mathrm{d}z+\left(\frac{\partial P}{\partial z}-\frac{\partial R}{\partial x}\right)\mathrm{d}z\mathrm{d}x+\left(\frac{\partial Q}{\partial x}-\frac{\partial P}{\partial y}\right)\mathrm{d}x\mathrm{d}y$$

$$(10.6.2)$$

⊖　右手规则:让右手拇指与其余四指垂直,并位于同一平面,四指依 Γ 的绕行方向时,拇指所指的方向与曲面 Σ 上法向量的指向相同,这时称 Γ 是有向曲面 Σ 的正向边界曲线.

证明略.

如果 L 是 xOy 平面上的闭曲线, Σ 为 L 所围成的平面区域 D, 那么斯托克斯公式便变为格林公式

$$\oint_L P\mathrm{d}x + Q\mathrm{d}y = \iint_D \left(\frac{\partial Q}{\partial x} - \frac{\partial P}{\partial y} \right) \mathrm{d}x\mathrm{d}y.$$

为便于记忆, 公式还可记为

$$\oint_\Gamma P\mathrm{d}x + Q\mathrm{d}y + R\mathrm{d}z = \iint_\Sigma \begin{vmatrix} \mathrm{d}y\mathrm{d}z & \mathrm{d}z\mathrm{d}x & \mathrm{d}x\mathrm{d}y \\ \dfrac{\partial}{\partial x} & \dfrac{\partial}{\partial y} & \dfrac{\partial}{\partial z} \\ P & Q & R \end{vmatrix}.$$

例 10.6.3　利用斯托克斯公式计算曲线积分 $\oint_\Gamma 2y\mathrm{d}x + 3x\mathrm{d}y - z^2\mathrm{d}z$, 其中 Γ 是圆周 $x^2+y^2+z^2=9$, $z=0$, 若从 z 轴正向看去, 这圆周取逆时针方向.

解　Γ 即为 xOy 面上的圆周 $x^2+y^2=9$, 取 Σ 为圆域 $x^2+y^2 \leqslant 9$ 的上侧, 则由斯托克斯公式

$$\oint_\Gamma 2y\mathrm{d}x + 3x\mathrm{d}y - z^2\mathrm{d}z = \iint_\Sigma \begin{vmatrix} \mathrm{d}y\mathrm{d}z & \mathrm{d}z\mathrm{d}x & \mathrm{d}x\mathrm{d}y \\ \dfrac{\partial}{\partial x} & \dfrac{\partial}{\partial y} & \dfrac{\partial}{\partial z} \\ 2y & 3x & -z^2 \end{vmatrix}$$

$$= \iint_\Sigma \mathrm{d}x\mathrm{d}y = \iint_{D_{xy}} \mathrm{d}x\mathrm{d}y = 9\pi.$$

10.6.3　同步习题

1. 利用高斯公式计算曲面积分:

（1）$\oiint_\Sigma x\mathrm{d}y\mathrm{d}z + y\mathrm{d}z\mathrm{d}x + z\mathrm{d}x\mathrm{d}y$, 其中 Σ 是介于 $z=0$ 和 $z=3$ 之间的圆柱体 $x^2+y^2 \leqslant 9$ 的整个表面的外侧;

（2）$\oiint_\Sigma x^3\mathrm{d}y\mathrm{d}z + y^3\mathrm{d}z\mathrm{d}x + z^3\mathrm{d}x\mathrm{d}y$, 其中 Σ 为球面 $x^2+y^2+z^2=a^2$ 的内侧;

（3）$\iint_\Sigma x(1+x^2z)\mathrm{d}y\mathrm{d}z + y(1-x^2z)\mathrm{d}z\mathrm{d}x + z(1-x^2z)\mathrm{d}x\mathrm{d}y$, 其中 Σ 为曲面 $z=\sqrt{x^2+y^2}$（$0 \leqslant z \leqslant 1$）的下侧.

2. 利用斯托克斯公式计算曲线积分 $\oint_\Gamma z\mathrm{d}x + x\mathrm{d}y + y\mathrm{d}z$, 其中 Γ 是平面 $x+y+z=1$ 被三个坐标面所截成的三角形的整个边界, 若从 z 轴正向看去, 取逆时针方向.

数学家的故事

梅文鼎

梅文鼎,清代数学家,是十七世纪与十八世纪之交中国最伟大的数学家.梅文鼎的著作颇丰,主要有《勿庵历算书目》等.他的数学研究遍及初等数学的各个方面,集其大成,自成一家.在历学方面,他深究中国古代 70 余家历法,而后与西历会通.梅文鼎是中国传统数学处于沉寂和复苏交接时期的一位承前启后,学贯中西的数学大师.康熙帝三召梅文鼎,更成为清代数坛的佳话.

总复习题 10

第一部分:基础题

1. 计算 $\oint_L e^{\sqrt{x^2+y^2}} \mathrm{d}s$,其中 L 是圆周 $x^2+y^2=a^2(a>0)$,直线 $y=x$ 及 x 轴在第一象限内所围成的扇形的整体边界.

2. 有一铁丝呈半圆形 $x=a\cos t, y=a\sin t,(0\le t\le \pi, a>0)$,其上每一点处的密度等于该点的纵坐标,求铁丝的质量.

3. 计算曲线积分 $\int_L (x+y^3)\mathrm{d}x+(3x^2+2y^3)\mathrm{d}y$,其中 L 是从点 $A(1,-1)$ 沿曲线 $y^2=x$ 到点 $O(0,0)$ 的弧段.

4. 计算 $\oint_L \dfrac{(x+y)\mathrm{d}x-(x-y)\mathrm{d}y}{x^2+y^2}$,其中 L 是圆周 $x^2+y^2=a^2$(按逆时针方向绕行)$(a>0)$.

5. 计算曲线积分 $\oint_L (-2x^3y)\mathrm{d}x+x^2y^2\mathrm{d}y$,其中 L 是由不等式 $x^2+y^2\ge 1$ 及 $x^2+y^2\le 2y$ 所确定的区域 D 的正向边界.

6. 计算曲线积分 $\oint_L \dfrac{\ln(x^2+y^2)\mathrm{d}x+e^{y^2}\mathrm{d}y}{x^2+y^2+2x}$,其中 L 是正向圆周 $x^2+y^2+2x=1$.

7. 计算 $\iint_\Sigma \left(z+2x+\dfrac{4}{3}y\right)\mathrm{d}S$,其中 Σ 为平面 $\dfrac{x}{2}+\dfrac{y}{3}+\dfrac{z}{4}=1$ 在第一卦限中的部分.

8. 计算 $\oiint_\Sigma xz^2\mathrm{d}y\mathrm{d}z+(x^2y-z^3)\mathrm{d}z\mathrm{d}x+(2xy+y^2z)\mathrm{d}x\mathrm{d}y$,其中 Σ 为上半球体 $0\le z\le \sqrt{a^2-x^2-y^2}$ 的表面外侧$(a>0)$.

9. 计算 $\oiint_\Sigma x^3\mathrm{d}y\mathrm{d}z+y^3\mathrm{d}z\mathrm{d}x+z^3\mathrm{d}x\mathrm{d}y$,其中 Σ 为球面 $x^2+y^2+z^2=a^2$ 的内侧$(a>0)$.

第二部分:拓展题

1. 计算曲线积分 $\oint_{\Gamma} x\mathrm{d}s$,其中 Γ 是由原点 $O(0,0,0)$ 到点 $A(1,1,1)$ 的直线段 Γ_1 与从点 $A(1,1,1)$ 沿曲线 $\begin{cases} y=x^4 \\ z=x, \end{cases}$ 到点 $B(-1,1,-1)$ 的弧段 Γ_2 组成的.

2. 计算 $\oint_L (x^3 e^{x^2+y^2}+y^2)\mathrm{d}s$,其中 L 是平面区域 $0 \leqslant y \leqslant \sqrt{1-x^2}$ 的边界曲线.

3. 已知 $\Phi'(x)$ 连续,且 $\Phi(0)=\Phi(1)=0, A(0,0), B(1,1)$,计算 $I=\int_{\widehat{AMB}} [\Phi(y)\mathrm{e}^x-y]\mathrm{d}x+[\Phi'(y)\mathrm{e}^x-1]\mathrm{d}y$,其中 $\widehat{AMB}$ 是以 $\overrightarrow{AB}$ 线段为直径的上半圆周.

4. 设曲线积分 $I=\int_L xy^2\mathrm{d}x+y\varphi(x)\mathrm{d}y$ 与路径无关,其中 $\varphi(x)$ 具有连续的导数,且 $\varphi(0)=0$,计算 $I=\int_{(0,0)}^{(1,1)} xy^2\mathrm{d}x+y\varphi(x)\mathrm{d}y$.

5. 计算 $\oint_L \dfrac{-y\mathrm{d}x+x\mathrm{d}y}{x^2+y^2}$.

（1）L 是圆周 $(x-1)^2+(y-1)^2=1$ 的正向；

（2）L 是曲线 $|x|+|y|=1$ 的正向.

6. 计算 $\iint_{\Sigma} xyz\mathrm{d}x\mathrm{d}y$,其中 Σ 为球面 $x^2+y^2+z^2=1 (x\geqslant 0, y\geqslant 0)$ 的外侧.

7. 计算 $I=\iint_{\Sigma}(8y+1)x\mathrm{d}y\mathrm{d}z+2(1-y^2)\mathrm{d}z\mathrm{d}x-4yz\mathrm{d}x\mathrm{d}y$,其中 Σ 是由曲线 $\begin{cases} z=\sqrt{y-1} \\ x=0 \end{cases}(1\leqslant y\leqslant 3)$ 绕 y 轴旋转一周所成的曲面,它的法向量与 y 轴正向的夹角恒大于 $\dfrac{\pi}{2}$.

8. 具有质量的曲面 Σ 是半球面 $z=\sqrt{a^2-x^2-y^2}(a>0)$ 在圆锥 $z=\sqrt{x^2+y^2}$ 里面的部分,Σ 上每点的密度等于该点到 xOy 平面的距离的倒数,试求 Σ 的质量.

9. 计算 $\oint_{\Gamma}(z-y)\mathrm{d}x+(x-z)\mathrm{d}y+(x-y)\mathrm{d}z$,其中 Γ 是曲线 $\begin{cases} x^2+y^2=1, \\ x-y+z=2, \end{cases}$ 从 z 轴正向往 z 轴负向看去,Γ 的方向是顺时针方向.

第三部分:考研真题

一、填空题

1.（2011 年,数学一）设 L 是柱面 $x^2+y^2=1$ 与平面 $z=x+y$ 的交

线,从 z 轴正方向往 z 轴负方向看去为逆时针方向,则曲线积分

$$\int_L xz\mathrm{d}x + x\mathrm{d}y + \frac{y^2}{2}\mathrm{d}z = \underline{\qquad}.$$

2. (2012 年,数学一)设 $\Sigma = \{(x,y,z) \mid x+y+z=1, x \geqslant 0, y \geqslant 0, z \geqslant 0\}$,则 $\displaystyle\iint_{\Sigma} y^2 \mathrm{d}s = \underline{\qquad}.$

3. (2014 年,数学一)设 L 是柱面 $x^2+y^2=1$ 与平面 $y+z=0$ 的交线,从 z 轴正方向往 z 轴负方向看去为逆时针方向,则曲线积分

$$\int_L z\mathrm{d}x + y\mathrm{d}z = \underline{\qquad}.$$

4. (2017 年,数学一)若曲线积分 $\displaystyle\int_L \frac{x\mathrm{d}x - ay\mathrm{d}y}{x^2+y^2-1}$ 在区域 $D = \{(x,y) \mid x^2+y^2<1\}$ 内与积分路径无关,则 $a = \underline{\qquad}.$

5. (2018 年,数学一)曲线 S 由 $x^2+y^2+z^2=1$ 与 $x+y+z=0$ 相交而成,则曲线积分 $\displaystyle\int_S xy\mathrm{d}s = \underline{\qquad}.$

6. (2019 年,数学一)设 Σ 为曲面 $x^2+y^2+4z^2=4 (z \geqslant 0)$ 的上侧,则 $\displaystyle\iint_{\Sigma} \sqrt{4-x^2-4z^2}\,\mathrm{d}x\mathrm{d}y = \underline{\qquad}.$

二、计算题

1. (2015 年,数学一)已知曲线 L 的方程为 $\begin{cases} z = \sqrt{2-x^2-y^2}, \\ z = x, \end{cases}$ 起点为 $A(0,\sqrt{2},0)$,终点为 $B(0,-\sqrt{2},0)$,计算曲线积分

$$I = \int_L (y+z)\mathrm{d}x + (z^2-x^2+y)\mathrm{d}y + (x^2+y^2)\mathrm{d}z.$$

2. (2016 年,数学一)设有界闭区域 Ω 由平面 $2x+y+2z=2$ 与三个坐标平面围成,Σ 为 Ω 整个表面的外侧,计算曲面积分

$$I = \iint_{\Sigma} (x^2+1)\mathrm{d}y\mathrm{d}z - 2y\mathrm{d}z\mathrm{d}x + 3z\mathrm{d}x\mathrm{d}y.$$

3. (2017 年,数学一)设薄片型物体 S 是圆锥面 $z = \sqrt{x^2+y^2}$ 被柱面 $z^2=2x$ 割下的有限部分,其上任一点的密度为 $\mu = 9\sqrt{x^2+y^2+z^2}$. 记圆锥面与柱面的交线为 C.

(1) 求 C 在 xOy 面的投影曲线方程;

(2) 求 S 的质量 M.

4. (2018 年,数学一)曲面 $\Sigma: x = \sqrt{1-3y^2-3z^2}$ 取前侧,求

$$\iint_{\Sigma} x\mathrm{d}y\mathrm{d}z + (y^3+2)\mathrm{d}x\mathrm{d}z + z^3\mathrm{d}x\mathrm{d}y.$$

5. (2020 年,数学一)设 Σ 为曲面 $z = \sqrt{x^2+y^2} (1 \leqslant x^2+y^2 \leqslant 4)$ 的下侧,$f(x)$ 是连续函数,计算

$$I = \iint\limits_{\Sigma} \left[xf(xy) + 2x - y \right] \mathrm{d}y\mathrm{d}z + \left[yf(xy) + 2y + x \right] \mathrm{d}z\mathrm{d}x + \left[zf(xy) + z \right] \mathrm{d}x\mathrm{d}y.$$

6. (2022 年,数学一)已知 Σ 为曲面 $4x^2 + y^2 + z^2 = 1$ $(x \geqslant 0, y \geqslant 0,$ $z \geqslant 0)$ 的上侧,L 为 Σ 的边界曲线,其正向与 Σ 的法向量满足右手法则,计算曲线积分 $I = \int_L (yz^2 - \cos z) \mathrm{d}x + 2xz^2 \mathrm{d}y (2xyz + x\sin z) \mathrm{d}z.$

7. (2023 年,数学一)设空间有界闭区域 Ω 由柱面 $x^2 + y^2 = 1$ 与平面 $z = 0$ 及 $x + z = 1$ 所围成,Σ 为 Ω 边界的外侧,计算曲面积分

$$I = \iint\limits_{\Sigma} 2xz\mathrm{d}y\mathrm{d}z + xz\cos y\mathrm{d}z\mathrm{d}x + 3yz\sin x\mathrm{d}x\mathrm{d}y.$$

自 测 题 10

(满分 100 分,测试时间 45min)

一、单项选择题(本题共 10 个小题,每小题 5 分,共 50 分)

1. 设 L 为连接 $(1, 0)$ 及 $(0, 1)$ 两点的直线段,则 $\int_L (x + y) \mathrm{d}s = (\quad)$.

(A) $2\sqrt{2}$　　　(B) $2\sqrt{3}$　　　(C) $\sqrt{3}$　　　(D) $\sqrt{2}$

2. $\oint_L \dfrac{(x + y)\mathrm{d}x - (x - y)\mathrm{d}y}{x^2 + y^2} = (\quad)$(其中 L 为 $x^2 + y^2 = R^2$ 的正向).

(A) 2π　　　(B) -2π　　　(C) 0　　　(D) π

3. 设 L 是摆线 $x = t - \sin t - \pi, y = 1 - \cos t$ 上从 $t = 0$ 到 $t = 2\pi$ 的一段,则 $\int_L \dfrac{(x - y)\mathrm{d}x + (x + y)\mathrm{d}y}{x^2 + y^2} = (\quad)$.

(A) $-\pi$　　　(B) π　　　(C) 2π　　　(D) -2π

4. 设 L 为取正向的圆周 $x^2 + y^2 = 9$,则 $\oint_L (2xy - 2y)\mathrm{d}x + (x^2 - 4x)\mathrm{d}y = (\quad)$.

(A) 18π　　　　　　　(B) 9π

(C) -18π　　　　　　(D) -9π

5. 设 Σ 为球面 $x^2 + y^2 + z^2 = a^2$,则 $\oiint\limits_{\Sigma} (x^2 + y^2 + z^2) \mathrm{d}s = (\quad)$.

(A) $4\pi a^2$　　　　　　(B) $4\pi a^3$

(C) $4\pi a^4$　　　　　　(D) $2\pi a^4$

6. 设 Σ 为 xOy 平面内一闭区域下侧时,曲面积分 $I = \iint\limits_{\Sigma} R(x, y, z) \mathrm{d}x\mathrm{d}y$ 化为二重积分为(　　).

(A) $\iint\limits_{D_{xy}} R(x,y,0)\mathrm{d}x\mathrm{d}y$ 　　　　(B) $-\iint\limits_{D_{xy}} R(x,y,0)\mathrm{d}x\mathrm{d}y$

(C) $\iint\limits_{D_{xy}} R(x,y,y(x))\mathrm{d}x\mathrm{d}y$ 　　(D) $-\iint\limits_{D_{xy}} R(x,y,y(x))\mathrm{d}x\mathrm{d}y$

7. 设 Σ 是锥面 $z=\sqrt{x^2+y^2}$ 被平面 $z=0,z=1$ 所截得部分的外侧, 则 $\iint\limits_{\Sigma} x\mathrm{d}y\mathrm{d}z+y\mathrm{d}z\mathrm{d}x+z\mathrm{d}x\mathrm{d}y=(\quad)$.

(A) $-\dfrac{3\pi}{2}$ 　　(B) 0 　　(C) $\dfrac{2\pi}{3}$ 　　(D) $\dfrac{3\pi}{2}$

8. 设 Σ 是曲面 $z=x^2+y^2(0\leqslant z\leqslant 1)$ 的下侧, 则 $\iint\limits_{\Sigma} 2(1-x^2)\mathrm{d}y\mathrm{d}z+8xy\mathrm{d}z\mathrm{d}x-4xz\mathrm{d}x\mathrm{d}y=(\quad)$.

(A) $\dfrac{2\pi}{3}$ 　　(B) 2π 　　(C) π 　　(D) 0

9. 设 $I=\oint_{L}\sqrt{x^2+y^2}\,\mathrm{d}x+\left[x+y\ln(x+\sqrt{x^2+y^2})\right]\mathrm{d}y$, 其中 L 为正向圆周 $(x-1)^2+(y-1)^2=1$, 则 I 的值为($\quad$).

(A) π^2 　　(B) 2π 　　(C) π 　　(D) $-\pi$

10. 设 Σ 是平面块: $y=x,0\leqslant x\leqslant 1,0\leqslant z\leqslant 1$ 的右侧, 则 $\iint\limits_{\Sigma} y\mathrm{d}x\mathrm{d}z=(\quad)$.

(A) 1 　　(B) 2 　　(C) $\dfrac{1}{2}$ 　　(D) $-\dfrac{1}{2}$

二、判断题(用√、×表示. 本题共 10 个小题, 每小题 5 分, 共 50 分)

1. L 为由直线 $y=x$ 及抛物线 $y=x^2$ 所围成的区域的整个边界, 则 $\oint_{L} x\mathrm{d}s=\dfrac{1}{15}(5\sqrt{5}+6\sqrt{2}-1)$. 　　　　　　($\quad$)

2. L 为沿抛物线 $y=x^2$ 上从点 $(0,0)$ 到点 $(1,1)$ 的一段弧, 则 $\int_{L} 2xy\mathrm{d}x+x^2\mathrm{d}y=1$. 　　　　　　　　　　($\quad$)

3. L 为沿抛物线 $x=y^2$ 从点 $(0,0)$ 到点 $(1,1)$ 的一段, 则 $\int_{L} 2xy\mathrm{d}x+x^2\mathrm{d}y=\sqrt{2}$. 　　　　　　　　　　($\quad$)

4. L 是 $x^2+y^2=a^2$, 顺时针方向, 则 $\oint_{L}\dfrac{\mathrm{e}^{x^2}-x^2y}{x^2+y^2}\mathrm{d}x+\dfrac{xy^2-\sin y^2}{x^2+y^2}\mathrm{d}y=\dfrac{\pi a^2}{2}$. 　　　　　　　　　　　　　　($\quad$)

5. L 为在抛物线 $2x=\pi y^2$ 上由点 $(0,0)$ 到 $\left(\dfrac{\pi}{2},1\right)$ 的一段弧, 则 $\int_{L}(2xy^3-y^2\cos x)\mathrm{d}x+(1-2y\sin x+3x^2y^2)\mathrm{d}y=\dfrac{\pi^2}{4}$. 　　($\quad$)

6. Σ 为锥面 $z=\sqrt{x^2+y^2}$ 介于 $z=1$ 和 $z=2$ 的部分，则 $\iint\limits_{\Sigma}\dfrac{1}{z}\mathrm{d}S=2\sqrt{2}\pi.$ 　　　　　　　　（　　）

7. Σ 是以原点为中心，边长为 a 的正立方体的整个表面的内侧，则 $\oiint\limits_{\Sigma}(x+y)\mathrm{d}y\mathrm{d}z+(y+z)\mathrm{d}z\mathrm{d}x+(z+x)\mathrm{d}x\mathrm{d}y=3a^3.$ 　　（　　）

8. Σ 是界于平面 $z=0$ 及 $z=h$ 之间的圆柱面 $x^2+y^2=R^2(R>0,$ $h>0)$，这里 r 为曲面 Σ 上点 (x,y,z) 到原点的距离，则 $\iint\limits_{\Sigma}\dfrac{1}{r^2}\mathrm{d}S=\pi\arctan\dfrac{h}{R}.$ 　　（　　）

9. Σ 是柱面 $x^2+y^2=1$ 被平面 $z=0$ 及 $z=3$ 所截得的在第一卦限内的部分的前侧，则 $\iint\limits_{\Sigma}z\mathrm{d}x\mathrm{d}y+x\mathrm{d}y\mathrm{d}z+y\mathrm{d}z\mathrm{d}x=\dfrac{3}{2}\pi.$ 　　（　　）

10. f,g,h 为连续函数，Σ 为平行六面体 $\Omega:0\le x\le a,0\le y\le b,0\le z\le c$ 表面的外侧，则 $\oiint\limits_{\Sigma}f(x)\mathrm{d}y\mathrm{d}z+g(y)\mathrm{d}x\mathrm{d}z+h(z)\mathrm{d}x\mathrm{d}y=0.$ 　（　　）

第 11 章

无 穷 级 数

本章要点:首先介绍常数项级数的一些基本概念、性质和判断其敛散性的方法,然后讨论函数项级数,并研究如何将函数展开成幂级数和三角级数.

无穷级数是高等数学的一个重要组成部分,是研究函数的性质、表示函数以及进行数值计算的有力工具,在科学技术的很多领域有着广泛的应用.

本章知识结构图

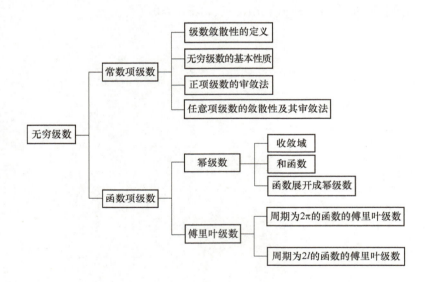

11.1　常数项级数的概念和性质

本节要点:通过本节的学习,学生应理解常数项级数收敛、发散以及收敛级数的和等概念,掌握级数的基本性质及级数收敛的必要条件.

11.1.1　常数项级数的概念

人们认识事物在数量方面的特性,往往有一个由近似到精确的过程,在这种认识过程中,会遇到由有限个数量相加到无穷多个数量相加的问题.

我国古代哲学家庄周所著的《庄子·天下篇》中有这样一句话:"一尺之棰,日取其半,万世不竭."其含义是一根一尺长的木棒,每天截下一半,这样的过程可以无限制地进行下去.如果我们把每天截下来的那一部分长度"加"起来,得到

$$\frac{1}{2}+\frac{1}{2^2}+\frac{1}{2^3}+\cdots+\frac{1}{2^n}+\cdots,$$

这就是"无穷多个数相加",从直观上可以看到,它的和是 1.

> **定义 11.1.1**　一般地,给定一个数列
> $$u_1,u_2,\cdots,u_n,\cdots,$$
> 由这个数列构成的表达式
> $$u_1+u_2+\cdots+u_n+\cdots$$
> 称为(常数项)无穷级数,简称(常数项)级数,记为 $\sum\limits_{n=1}^{\infty}u_n$,即
> $$\sum_{n=1}^{\infty}u_n=u_1+u_2+\cdots+u_n+\cdots,$$
> 其中第 n 项 u_n 称为级数的一般项.

例如

$$\sum_{n=1}^{\infty}n=1+2+3+\cdots+n+\cdots,$$

$$\sum_{n=1}^{\infty}\frac{1}{n^2}=1+\frac{1}{2^2}+\cdots+\frac{1}{n^2}+\cdots,$$

$$\sum_{n=1}^{\infty}(-1)^{n-1}\frac{1}{n}=1-\frac{1}{2}+\cdots+(-1)^{n-1}\frac{1}{n}+\cdots.$$

等都是常数项级数.

上述定义只是形式上表示无穷多个数相加,它与有限多个数相加有着本质的区别.我们知道,有限个实数 $u_1,u_2,\cdots,u_n$ 相加,其结果是一个实数,但是无穷多个数相加的"和"却可能并不存在.那么我们应如何理解级数中无穷多个数量的相加呢?它并不是简单的一项又一项地累加,因为这样的累加是无法完成的,它实际上是一个极限过程.

一种自然而合理的想法是先算出级数 $\sum\limits_{n=1}^{\infty}u_n$ 前 n 项的和

$$s_n=u_1+u_2+\cdots+u_n$$

再求 $\{s_n\}$ 的极限,为此引入部分和的概念.

> **定义 11.1.2**　级数 $\sum\limits_{n=1}^{\infty}u_n$ 的前 n 项的和
> $$s_n=u_1+u_2+\cdots+u_n$$

称为级数 $\sum\limits_{n=1}^{\infty} u_n$ 的**部分和**.当 n 依次取 $1,2,\cdots,n,\cdots$ 时,部分和构成一个新的数列

$$s_1 = u_1,$$
$$s_2 = u_1 + u_2,$$
$$\vdots$$
$$s_n = u_1 + u_2 + \cdots + u_n,$$
$$\vdots$$

称此数列为级数 $\sum\limits_{n=1}^{\infty} u_n$ 的**部分和数列**,记为 $\{s_n\}$.

根据部分和数列的极限是否存在,给出无穷级数 $\sum\limits_{n=1}^{\infty} u_n$ 收敛与发散的定义.

定义 11.1.3 如果级数 $\sum\limits_{n=1}^{\infty} u_n$ 的部分和数列 $\{s_n\}$ 有极限 s,即

$$\lim_{n\to\infty} s_n = s,$$

则称**无穷级数 $\sum\limits_{n=1}^{\infty} u_n$ 收敛**,极限值 s 称为**级数 $\sum\limits_{n=1}^{\infty} u_n$ 的和**,并记为

$$s = u_1 + u_2 + \cdots + u_n + \cdots$$

或

$$s = \sum_{n=1}^{\infty} u_n,$$

此时,也称级数 $\sum\limits_{n=1}^{\infty} u_n$ **收敛于** s;如果部分和数列 $\{s_n\}$ 没有极限,则称无穷级数 $\sum\limits_{n=1}^{\infty} u_n$ **发散**.

当无穷级数 $\sum\limits_{n=1}^{\infty} u_n$ 收敛时,其和 s 与部分和 s_n 的差值

$$r_n = s - s_n = u_{n+1} + u_{n+2} + \cdots$$

称为**级数的余项**,且 $\lim\limits_{n\to\infty} r_n = 0$.

由定义 11.1.3 可知,收敛的级数有和值 s,发散的级数没有"和".

收敛与发散是级数最基本的概念.判断级数 $\sum\limits_{n=1}^{\infty} u_n$ 是否收敛以及在收敛的情况下如何求出它的和,这是级数理论的两个基本问题,其中判断级数的敛散性是首要问题.因为如果级数 $\sum\limits_{n=1}^{\infty} u_n$ 发散,

那么它无和可言;如果级数 $\sum\limits_{n=1}^{\infty} u_n$ 收敛,即使无法求出其和的精确值 s,也可以利用部分和 s_n 求出它的近似值,且由 $\lim\limits_{n\to\infty} r_n = 0$ 可知,可以通过选取足够大的 n 达到任意精确度的近似值以满足实际应用的需要.因此,判别级数的敛散性是需要重点讨论的问题.

判别级数 $\sum\limits_{n=1}^{\infty} u_n$ 的敛散性实质上就是判别它的部分和数列的敛散性,求级数的和实质上就是求部分和数列的极限,这是研究级数的一个基本思想方法.

例 11.1.1 证明:级数 $\sum\limits_{n=1}^{\infty} n = 1+2+3+\cdots+n+\cdots$ 发散.

证明 级数的部分和为

$$s_n = 1+2+3+\cdots+n = \frac{n(n+1)}{2}.$$

显然,$\lim\limits_{n\to\infty} \dfrac{n(n+1)}{2} = +\infty$,因此级数 $\sum\limits_{n=1}^{\infty} n = 1+2+3+\cdots+n+\cdots$ 发散.

级数 $\sum\limits_{n=1}^{\infty} \dfrac{1}{n}$ 称为**调和级数**,是一个很重要的发散级数.

例 11.1.2 证明:调和级数 $\sum\limits_{n=1}^{\infty} \dfrac{1}{n} = 1 + \dfrac{1}{2} + \dfrac{1}{3} + \cdots + \dfrac{1}{n} + \cdots$ 发散.

证明 (反证法)假设级数是收敛的,且其和为 s,则有

$$\lim\limits_{n\to\infty} s_n = s, \quad \lim\limits_{n\to\infty} s_{2n} = s,$$

即 $\lim\limits_{n\to\infty}(s_{2n} - s_n) = 0$,与

$$s_{2n} - s_n = \frac{1}{n+1} + \frac{1}{n+2} + \cdots + \frac{1}{2n} > \frac{1}{2n} + \frac{1}{2n} + \cdots + \frac{1}{2n} = \frac{1}{2}$$

矛盾,故假设不成立,从而调和级数 $\sum\limits_{n=1}^{\infty} \dfrac{1}{n} = 1 + \dfrac{1}{2} + \dfrac{1}{3} + \cdots + \dfrac{1}{n} + \cdots$ 是发散的.

例 11.1.3 判别无穷级数

$$\sum\limits_{n=1}^{\infty} \frac{1}{n(n+1)} = \frac{1}{1 \cdot 2} + \frac{1}{2 \cdot 3} + \cdots + \frac{1}{n(n+1)} + \cdots$$

的敛散性,若级数收敛,求其和.

解 因为

$$u_n = \frac{1}{n(n+1)} = \frac{1}{n} - \frac{1}{n+1} \quad (n=1,2,\cdots),$$

所以

$$s_n = \frac{1}{1 \cdot 2} + \frac{1}{2 \cdot 3} + \cdots + \frac{1}{n(n+1)} = \left(1 - \frac{1}{2}\right) + \left(\frac{1}{2} - \frac{1}{3}\right) + \cdots + \left(\frac{1}{n} - \frac{1}{n+1}\right)$$

$$= 1 - \frac{1}{n+1},$$

从而
$$\lim_{n\to\infty} s_n = \lim_{n\to\infty}\left(1-\frac{1}{n+1}\right) = 1.$$

故级数 $\sum_{n=1}^{\infty}\frac{1}{n(n+1)}$ 收敛,且其和为 1.

例 11.1.4 讨论等比级数(几何级数)

$$\sum_{n=1}^{\infty} aq^{n-1} = a+aq+aq^2+\cdots+aq^{n-1}+\cdots$$

的敛散性,其中 $a\neq 0$,q 是级数的公比.

解 级数的部分和为

$$s_n = a+aq+aq^2+\cdots+aq^{n-1} = \begin{cases} \dfrac{a(1-q^n)}{1-q}, & q\neq 1, \\ na, & q=1. \end{cases}$$

(1) 当 $|q|<1$ 时,

$$\lim_{n\to\infty} s_n = \lim_{n\to\infty}\frac{a(1-q^n)}{1-q} = \frac{a}{1-q},$$

级数收敛,且和为 $\dfrac{a}{1-q}$;

当 $|q|>1$ 时,$\lim\limits_{n\to\infty} s_n = \infty$,级数发散;

(2) 当 $q=1$ 时,部分和 $s_n = na$,$\lim\limits_{n\to\infty} s_n = \infty$,级数发散;

(3) 当 $q=-1$ 时,部分和 $s_n = \begin{cases} a, & n\text{ 为奇数}, \\ 0, & n\text{ 为偶数}, \end{cases}$ $\lim\limits_{n\to\infty} s_n$ 不存在,级数发散.

综上所述,等比级数 $\sum_{n=1}^{\infty} aq^{n-1}$,当 $|q|<1$ 时收敛,其和为 $\dfrac{a}{1-q}$;当 $|q|\geqslant 1$ 时发散.

11.1.2 无穷级数的基本性质

一般来说,根据极限 $\lim\limits_{n\to\infty} s_n$ 是否存在来判断级数的敛散性是比较困难的.由于级数的敛散性归结为部分和数列的敛散性,因此可以利用数列极限的有关性质推导出级数的一些基本性质,用于判断一些级数的敛散性.

定理 11.1.1(级数收敛的必要条件) 如果级数 $\sum_{n=1}^{\infty} u_n$ 收敛,则它的一般项 u_n 趋于 0,即

$$\lim_{n\to\infty} u_n = 0.$$

证明 由于级数 $\sum_{n=1}^{\infty} u_n$ 收敛,故其部分和数列 $\{s_n\}$ 有极限 s,即

$$\lim_{n\to\infty} s_n = s.$$

所以
$$\lim_{n \to \infty} u_n = \lim_{n \to \infty}(s_n - s_{n-1}) = s - s = 0.$$

注　$\lim\limits_{n \to \infty} u_n = 0$ 仅是级数收敛的**必要条件**,由该条件不能判定级

数收敛.例如,调和级数
$$\sum_{n=1}^{\infty} \frac{1}{n} = 1 + \frac{1}{2} + \frac{1}{3} + \cdots + \frac{1}{n} + \cdots$$

的一般项 $\lim\limits_{n \to \infty} \dfrac{1}{n} = 0$,但调和级数是发散的.

由定理 11.1.1 可知,若 $\lim\limits_{n \to \infty} u_n \neq 0$,则级数 $\sum\limits_{n=1}^{\infty} u_n$ 一定发散.

例 11.1.5　判定级数 $\sum\limits_{n=1}^{\infty}\left(\dfrac{n}{n+1}\right)^n$ 的敛散性.

解　$\lim\limits_{n \to \infty} u_n = \lim\limits_{n \to \infty}\left(\dfrac{n}{n+1}\right)^n = \dfrac{1}{e} \neq 0,$

所以,由级数收敛的必要条件可知,级数 $\sum\limits_{n=1}^{\infty}\left(\dfrac{n}{n+1}\right)^n$ 发散.

例 11.1.6　判定级数 $\sum\limits_{n=1}^{\infty} \dfrac{3n^2}{n(n+2)}$ 的敛散性.

解　$\lim\limits_{n \to \infty} u_n = \lim\limits_{n \to \infty} \dfrac{3n^2}{n(n+2)} = 3 \neq 0,$

所以,由级数收敛的必要条件可知,级数 $\sum\limits_{n=1}^{\infty} \dfrac{3n^2}{n(n+2)}$ 发散.

性质 11.1.1　如果级数 $\sum\limits_{n=1}^{\infty} u_n$ 收敛于和 s,则对于任意常数 k,

级数 $\sum\limits_{n=1}^{\infty} ku_n$ 也收敛,且其和为 ks.

证明　设级数 $\sum\limits_{n=1}^{\infty} u_n$ 与级数 $\sum\limits_{n=1}^{\infty} ku_n$ 的部分和分别为 s_n 与 σ_n,则
$$\sigma_n = ku_1 + ku_2 + \cdots + ku_n = ks_n,$$
于是
$$\lim_{n \to \infty} \sigma_n = \lim_{n \to \infty} ks_n = k \lim_{n \to \infty} s_n = ks.$$

所以级数 $\sum\limits_{n=1}^{\infty} ku_n$ 收敛,且和为 ks.

由于极限 $\lim\limits_{n \to \infty} \sigma_n$ 与 $\lim\limits_{n \to \infty} s_n$ 同时存在或同时不存在,所以有下面

的结论:

推论　级数 $\sum\limits_{n=1}^{\infty} u_n$ 与 $\sum\limits_{n=1}^{\infty} ku_n$(其中 k 为非零常数)有相同的敛

散性.

例 11.1.7　判定级数 $\dfrac{1}{10} + \dfrac{1}{20} + \dfrac{1}{30} + \cdots$ 的敛散性.

解　由于

$$\frac{1}{10}+\frac{1}{20}+\frac{1}{30}+\cdots=\frac{1}{10}\left(1+\frac{1}{2}+\frac{1}{3}+\cdots\right)=\frac{1}{10}\sum_{n=1}^{\infty}\frac{1}{n},$$

而调和级数 $\sum\limits_{n=1}^{\infty}\dfrac{1}{n}$ 发散,所以级数 $\dfrac{1}{10}+\dfrac{1}{20}+\dfrac{1}{30}+\cdots$ 发散.

性质 11.1.2　如果级数 $\sum\limits_{n=1}^{\infty}u_n$ 与 $\sum\limits_{n=1}^{\infty}v_n$ 分别收敛于 s 和 σ,则级

数 $\sum\limits_{n=1}^{\infty}(u_n\pm v_n)$ 也收敛,且其和为 $s\pm\sigma$.

证明　设级数 $\sum\limits_{n=1}^{\infty}u_n$ 与 $\sum\limits_{n=1}^{\infty}v_n$ 的部分和分别为 s_n 与 σ_n,则级数

$\sum\limits_{n=1}^{\infty}(u_n\pm v_n)$ 的部分和

$$\begin{aligned}
\tau_n&=(u_1\pm v_1)+(u_2\pm v_2)+\cdots+(u_n\pm v_n)\\
&=(u_1+u_2+\cdots+u_n)\pm(v_1+v_2+\cdots+v_n)=s_n\pm\sigma_n,
\end{aligned}$$

于是

$$\lim_{n\to\infty}\tau_n=\lim_{n\to\infty}(s_n\pm\sigma_n)=s\pm\sigma.$$

所以级数 $\sum\limits_{n=1}^{\infty}(u_n\pm v_n)$ 收敛,且和为 $s\pm\sigma$.

性质 11.1.2 表明,两个收敛级数可以逐项相加与逐项相减.

由性质 11.1.2 可以得到以下几个常用结论:

（1）若级数 $\sum\limits_{n=1}^{\infty}u_n$ 与 $\sum\limits_{n=1}^{\infty}v_n$ 收敛,则

$$\sum_{n=1}^{\infty}(u_n\pm v_n)=\sum_{n=1}^{\infty}u_n\pm\sum_{n=1}^{\infty}v_n.$$

（2）若级数 $\sum\limits_{n=1}^{\infty}u_n$ 收敛,而级数 $\sum\limits_{n=1}^{\infty}v_n$ 发散,则级数 $\sum\limits_{n=1}^{\infty}(u_n\pm v_n)$

必发散.

（3）若级数 $\sum\limits_{n=1}^{\infty}u_n$ 与 $\sum\limits_{n=1}^{\infty}v_n$ 均发散,则级数 $\sum\limits_{n=1}^{\infty}(u_n\pm v_n)$ 可能收

敛,也可能发散.

例 11.1.8　判定级数 $\sum\limits_{n=1}^{\infty}\left(\dfrac{1}{2^n}+\dfrac{4}{3^n}\right)$ 的敛散性.若收敛,求其和.

解　由于等比级数 $\sum\limits_{n=1}^{\infty}\dfrac{1}{2^n}$ 与 $\sum\limits_{n=1}^{\infty}\dfrac{4}{3^n}$ 均收敛,且

$$\sum_{n=1}^{\infty}\frac{1}{2^n}=\frac{\frac{1}{2}}{1-\frac{1}{2}}=1,\quad\sum_{n=1}^{\infty}\frac{4}{3^n}=4\times\frac{\frac{1}{3}}{1-\frac{1}{3}}=2,$$

微课:例 11.1.8

所以级数 $\sum\limits_{n=1}^{\infty}\left(\dfrac{1}{2^n}+\dfrac{4}{3^n}\right)$ 收敛,其和为 $1+2=3$.

性质 11.1.3 在级数中去掉、加上或改变有限项,不会改变级数的敛散性.

证明 只需证明"在级数的前面部分去掉、加上或改变有限项,不会改变级数的敛散性",因为其他情形都可以看成在级数的前面部分先去掉有限项,然后再加上有限项的结果.

不妨设在级数 $\sum\limits_{n=1}^{\infty}u_n$ 中去掉前 k 项,则得级数

$$u_{k+1}+u_{k+2}+\cdots+u_{k+n}+\cdots,$$

新级数的部分和为

$$\sigma_n=u_{k+1}+u_{k+2}+\cdots+u_{k+n}=s_{k+n}-s_k.$$

因为 s_k 是常数,所以极限 $\lim\limits_{n\to\infty}\sigma_n$ 与 $\lim\limits_{n\to\infty}s_{k+n}$ 同时存在或同时不存在,从而级数 $\sum\limits_{n=1}^{\infty}u_n$ 与 $\sum\limits_{n=k+1}^{\infty}u_n$ 具有相同的敛散性.

类似地,可以证明:加上或改变级数的有限项,不会改变级数的敛散性.

性质 11.1.4 如果级数 $\sum\limits_{n=1}^{\infty}u_n$ 收敛,则对这个级数的项任意加括号后所得的级数收敛,且其和不变.

证明 设级数 $\sum\limits_{n=1}^{\infty}u_n$ 的部分和为 s_n,任意加括号后所成的新级数为

$$(u_1+\cdots+u_{n_1})+(u_{n_1+1}+\cdots+u_{n_2})+\cdots+(u_{n_{k-1}+1}+\cdots+u_{n_k})+\cdots$$

则其部分和数列为

$$\sigma_1=u_1+\cdots+u_{n_1}=s_{n_1},$$
$$\sigma_2=(u_1+\cdots+u_{n_1})+(u_{n_1+1}+\cdots+u_{n_2})=s_{n_2},$$
$$\vdots$$
$$\sigma_k=(u_1+\cdots+u_{n_1})+(u_{n_1+1}+\cdots+u_{n_2})+\cdots+(u_{n_{k-1}+1}+\cdots+u_{n_k})=s_{n_k},$$
$$\vdots$$

可见,数列 $\{\sigma_k\}$ 是数列 $\{s_n\}$ 的一个子数列.由 $\{s_n\}$ 的收敛性可知,其子数列 $\{\sigma_k\}$ 也收敛,且有

$$\lim\limits_{k\to\infty}\sigma_k=\lim\limits_{n\to\infty}s_n,$$

即加括号后所构成的数列收敛,且其和不变.

由性质 11.1.4 可知,如果加括号后所构成的级数发散,则原级数必发散(反证法).

注 若加括号后所得的级数收敛,则不能断定原级数收敛.

这是因为数列的一个子列收敛时,该数列未必收敛.

例如,级数

$$(1-1)+(1-1)+(1-1)+\cdots$$

收敛于 0,但是去掉括号后的级数

$$1-1+1-1+1-1+\cdots$$

却是发散的.

11.1.3 同步习题

1. 写出下列级数的一般项 u_n:

(1) $1+\dfrac{1}{3}+\dfrac{1}{5}+\dfrac{1}{7}+\cdots$;   (2) $1-\dfrac{1}{2}+\dfrac{1}{3}-\dfrac{1}{4}+\cdots$;

(3) $\dfrac{1}{2}+\dfrac{2}{5}+\dfrac{3}{10}+\dfrac{4}{17}+\cdots$;

(4) $\dfrac{1}{1\cdot 4}+\dfrac{x}{4\cdot 7}+\dfrac{x^2}{7\cdot 10}+\dfrac{x^3}{10\cdot 13}+\cdots$;

(5) $\dfrac{2}{1}+\dfrac{1}{2}+\dfrac{4}{3}+\dfrac{3}{4}+\cdots$;

(6) $\dfrac{\sqrt{x}}{2}+\dfrac{x}{2\cdot 4}+\dfrac{x\sqrt{x}}{2\cdot 4\cdot 6}+\dfrac{x^2}{2\cdot 4\cdot 6\cdot 8}+\cdots$.

2. 已知级数 $\displaystyle\sum_{n=1}^{\infty}(-1)^{n-1}\left(\dfrac{4}{5}\right)^n$,写出 $u_1,u_2,u_n;s_1,s_2,s_n$.

3. 设级数 $\displaystyle\sum_{n=1}^{\infty}u_n$ 的前 n 项部分和 $s_n=\dfrac{3n}{n+1}$,试写出此级数,并求其和.

4. 用定义判定下列级数的敛散性,若级数收敛,求其和:

(1) $\displaystyle\sum_{n=1}^{\infty}\dfrac{1}{(5n-4)(5n+1)}$;   (2) $\displaystyle\sum_{n=1}^{\infty}(\sqrt{n+1}-\sqrt{n})$;

(3) $\displaystyle\sum_{n=1}^{\infty}\ln\dfrac{n+1}{n}$;   (4) $\displaystyle\sum_{n=1}^{\infty}\dfrac{2n+1}{n^2(n+1)^2}$;

(5) $\displaystyle\sum_{n=1}^{\infty}\dfrac{2n-1}{3^n}$;   (6) $\displaystyle\sum_{n=1}^{\infty}(\sqrt{n+2}-2\sqrt{n+1}+\sqrt{n})$.

5. 判断下列级数的敛散性:

(1) $\displaystyle\sum_{n=1}^{\infty}\dfrac{1}{\sqrt[n]{5}}$;   (2) $\displaystyle\sum_{n=1}^{\infty}\sin\dfrac{n\pi}{6}$;

(3) $\displaystyle\sum_{n=1}^{\infty}\left(\dfrac{1}{n^2}-\dfrac{1}{2^n}\right)$;   (4) $\displaystyle\sum_{n=1}^{\infty}\dfrac{1}{\sqrt[3]{n}}$;

(5) $\displaystyle\sum_{n=1}^{\infty}\dfrac{\sqrt[n]{n}}{\left(1+\dfrac{1}{n}\right)^n}$;   (6) $\displaystyle\sum_{n=1}^{\infty}\dfrac{n+1}{2n}$.

6. 判断下列级数的敛散性,若级数收敛,求其和:

(1) $0.001+\sqrt{0.001}+\sqrt[3]{0.001}+\cdots+\sqrt[n]{0.001}+\cdots$;

(2) $\dfrac{4}{5}-\dfrac{4^2}{5^2}+\dfrac{4^3}{5^3}-\dfrac{4^4}{5^4}+\cdots+(-1)^{n-1}\dfrac{4^n}{5^n}+\cdots$;

(3) $\dfrac{1}{6}+\dfrac{1}{8}+\dfrac{1}{10}+\cdots+\dfrac{1}{2(n+2)}+\cdots$;

(4) $1-\dfrac{1}{3}+\dfrac{1}{9}-\dfrac{1}{27}+\cdots+(-1)^{n-1}\dfrac{1}{3^{n-1}}+\cdots$;

(5) $\left(\dfrac{1}{2}-\dfrac{2}{3}\right)+\left(\dfrac{3}{4}-\dfrac{2^2}{3^2}\right)+\left(\dfrac{5}{6}-\dfrac{2^3}{3^3}\right)+\cdots$.

11.2　正项级数的审敛法

本节要求:通过本节的学习,学生应掌握判断正项级数敛散性的比较审敛法、比值审敛法、根值审敛法,会用积分审敛法.

研究级数的首要问题是判别级数的敛散性,而仅仅利用定义或性质判定级数的敛散性是不够的,需要建立一些简便有效的判别方法.下面讨论正项级数的审敛法.

定义 11.2.1　如果级数

$$\sum_{n=1}^{\infty} u_n = u_1+u_2+\cdots+u_n+\cdots$$

中的各项都满足条件 $u_n \geq 0 (n=1,2,\cdots)$,则称此级数为 **正项级数**.

这是一类重要的级数,在实际应用中经常会遇到正项级数,并且一般级数的敛散性判别问题有时可以转化为正项级数敛散性的判别.本节所指级数均为正项级数.

11.2.1　正项级数的收敛准则

由于正项级数 $\displaystyle\sum_{n=1}^{\infty} u_n$ 的各项均非负,因此其部分和数列 $\{s_n\}$ 是一个单调递增的数列,即

$$s_1 \leq s_2 \leq \cdots \leq s_n \leq \cdots.$$

如果部分和数列 $\{s_n\}$ 有界,即存在某个常数 $M>0$,使得 $s_n \leq M$,由单调有界数列必有极限的收敛准则可知,极限 $\lim\limits_{n\to\infty} s_n$ 存在,故正项级数 $\displaystyle\sum_{n=1}^{\infty} u_n$ 收敛;反之,若部分和数列 $\{s_n\}$ 无界,则有 $\lim\limits_{n\to\infty} s_n = +\infty$,因而正项级数 $\displaystyle\sum_{n=1}^{\infty} u_n$ 发散.由此可以得到如下重要结论:

定理 11.2.1　正项级数 $\sum\limits_{n=1}^{\infty} u_n$ 收敛的充分必要条件是它的部分和数列 $\{s_n\}$ 有界.

例 11.2.1　设数列 $\{a_n\}$（$a_n \geqslant 0, n=1,2,\cdots$）单调递减,证明:正项级数 $\sum\limits_{n=1}^{\infty} \dfrac{a_n^2 - a_{n+1}^2}{a_n}$ 收敛.

证明　$\dfrac{a_n^2 - a_{n+1}^2}{a_n} = \left(1 + \dfrac{a_{n+1}}{a_n}\right)(a_n - a_{n+1}) \leqslant 2(a_n - a_{n+1})$,

得　$s_n \leqslant 2(a_1 - a_2) + 2(a_2 - a_3) + \cdots + 2(a_n - a_{n+1}) = 2a_1 - 2a_{n+1} \leqslant 2a_1$,

即部分和数列 $\{s_n\}$ 有界,所以级数 $\sum\limits_{n=1}^{\infty} \dfrac{a_n^2 - a_{n+1}^2}{a_n}$ 收敛.

定理 11.2.1 是判断正项级数收敛的基本定理,在理论证明中有重要的应用.但是用它求级数的部分和或者判断部分和数列有界往往非常困难,根据定理 11.2.1 可以得到判别正项级数敛散性的比较审敛法.

11.2.2　比较审敛法及其极限形式

定理 11.2.2（比较审敛法）　设级数 $\sum\limits_{n=1}^{\infty} u_n$ 和 $\sum\limits_{n=1}^{\infty} v_n$ 都是正项级数,且

$$u_n \leqslant v_n \, (n=1,2,\cdots).$$

（1）若级数 $\sum\limits_{n=1}^{\infty} v_n$ 收敛,则级数 $\sum\limits_{n=1}^{\infty} u_n$ 也收敛;

（2）若级数 $\sum\limits_{n=1}^{\infty} u_n$ 发散,则级数 $\sum\limits_{n=1}^{\infty} v_n$ 也发散.

证明　（1）设级数 $\sum\limits_{n=1}^{\infty} v_n$ 收敛于 σ,则级数 $\sum\limits_{n=1}^{\infty} u_n$ 的部分和

$$s_n = u_1 + u_2 + \cdots + u_n \leqslant v_1 + v_2 + \cdots + v_n \leqslant \sigma \quad (n=1,2,\cdots),$$

即部分和数列 $\{s_n\}$ 有界,由定理 11.2.1 可知,级数 $\sum\limits_{n=1}^{\infty} u_n$ 收敛.

（2）如果级数 $\sum\limits_{n=1}^{\infty} u_n$ 发散,假设级数 $\sum\limits_{n=1}^{\infty} v_n$ 收敛,则由（1）可知,级数 $\sum\limits_{n=1}^{\infty} u_n$ 也收敛,与题设矛盾,故级数 $\sum\limits_{n=1}^{\infty} v_n$ 发散.

注 11.2.1　由于级数去掉有限项不改变级数的敛散性,所以定理 11.2.2 中的条件 $u_n \leqslant v_n$ 只要从某项起成立即可.

注 11.2.2　使用比较审敛法的关键是要找到一个敛散性已知的正项级数作为参照级数.常用来作比较的参照级数有等比级数、调和级数和 p-级数.

例 11.2.2 讨论 p-级数

$$\sum_{n=1}^{\infty} \frac{1}{n^p} = 1 + \frac{1}{2^p} + \frac{1}{3^p} + \cdots + \frac{1}{n^p} + \cdots$$

的敛散性,其中常数 $p>0$.

解 当 $p \leq 1$ 时,$\frac{1}{n^p} \geq \frac{1}{n}$. 由于调和级数 $\sum_{n=1}^{\infty} \frac{1}{n}$ 发散,由定理

11.2.2 可知,级数 $\sum_{n=1}^{\infty} \frac{1}{n^p}$ 发散.

当 $p>1$ 时,因为当 $k-1 \leq x \leq k$ 时,有 $\frac{1}{k^p} \leq \frac{1}{x^p}$,所以

$$\frac{1}{k^p} = \int_{k-1}^{k} \frac{1}{k^p} \mathrm{d}x \leq \int_{k-1}^{k} \frac{1}{x^p} \mathrm{d}x, \, (k=2,3,\cdots),$$

从而级数 $\sum_{n=1}^{\infty} \frac{1}{n^p}$ 的部分和

$$s_n = 1 + \sum_{k=2}^{n} \frac{1}{k^p} \leq 1 + \sum_{k=2}^{n} \int_{k-1}^{k} \frac{1}{x^p} \mathrm{d}x = 1 + \int_{1}^{n} \frac{1}{x^p} \mathrm{d}x$$

$$= 1 + \frac{1}{p-1}\left(1 - \frac{1}{n^{p-1}}\right) < 1 + \frac{1}{p-1}, \, (n=2,3,\cdots),$$

即数列 $\{s_n\}$ 有界,由定理 11.2.1 可知,级数 $\sum_{n=1}^{\infty} \frac{1}{n^p}$ 收敛.

综上所述,当 $p>1$ 时,p-级数 $\sum_{n=1}^{\infty} \frac{1}{n^p}$ 收敛;当 $p \leq 1$ 时,p-级数

$\sum_{n=1}^{\infty} \frac{1}{n^p}$ 发散.

例 11.2.3 判别级数 $\sum_{n=1}^{\infty} \frac{1}{\sqrt{n(n+1)}}$ 的敛散性.

解 由于

$$\frac{1}{\sqrt{n(n+1)}} > \frac{1}{n+1},$$

而级数

$$\sum_{n=1}^{\infty} \frac{1}{n+1} = \frac{1}{2} + \frac{1}{3} + \cdots + \frac{1}{n+1} + \cdots$$

发散,由比较审敛法可知,级数 $\sum_{n=1}^{\infty} \frac{1}{\sqrt{n(n+1)}}$ 发散.

例 11.2.4 判别级数 $\sum_{n=1}^{\infty} \frac{n+3}{2n^3-n}$ 的敛散性.

解 当 $n>3$ 时,有

$$\frac{n+3}{2n^3-n} < \frac{n+n}{2n^3-n} = \frac{2}{2n^2-1} < \frac{2}{n^2}.$$

而级数 $\displaystyle\sum_{n=1}^{\infty}\dfrac{2}{n^2}=2\sum_{n=1}^{\infty}\dfrac{1}{n^2}$ 收敛,由比较审敛法可知,级数 $\displaystyle\sum_{n=1}^{\infty}\dfrac{n+3}{2n^3-n}$ 收敛.

在实际应用中,比较审敛法的极限形式往往更为方便.

定理 11.2.3(比较审敛法的极限形式) 设级数 $\displaystyle\sum_{n=1}^{\infty}u_n$ 和 $\displaystyle\sum_{n=1}^{\infty}v_n$ 都是正项级数,且

$$\lim_{n\to\infty}\frac{u_n}{v_n}=l.$$

(1) 如果 $0<l<+\infty$,则 $\displaystyle\sum_{n=1}^{\infty}u_n$ 与 $\displaystyle\sum_{n=1}^{\infty}v_n$ 同时收敛或同时发散;

(2) 如果 $l=0$,且 $\displaystyle\sum_{n=1}^{\infty}v_n$ 收敛,则 $\displaystyle\sum_{n=1}^{\infty}u_n$ 也收敛;

(3) 如果 $l=+\infty$,且 $\displaystyle\sum_{n=1}^{\infty}v_n$ 发散,则 $\displaystyle\sum_{n=1}^{\infty}u_n$ 也发散.

证明 (1) 由极限的定义可知,对 $\varepsilon=\dfrac{l}{2}>0$,存在正整数 N,当 $n>N$ 时,有

$$\left|\frac{u_n}{v_n}-l\right|<\varepsilon,$$

即

$$\frac{l}{2}v_n<u_n<\frac{3l}{2}v_n.$$

由级数的性质和比较审敛法可知,$\displaystyle\sum_{n=1}^{\infty}u_n$ 与 $\displaystyle\sum_{n=1}^{\infty}v_n$ 同时收敛或同时发散.

(2) 由于 $\lim\limits_{n\to\infty}\dfrac{u_n}{v_n}=0$,对 $\varepsilon=1$,存在正整数 N,当 $n>N$ 时,有

$$\left|\frac{u_n}{v_n}\right|=\frac{u_n}{v_n}<1,$$

即 $u_n<v_n$. 所以当 $\displaystyle\sum_{n=1}^{\infty}v_n$ 收敛时,$\displaystyle\sum_{n=1}^{\infty}u_n$ 也收敛.

(3) 由于 $\lim\limits_{n\to\infty}\dfrac{u_n}{v_n}=+\infty$,对 $M=1$,存在正整数 N,当 $n>N$ 时,有 $\dfrac{u_n}{v_n}>1$,即 $u_n>v_n$. 所以当 $\displaystyle\sum_{n=1}^{\infty}v_n$ 发散时,$\displaystyle\sum_{n=1}^{\infty}u_n$ 也发散.

极限形式的比较审敛法,在两个正项级数的一般项 u_n,v_n 均趋于零的情况下,其实是比较它们的一般项作为无穷小量的阶.定理 11.2.3 表明,当 $n\to\infty$ 时,如果 u_n 是与 v_n 同阶或是比 v_n 高阶的无穷小,而级数 $\displaystyle\sum_{n=1}^{\infty}v_n$ 收敛,则级数 $\displaystyle\sum_{n=1}^{\infty}u_n$ 收敛;如果 u_n 是与 v_n 同阶或

是比 v_n 低阶的无穷小,而级数 $\sum\limits_{n=1}^{\infty} v_n$ 发散,则级数 $\sum\limits_{n=1}^{\infty} u_n$ 发散.

因此,在判别正项级数 $\sum\limits_{n=1}^{\infty} u_n$ 的敛散性时,可将该级数的通项 u_n 或其部分因子用等价无穷小代换,得到的新级数与级数 $\sum\limits_{n=1}^{\infty} u_n$ 的敛散性相同.

例 11.2.5 判别级数 $\sum\limits_{n=1}^{\infty} \sin\dfrac{1}{n}$ 的敛散性.

解 因为

$$\lim_{n\to\infty} \frac{\sin\dfrac{1}{n}}{\dfrac{1}{n}} = 1,$$

而调和级数 $\sum\limits_{n=1}^{\infty} \dfrac{1}{n}$ 发散,由比较审敛法的极限形式可知,级数 $\sum\limits_{n=1}^{\infty} \sin\dfrac{1}{n}$ 发散.

例 11.2.6 判别级数 $\sum\limits_{n=1}^{\infty} \ln\left(1+\dfrac{2}{n^3}\right)$ 的敛散性.

解 因为

$$\lim_{n\to\infty} \frac{\ln\left(1+\dfrac{2}{n^3}\right)}{\dfrac{1}{n^3}} = \lim_{n\to\infty} \frac{\dfrac{2}{n^3}}{\dfrac{1}{n^3}} = 2,$$

而级数 $\sum\limits_{n=1}^{\infty} \dfrac{1}{n^3}$ 收敛,由比较审敛法的极限形式可知,级数 $\sum\limits_{n=1}^{\infty} \ln\left(1+\dfrac{2}{n^3}\right)$ 收敛.

例 11.2.7 判别级数 $\sum\limits_{n=1}^{\infty} 2^n \sin\dfrac{\pi}{3^n}$ 的敛散性.

解法 1 这是正项级数.因为

$$\lim_{n\to\infty} \frac{2^n \sin\dfrac{\pi}{3^n}}{\left(\dfrac{2}{3}\right)^n} = \lim_{n\to\infty} \frac{2^n \cdot \dfrac{\pi}{3^n}}{\left(\dfrac{2}{3}\right)^n} = \pi,$$

而级数 $\sum\limits_{n=1}^{\infty} \left(\dfrac{2}{3}\right)^n$ 收敛,由比较审敛法的极限形式可知,级数 $\sum\limits_{n=1}^{\infty} 2^n \sin\dfrac{\pi}{3^n}$ 收敛.

解法 2 当 $n\to\infty$ 时,$\sin\dfrac{\pi}{3^n} \sim \dfrac{\pi}{3^n}$,而级数 $\sum\limits_{n=1}^{\infty} 2^n \cdot \dfrac{\pi}{3^n} = \sum\limits_{n=1}^{\infty} \pi\left(\dfrac{2}{3}\right)^n$

收敛,故原级数收敛.

从以上的例题可以看到,无论是比较审敛法还是其极限形式,在使用的时候都必须借助于一个敛散性作为已知的参照级数,因此很不方便,有时甚至非常困难.例如,判别级数 $\sum\limits_{n=1}^{\infty} \dfrac{n}{10^n}$ 的敛散性,就不容易找到参照级数.下面介绍的两个审敛法,都是通过级数一般项本身的性质来判断其敛散性的.

11. 2. 3　比值审敛法与根值审敛法

定理 11. 2. 4(比值审敛法,达朗贝尔判别法)　设 $\sum\limits_{n=1}^{\infty} u_n (u_n > 0)$ 为正项级数,如果

$$\lim_{n \to \infty} \frac{u_{n+1}}{u_n} = \rho,$$

则

（1）当 $\rho < 1$ 时,级数收敛;

（2）当 $\rho > 1 \left(\text{或} \lim\limits_{n \to \infty} \dfrac{u_{n+1}}{u_n} = +\infty \right)$ 时,级数发散;

（3）当 $\rho = 1$ 时,级数可能收敛也可能发散.

证明　（1）当 $\rho < 1$ 时,选取一个适当小的正数 $\varepsilon = \dfrac{1-\rho}{2} > 0$,因为

$$\lim_{n \to \infty} \frac{u_{n+1}}{u_n} = \rho,$$

所以存在正整数 N,当 $n > N$ 时,有

$$\left| \frac{u_{n+1}}{u_n} - \rho \right| < \varepsilon.$$

因此　　　　　　　　$\dfrac{u_{n+1}}{u_n} < \rho + \varepsilon = \dfrac{1+\rho}{2},$

记 $q = \dfrac{1+\rho}{2}$,则 $q < 1$,且

$$u_{N+1} = u_{N+1}$$
$$u_{N+2} < u_{N+1} \cdot q$$
$$u_{N+3} < u_{N+2} \cdot q < u_{N+1} \cdot q^2$$
$$\vdots$$
$$u_{N+k} < u_{N+k-1} \cdot q < \cdots < u_{N+1} \cdot q^{k-1}$$
$$\vdots$$

由于 $q < 1$,所以等比级数 $\sum\limits_{k=1}^{\infty} u_{N+1} \cdot q^{k-1}$ 收敛.由比较审敛法可知,级数

$$\sum_{k=1}^{\infty} u_{N+k} = \sum_{n=N+1}^{\infty} u_n$$

收敛,故级数 $\sum\limits_{n=1}^{\infty} u_n$ 收敛.

（2）当 $\lim\limits_{n\to\infty}\dfrac{u_{n+1}}{u_n}=\rho>1$ 或 $\lim\limits_{n\to\infty}\dfrac{u_{n+1}}{u_n}=+\infty$ 时,由极限的保号性可知,

存在正整数 N,当 $n>N$ 时,有

$$\frac{u_{n+1}}{u_n}>1 \quad 即 \quad u_{n+1}>u_n>0.$$

因此 $\lim\limits_{n\to\infty}u_n\neq 0$,所以级数 $\sum\limits_{n=1}^{\infty} u_n$ 发散.

（3）当 $\rho=1$ 时级数可能收敛也可能发散.这个结论从 p-级数

$\sum\limits_{n=1}^{\infty}\dfrac{1}{n^p}$ 就可以看出.事实上,无论 $p>0$ 为何值,都有

$$\lim_{n\to\infty}\frac{u_{n+1}}{u_n}=\lim_{n\to\infty}\frac{\dfrac{1}{(n+1)^p}}{\dfrac{1}{n^p}}=\lim_{n\to\infty}\left(\frac{n}{n+1}\right)^p=1,$$

但我们知道,当 $p>1$ 时级数收敛,当 $p\leqslant 1$ 时级数发散.

例 11.2.8 判别级数

$$\sum_{n=1}^{\infty}\frac{1}{n!}=1+\frac{1}{1\cdot 2}+\frac{1}{1\cdot 2\cdot 3}+\cdots+\frac{1}{n!}+\cdots$$

的敛散性.

解 因为

$$\lim_{n\to\infty}\frac{u_{n+1}}{u_n}=\lim_{n\to\infty}\frac{\dfrac{1}{(n+1)!}}{\dfrac{1}{n!}}=\lim_{n\to\infty}\frac{n!}{(n+1)!}=\lim_{n\to\infty}\frac{1}{n+1}=0<1,$$

由比值审敛法可知,级数 $\sum\limits_{n=1}^{\infty}\dfrac{1}{n!}$ 收敛.

例 11.2.9 判别级数

$$\frac{1}{10}+\frac{1\cdot 2}{10^2}+\frac{1\cdot 2\cdot 3}{10^3}+\cdots+\frac{n!}{10^n}+\cdots$$

的敛散性.

解 因为

$$\lim_{n\to\infty}\frac{u_{n+1}}{u_n}=\lim_{n\to\infty}\frac{\dfrac{(n+1)!}{10^{n+1}}}{\dfrac{n!}{10^n}}=\lim_{n\to\infty}\frac{n+1}{10}=+\infty,$$

由比值审敛法可知,级数 $\dfrac{1}{10}+\dfrac{1\cdot 2}{10^2}+\dfrac{1\cdot 2\cdot 3}{10^3}+\cdots+\dfrac{n!}{10^n}+\cdots$ 发散.

例 11.2.10　判别级数

$$\sum_{n=1}^{\infty} \frac{n^{100}}{2^n} = \frac{1}{2} + \frac{2^{100}}{2^2} + \frac{3^{100}}{2^3} + \cdots + \frac{n^{100}}{2^n} + \cdots$$

的敛散性.

解　因为

$$\lim_{n \to \infty} \frac{u_{n+1}}{u_n} = \lim_{n \to \infty} \frac{\dfrac{(n+1)^{100}}{2^{n+1}}}{\dfrac{n^{100}}{2^n}} = \frac{1}{2} \lim_{n \to \infty} \left(\frac{n+1}{n}\right)^{100} = \frac{1}{2} < 1,$$

由比值审敛法可知, 级数 $\sum_{n=1}^{\infty} \dfrac{n^{100}}{2^n}$ 收敛.

定理 11.2.5（根值审敛法, 柯西判别法）　设 $\sum_{n=1}^{\infty} u_n$ 为正项级数, 如果

$$\lim_{n \to \infty} \sqrt[n]{u_n} = \rho,$$

则当 $\rho < 1$ 时级数收敛; 当 $\rho > 1$（或 $\lim\limits_{n \to \infty} \sqrt[n]{u_n} = +\infty$）时级数发散; 当 $\rho = 1$ 时级数可能收敛也可能发散.

定理 11.2.5 的证明与定理 11.2.4 相仿, 这里从略.

例 11.2.11　判别级数 $\sum_{n=1}^{\infty} \dfrac{2+(-1)^n}{2^n}$ 的敛散性.

解　因为

$$\lim_{n \to \infty} \sqrt[n]{u_n} = \lim_{n \to \infty} \sqrt[n]{\frac{2+(-1)^n}{2^n}} = \frac{1}{2} \lim_{n \to \infty} \sqrt[n]{2+(-1)^n} = \frac{1}{2} < 1,$$

由根值审敛法可知, 级数 $\sum_{n=1}^{\infty} \dfrac{2+(-1)^n}{2^n}$ 收敛.

例 11.2.12　判别级数 $\sum_{n=1}^{\infty} \left(\dfrac{an}{2n+2}\right)^n$（$a > 0$）的敛散性.

解　因为

$$\lim_{n \to \infty} \sqrt[n]{u_n} = \lim_{n \to \infty} \sqrt[n]{\left(\frac{an}{2n+2}\right)^n} = \lim_{n \to \infty} \frac{an}{2n+2} = \frac{a}{2},$$

由根值审敛法可知: 当 $\dfrac{a}{2} < 1$, 即 $0 < a < 2$ 时, 级数 $\sum_{n=1}^{\infty} \left(\dfrac{an}{2n+2}\right)^n$ 收敛;

当 $\dfrac{a}{2} > 1$, 即 $a > 2$ 时, 级数 $\sum_{n=1}^{\infty} \left(\dfrac{an}{2n+2}\right)^n$ 发散; 当 $\dfrac{a}{2} = 1$, 即 $a = 2$ 时, 根值审敛法失效. 由于

$$\lim_{n \to \infty} \left(\frac{2n}{2n+2}\right)^n = \lim_{n \to \infty} \left(\frac{n}{n+1}\right)^n = \frac{1}{e} \neq 0,$$

由级数收敛的必要条件可知, 级数 $\sum_{n=1}^{\infty} \left(\dfrac{an}{2n+2}\right)^n$ 发散.

微课:例 11.2.12

正项级数的基本性质、比较判别法,与非负函数在$[a,+\infty)$上的反常积分的基本性质、收敛判别法十分相似,实际上它们之间确实有密切联系.下面给出的积分审敛法,就是利用反常积分来判别级数敛散性的一种方法.

11.2.4　积分审敛法

定理 11.2.6(积分审敛法,柯西判别法)　设 $u_n=f(n)(n=1,2,\cdots)$,若函数 $f(x)$ 在 $[1,+\infty)$ 上非负,单调减少且连续,则 $\displaystyle\sum_{n=1}^{\infty}u_n$ 与 $\displaystyle\int_1^{+\infty}f(x)\mathrm{d}x$ 的敛散性相同.

证明　由 $f(x)$ 是单调减少函数可知,当 $k\leqslant x\leqslant k+1$ 时,有
$$f(k+1)\leqslant f(x)\leqslant f(k),$$
从而有
$$u_{k+1}=f(k+1)\leqslant\int_k^{k+1}f(x)\leqslant f(k)=u_k,$$
故
$$\sum_{k=1}^{n}u_{k+1}\leqslant\sum_{k=1}^{n}\int_k^{k+1}f(x)\mathrm{d}x\leqslant\sum_{k=1}^{n}u_k,$$
得
$$s_{n+1}-u_1\leqslant\int_1^{n+1}f(x)\mathrm{d}x\leqslant s_n.$$

于是,若 $\displaystyle\int_1^{+\infty}f(x)\mathrm{d}x$ 收敛,有
$$s_{n+1}\leqslant u_1+\int_1^{n+1}f(x)\mathrm{d}x\leqslant u_1+\int_1^{+\infty}f(x)\mathrm{d}x,$$
可知 $\{s_n\}$ 有界,根据定理 11.2.1,级数收敛;

若 $\displaystyle\int_1^{+\infty}f(x)\mathrm{d}x$ 发散,因为 $f(x)$ 非负,只能有 $\displaystyle\int_1^{+\infty}f(x)\mathrm{d}x=+\infty$,故当 $n\to\infty$ 时,也必有 $\displaystyle\int_1^{n+1}f(x)\mathrm{d}x\to+\infty$,可推得 $\{s_n\}$ 无界,级数发散.

例 11.2.13　判别级数 $\displaystyle\sum_{n=2}^{\infty}\frac{1}{n(\ln n)^p}$ $(p>0)$ 的敛散性.

解　因为当 $p=1$ 时,
$$\int_2^{+\infty}\frac{1}{x\ln x}\mathrm{d}x=\ln\ln x\,\Big|_2^{+\infty}=+\infty,\text{当 }p\neq1\text{ 时},$$
$$\int_2^{+\infty}\frac{1}{x(\ln x)^p}\mathrm{d}x=\frac{1}{1-p}(\ln x)^{1-p}\,\Big|_2^{+\infty}=\begin{cases}+\infty, & p<1,\\[2mm]\dfrac{1}{(1-p)(\ln 2)^{p-1}}, & p>1,\end{cases}$$
所以,当 $p\leqslant1$ 时,反常积分发散,原级数发散;当 $p>1$ 时,反常积分收敛,原级数收敛.

11. 2. 5 同步习题

1. 用比较审敛法或其极限形式判定下列级数的敛散性：

(1) $\sum\limits_{n=1}^{\infty} \dfrac{1}{2n+1}$；

(2) $\sum\limits_{n=1}^{\infty} \dfrac{n+1}{n^3+1}$；

(3) $\sum\limits_{n=1}^{\infty} \dfrac{n^2+3}{n^3+2n-1}$；

(4) $\sum\limits_{n=1}^{\infty} \dfrac{1}{\sqrt{n^2+n}}$；

(5) $\sum\limits_{n=1}^{\infty} \sin\dfrac{1}{2n}$；

(6) $\sum\limits_{n=1}^{\infty} \dfrac{1}{n}\tan\dfrac{\pi}{n}$；

(7) $\sum\limits_{n=1}^{\infty} \dfrac{1}{\ln(n+1)}$；

(8) $\sum\limits_{n=1}^{\infty} \dfrac{1}{n\sqrt{n+1}}$；

(9) $\sum\limits_{n=1}^{\infty} \dfrac{2}{3^n+1}$；

(10) $\sum\limits_{n=1}^{\infty} \dfrac{5^n+(-1)^n}{3^n}$；

(11) $\sum\limits_{n=1}^{\infty} \dfrac{n^{n-1}}{(n+1)^{n+1}}$；

(12) $\sum\limits_{n=1}^{\infty} \dfrac{1}{1+a^n}(a>0)$.

2. 用比值审敛法判定下列级数的敛散性：

(1) $\sum\limits_{n=1}^{\infty} \dfrac{2n-1}{2^n}$；

(2) $\sum\limits_{n=1}^{\infty} \dfrac{1}{n!}$；

(3) $\sum\limits_{n=1}^{\infty} \dfrac{n!}{3^n}$；

(4) $\sum\limits_{n=1}^{\infty} \dfrac{(n+1)^3}{n!}$；

(5) $\sum\limits_{n=1}^{\infty} \dfrac{2^n n!}{n^n}$；

(6) $\sum\limits_{n=1}^{\infty} n^3\sin\dfrac{\pi}{2^n}$；

(7) $\sum\limits_{n=1}^{\infty} \dfrac{5^n}{n\cdot 2^n}$；

(8) $\sum\limits_{n=1}^{\infty} n\tan\dfrac{\pi}{3^{n+1}}$.

3. 用根值审敛法判定下列级数的敛散性：

(1) $\sum\limits_{n=1}^{\infty} \left(\dfrac{n}{2n+1}\right)^n$；

(2) $\sum\limits_{n=1}^{\infty} \left(\dfrac{3n+2}{2n+1}\right)^n$；

(3) $\sum\limits_{n=1}^{\infty} \dfrac{1}{[\ln(n+1)]^n}$；

(4) $\sum\limits_{n=1}^{\infty} \left(\dfrac{n}{3n-1}\right)^{2n-1}$；

(5) $\sum\limits_{n=1}^{\infty} \dfrac{n^2}{\left(1+\dfrac{1}{n}\right)^{n^2}}$；

(6) $\sum\limits_{n=1}^{\infty} \dfrac{3}{2^n(\arctan n)^n}$.

4. 用积分审敛法判定下列级数的敛散性：

(1) $\sum\limits_{n=2}^{\infty} \dfrac{1}{n\ln n}$；

(2) $\sum\limits_{n=2}^{\infty} \dfrac{1}{n\ln^2 n}$；

(3) $\sum\limits_{n=2}^{\infty} \dfrac{\ln(n+1)}{n^2}$；

(4) $\sum\limits_{n=2}^{\infty} \dfrac{1}{\ln(n+1)}\sin\dfrac{1}{n}$.

5. 判断下列级数的敛散性:

(1) $\sqrt{2}+\sqrt{\dfrac{3}{2}}+\cdots+\sqrt{\dfrac{n+1}{n}}+\cdots$;

(2) $\displaystyle\sum_{n=1}^{\infty}\dfrac{n+1}{n(n+2)}$;

(3) $\dfrac{3}{4}+2\cdot\left(\dfrac{3}{4}\right)^{2}+3\cdot\left(\dfrac{3}{4}\right)^{3}+\cdots+n\left(\dfrac{3}{4}\right)^{n}+\cdots$;

(4) $\displaystyle\sum_{n=1}^{\infty}\dfrac{1}{n\cdot\sqrt[n]{n}}$;

(5) $\dfrac{1^{4}}{1!}+\dfrac{2^{4}}{2!}+\dfrac{3^{4}}{3!}+\cdots+\dfrac{n^{4}}{n!}+\cdots$;

(6) $\displaystyle\sum_{n=1}^{\infty}\dfrac{n\cos^{2}\dfrac{n}{3}\pi}{2^{n}}$;

(7) $\dfrac{2}{1\cdot2}+\dfrac{2^{2}}{2\cdot3}+\dfrac{2^{3}}{3\cdot4}+\dfrac{2^{4}}{4\cdot5}+\cdots$;

(8) $\displaystyle\sum_{n=1}^{\infty}\dfrac{1}{\int_{0}^{n}\sqrt[3]{1+x^{3}}\,\mathrm{d}x}$.

11.3　任意项级数

本节要点:通过本节的学习,学生应掌握交错级数的莱布尼茨判别法,了解任意项级数绝对收敛与条件收敛的概念,会判断任意项级数的敛散性.

上一节讨论了正项级数敛散性的判别法,本节介绍任意项级数.

如果一个级数中仅有有限项是正数或有限项是负数,那么可以将它归结为正项级数来判别其敛散性.若级数 $\displaystyle\sum_{n=1}^{\infty}u_{n}$ 中有无穷多个正项和无穷多个负项,则称之为 **任意项级数**,即级数

$$\sum_{n=1}^{\infty}u_{n}=u_{1}+u_{2}+\cdots+u_{n}+\cdots$$

中的各项 $u_{n}(n=1,2,\cdots)$ 为任意实数.

在任意项级数中,交错级数是一类很重要的级数,首先来讨论交错级数敛散性的判别法.

11.3.1　交错级数及其审敛法

定义 11.3.1　如果 $u_{n}>0$ $(n=1,2,\cdots,)$,则级数

$$\sum_{n=1}^{\infty}(-1)^{n-1}u_n=u_1-u_2+u_3-u_4+\cdots+(-1)^{n-1}u_n+\cdots \quad (11.3.1)$$

或

$$\sum_{n=1}^{\infty}(-1)^{n}u_n=-u_1+u_2-u_3+u_4-\cdots+(-1)^{n}u_n+\cdots \quad (11.3.2)$$

称为交错级数.

因为对于交错级数(11.3.2)的各项均乘以 -1 后就得到级数(11.3.1),且不改变原级数的敛散性(只是级数和变为原来的相反数),所以,只需讨论级数(11.3.1)的敛散性.

定理 11.3.1(莱布尼茨定理)   如果交错级数 $\sum_{n=1}^{\infty}(-1)^{n-1}u_n$ $(u_n>0)$ 满足

(1) $u_n \geqslant u_{n+1}$, $n=1,2,\cdots$;

(2) $\lim\limits_{n\to\infty}u_n=0$,

则级数收敛,且其和 $s \leqslant u_1$,余项 r_n 的绝对值 $|r_n| \leqslant u_{n+1}$.

证明   为了证明级数的部分和有极限,先考虑级数的前 $2n$ 项的和 s_{2n}.

由条件(1)可知

$$s_{2n}=(u_1-u_2)+(u_3-u_4)+\cdots+(u_{2n-1}-u_{2n}),$$

可见数列 $\{s_{2n}\}$ 是单调增加的.又因为

$$s_{2n}=u_1-(u_2-u_3)-(u_4-u_5)-\cdots-(u_{2n-2}-u_{2n-1})-u_{2n} \leqslant u_1,$$

根据单调有界数列必有极限的收敛准则可知

$$\lim_{n\to\infty}s_{2n}=s \leqslant u_1.$$

下面证明级数的前 $2n+1$ 项的和 s_{2n+1} 的极限也是 s.

因为

$$s_{2n+1}=s_{2n}+u_{2n+1},$$

由条件(2)可知 $\lim\limits_{n\to\infty}u_{2n+1}=0$,于是有

$$\lim_{n\to\infty}s_{2n+1}=\lim_{n\to\infty}(s_{2n}+u_{2n+1})=s.$$

因此得 $\lim\limits_{n\to\infty}s_n=s$,即级数 $\sum_{n=1}^{\infty}(-1)^{n-1}u_n$ 收敛于 s,且 $s \leqslant u_1$.

余项 r_n 可写作

$$r_n=\pm(u_{n+1}-u_{n+2}+\cdots),$$

其绝对值

$$|r_n|=u_{n+1}-u_{n+2}+\cdots$$

也是一个交错级数,且满足收敛的两个条件,所以其和不超过第一项,即 $|r_n| \leqslant u_{n+1}$.

例如,交错级数 $\sum_{n=1}^{\infty}(-1)^{n-1}\dfrac{1}{n}$, $\sum_{n=1}^{\infty}(-1)^{n-1}\dfrac{1}{\sqrt{n}}$, $\sum_{n=1}^{\infty}(-1)^{n}\dfrac{1}{\ln(n+1)}$

都是收敛的,可以用莱布尼茨定理来证明其收敛性.

例 11.3.1 判别级数 $\sum\limits_{n=1}^{\infty}(-1)^{n-1}\dfrac{1}{n}$ 的敛散性.

解 由于级数 $\sum\limits_{n=1}^{\infty}(-1)^{n-1}\dfrac{1}{n}$ 满足

$$u_n=\frac{1}{n}>\frac{1}{n+1}=u_{n+1},\text{且}\lim_{n\to\infty}u_n=\lim_{n\to\infty}\frac{1}{n}=0,$$

所以由莱布尼茨定理可知,级数 $\sum\limits_{n=1}^{\infty}(-1)^{n-1}\dfrac{1}{n}$ 收敛.

例 11.3.2 判别级数 $\sum\limits_{n=1}^{\infty}(-1)^{n-1}\dfrac{1}{\sqrt{n}}$ 的敛散性.

解 由于级数 $\sum\limits_{n=1}^{\infty}(-1)^{n-1}\dfrac{1}{\sqrt{n}}$ 满足

$$u_n=\frac{1}{\sqrt{n}}>\frac{1}{\sqrt{n+1}}=u_{n+1},\text{且}\lim_{n\to\infty}u_n=\lim_{n\to\infty}\frac{1}{\sqrt{n}}=0,$$

所以由莱布尼茨定理可知,级数 $\sum\limits_{n=1}^{\infty}(-1)^{n-1}\dfrac{1}{\sqrt{n}}$ 收敛.

例 11.3.3 判别级数 $\sum\limits_{n=1}^{\infty}(-1)^{n}\dfrac{1}{\ln(n+1)}$ 的敛散性.

解 由于级数 $\sum\limits_{n=1}^{\infty}(-1)^{n}\dfrac{1}{\ln(n+1)}$ 满足

$$u_n=\frac{1}{\ln(n+1)}>\frac{1}{\ln(n+2)}=u_{n+1},\text{且}\lim_{n\to\infty}u_n=\lim_{n\to\infty}\frac{1}{\ln(n+1)}=0,$$

所以由莱布尼茨定理可知,级数 $\sum\limits_{n=1}^{\infty}(-1)^{n}\dfrac{1}{\ln(n+1)}$ 收敛.

11.3.2 绝对收敛与条件收敛

定义 11.3.2 对任意项级数

$$\sum_{n=1}^{\infty}u_n=u_1+u_2+\cdots+u_n+\cdots \tag{11.3.3}$$

(其中 u_n 为任意实数,$n=1,2,\cdots$)各项取绝对值后得到的正项级数

$$\sum_{n=1}^{\infty}|u_n|=|u_1|+|u_2|+\cdots+|u_n|+\cdots \tag{11.3.4}$$

称为对应于级数(11.3.3)的绝对值级数.

这两个级数的敛散性有着下面的关系:

定理 11.3.2 如果级数 $\sum\limits_{n=1}^{\infty}|u_n|$ 收敛,则级数 $\sum\limits_{n=1}^{\infty}u_n$ 必收敛.

证明　设

$$v_n = \frac{1}{2}(u_n + |u_n|), \quad (n = 1, 2, \cdots),$$

则 $0 \leqslant v_n \leqslant |u_n|$. 由 $\sum\limits_{n=1}^{\infty} |u_n|$ 收敛及比较审敛法可知, 正项级数

$\sum\limits_{n=1}^{\infty} v_n$ 收敛, 从而级数 $\sum\limits_{n=1}^{\infty} 2v_n$ 也收敛. 而 $u_n = 2v_n - |u_n|$, 由收敛级数

的基本性质得

$$\sum_{n=1}^{\infty} u_n = \sum_{n=1}^{\infty} 2v_n - \sum_{n=1}^{\infty} |u_n|,$$

所以级数 $\sum\limits_{n=1}^{\infty} u_n$ 收敛.

定义 11.3.3　设 $\sum\limits_{n=1}^{\infty} u_n$ 为任意项级数, 若正项级数 $\sum\limits_{n=1}^{\infty} |u_n|$

收敛, 则称级数 $\sum\limits_{n=1}^{\infty} u_n$ **绝对收敛**; 若级数 $\sum\limits_{n=1}^{\infty} u_n$ 收敛, 而正项级数

$\sum\limits_{n=1}^{\infty} |u_n|$ 发散, 则称级数 $\sum\limits_{n=1}^{\infty} u_n$ **条件收敛**.

例如, $\sum\limits_{n=1}^{\infty} (-1)^{n-1} \frac{1}{n}$ 条件收敛, $\sum\limits_{n=1}^{\infty} (-1)^{n-1} \frac{1}{n^2}$ 绝对收敛.

例 11.3.4　判定级数 $\sum\limits_{n=1}^{\infty} \frac{\sin n\alpha}{n^4}$ 的敛散性, 若收敛, 指出是条件

收敛还是绝对收敛.

解　因为 $\left| \dfrac{\sin n\alpha}{n^4} \right| \leqslant \dfrac{1}{n^4}$, 而正项级数 $\sum\limits_{n=1}^{\infty} \dfrac{1}{n^4}$ 收敛, 故级数 $\sum\limits_{n=1}^{\infty} \left| \dfrac{\sin n\alpha}{n^4} \right|$

收敛, 所以级数 $\sum\limits_{n=1}^{\infty} \dfrac{\sin n\alpha}{n^4}$ 绝对收敛.

例 11.3.5　判定级数 $\sum\limits_{n=1}^{\infty} (-1)^n \dfrac{2}{3n+1}$ 的敛散性, 若收敛, 指出

是条件收敛还是绝对收敛.

解　由于级数 $\sum\limits_{n=1}^{\infty} (-1)^n \dfrac{2}{3n+1}$ 满足

$$\frac{2}{3n+1} > \frac{2}{3(n+1)+1}, \text{且} \lim_{n \to \infty} \frac{2}{3n+1} = 0,$$

所以由莱布尼茨定理可知, 级数 $\sum\limits_{n=1}^{\infty} (-1)^n \dfrac{2}{3n+1}$ 收敛. 但是

$$\sum_{n=1}^{\infty} \left| (-1)^n \frac{2}{3n+1} \right| = \sum_{n=1}^{\infty} \frac{2}{3n+1}$$

是发散的,所以,级数 $\sum\limits_{n=1}^{\infty}(-1)^{n}\dfrac{2}{3n+1}$ 条件收敛.

因为绝对值级数是正项级数,所以正项级数敛散性的判别法都可以用来判定任意项级数是否绝对收敛,而绝对收敛的级数一定收敛,这就使得可以将一大类级数的敛散性判别问题,转化成正项级数敛散性的判别问题.

一般说来,如果级数 $\sum\limits_{n=1}^{\infty}|u_{n}|$ 发散,我们不能断定级数 $\sum\limits_{n=1}^{\infty}u_{n}$ 也发散.但是,若采用比值审敛法或根值审敛法,根据 $\lim\limits_{n\to\infty}\left|\dfrac{u_{n+1}}{u_{n}}\right|=\rho>1$ 或 $\lim\limits_{n\to\infty}\sqrt[n]{|u_{n}|}=\rho>1$ 判定级数 $\sum\limits_{n=1}^{\infty}|u_{n}|$ 发散,则可以断定级数 $\sum\limits_{n=1}^{\infty}u_{n}$ 也发散.这是因为当 $\rho>1$ 时,必有 $\dfrac{|u_{n+1}|}{|u_{n}|}>1$,所以 $\lim\limits_{n\to\infty}|u_{n}|\neq0$,从而 $\lim\limits_{n\to\infty}u_{n}\neq0$,由级数收敛的必要条件可知,级数 $\sum\limits_{n=1}^{\infty}u_{n}$ 发散.由此可得下面的定理.

定理 11.3.3　设

$$\sum_{n=1}^{\infty}u_{n}=u_{1}+u_{2}+\cdots+u_{n}+\cdots$$

为任意项级数,记

$$\lim_{n\to\infty}\left|\frac{u_{n+1}}{u_{n}}\right|=\rho\qquad\left(\text{或}\lim_{n\to\infty}\sqrt[n]{|u_{n}|}=\rho\right),$$

则当 $\rho<1$ 时,级数绝对收敛;当 $\rho>1$ 时,级数发散.

例 11.3.6　判定级数 $\sum\limits_{n=1}^{\infty}\dfrac{(-1)^{n-1}n!}{n^{n}}$ 的敛散性.

解　由于

$$\lim_{n\to\infty}\left|\frac{u_{n+1}}{u_{n}}\right|=\lim_{n\to\infty}\frac{(n+1)!}{(n+1)^{n+1}}\cdot\frac{n^{n}}{n!}$$
$$=\lim_{n\to\infty}\left(\frac{n}{n+1}\right)^{n}=\frac{1}{e}<1,$$

微课:例 11.3.6

所以,该级数绝对收敛.

例 11.3.7　判定级数 $\sum\limits_{n=1}^{\infty}(-1)^{n}\dfrac{1}{2^{n}}\left(1+\dfrac{1}{n}\right)^{n^{2}}$ 的敛散性.

解　由于

$$\lim_{n\to\infty}\sqrt[n]{|u_{n}|}=\frac{1}{2}\lim_{n\to\infty}\left(1+\frac{1}{n}\right)^{n}=\frac{e}{2}>1,$$

所以级数 $\sum\limits_{n=1}^{\infty}(-1)^{n}\dfrac{1}{2^{n}}\left(1+\dfrac{1}{n}\right)^{n^{2}}$ 发散.

例 11.3.8　判定级数 $\sum\limits_{n=1}^{\infty} nx^{n-1}$ 的敛散性.

解　因 x 可取任意实数,这是任意项级数.由于

$$\lim_{n \to \infty}\left|\frac{u_{n+1}}{u_n}\right| = \lim_{n \to \infty}\frac{(n+1)\,|\,x\,|^{\,n}}{n\,|\,x\,|^{\,n-1}} = |\,x\,|\lim_{n \to \infty}\left(1+\frac{1}{n}\right) = |\,x\,|,$$

所以

当 $|\,x\,| < 1$ 时,级数绝对收敛;当 $|\,x\,| > 1$ 时,级数发散;

当 $|\,x\,| = 1$ 时,级数的一般项不趋于零,故级数发散.

综上可知,当 $|\,x\,| < 1$ 时,级数绝对收敛;当 $|\,x\,| \geqslant 1$ 时,级数发散.

11.3.3　同步习题

1. 判断题,正确的在括号里画"√",错误的在括号里画"×".

(1) 若 $\sum\limits_{n=1}^{\infty}(u_{2n-1}+u_{2n})$ 收敛,则 $\sum\limits_{n=1}^{\infty} u_n$ 必收敛,且 $\lim\limits_{n\to\infty} u_n = 0$. (　　)

(2) 若 $\sum\limits_{n=1}^{\infty}(u_{2n-1}+u_{2n})$ 发散,则 $\sum\limits_{n=1}^{\infty} u_n$ 必发散. (　　)

(3) 若 $\lim\limits_{n\to\infty}\dfrac{u_n}{v_n} = 1$,则 $\sum\limits_{n=1}^{\infty} u_n$ 与 $\sum\limits_{n=1}^{\infty} v_n$ 的敛散性相同. (　　)

(4) 若 $\lim\limits_{n\to\infty}\dfrac{|\,u_{n+1}\,|}{|\,u_n\,|} > 1$,则 $\sum\limits_{n=1}^{\infty} u_n$ 发散. (　　)

2. 选择题

(1) 下列级数中绝对收敛的是(　　).

(A) $\sum\limits_{n=1}^{\infty}(-1)^{n-1}\dfrac{1}{n}$　　　　　(B) $\sum\limits_{n=1}^{\infty}(-1)^{n-1}\dfrac{1}{n^2}$

(C) $\sum\limits_{n=1}^{\infty}(-1)^{n-1}\dfrac{1}{\sqrt{n}}$　　　　　(D) $\sum\limits_{n=1}^{\infty}(-1)^{n-1}\dfrac{1}{\sqrt[3]{n}}$

(2) 设 α 为常数,则级数 $\sum\limits_{n=1}^{\infty}\left(\dfrac{\cos\alpha\pi}{n^2} - \dfrac{\sin\alpha\pi}{\sqrt{n}}\right)$(　　).

(A) 绝对收敛　　　　　　(B) 条件收敛

(C) 发散　　　　　　　　(D) 收敛性与 α 的取值有关

(3) 设级数 $\sum\limits_{n=1}^{\infty}(-1)^n u_n 2^n$ 收敛,则级数 $\sum\limits_{n=1}^{\infty} u_n$(　　).

(A) 绝对收敛　　　　　　(B) 条件收敛

(C) 发散　　　　　　　　(D) 收敛性不能确定

(4) 设常数 $k > 0$,则级数 $\sum\limits_{n=1}^{\infty}(-1)^n\dfrac{n+k}{n^2}$(　　).

(A) 发散　　　　　　　　(B) 绝对收敛

(C) 条件收敛　　　　　　(D) 收敛性与 k 的取值有关

3. 判定下列级数的敛散性,若收敛,指出是绝对收敛还是条件收敛.

(1) $1-\dfrac{1}{\sqrt{2}}+\dfrac{1}{\sqrt{3}}-\dfrac{1}{\sqrt{4}}+\cdots$;

(2) $1-\dfrac{1}{2!}+\dfrac{1}{3!}-\dfrac{1}{4!}+\cdots$;

(3) $\displaystyle\sum_{n=1}^{\infty}(-1)^n\dfrac{n}{2^n}$;

(4) $\displaystyle\sum_{n=1}^{\infty}\dfrac{1}{n}\sin\dfrac{n\pi}{2}$;

(5) $\dfrac{1}{2}-\dfrac{1}{2\cdot2^2}+\dfrac{1}{3\cdot2^3}-\dfrac{1}{4\cdot2^4}+\cdots$;

(6) $\displaystyle\sum_{n=1}^{\infty}(-1)^n\dfrac{2^{n^2}}{n!}$;

(7) $\displaystyle\sum_{n=1}^{\infty}(-1)^n\dfrac{2+n}{n^2}$;

(8) $\displaystyle\sum_{n=1}^{\infty}\dfrac{\sin n\alpha}{(n+1)^2}$;

(9) $\displaystyle\sum_{n=1}^{\infty}(-1)^{n-1}\left(1-\cos\dfrac{1}{n}\right)$;

(10) $\displaystyle\sum_{n=1}^{\infty}(-1)^{n-1}\dfrac{n+2}{3n+1}$.

11.4　幂　级　数

本节要求:通过本节的学习,学生应了解函数项级数的收敛域及和函数的概念,理解幂级数收敛半径的概念,掌握幂级数的收敛半径、收敛区间及收敛域的求法;了解幂级数在其收敛区间内的基本性质(和函数的连续性、逐项求导和逐项积分),会求一些幂级数在收敛区间内的和函数,并会由此求出某些数项级数的和.

11.4.1　函数项级数的概念

前面我们讨论了数项级数,其中的每一项都是实数.本节讨论每一项都是函数的级数,这就是函数项级数.

定义 11.4.1　给定一个定义在区间 I 上的函数列
$$u_1(x),u_2(x),\cdots,u_n(x),\cdots,$$
则表达式
$$\sum_{n=1}^{\infty}u_n(x)=u_1(x)+u_2(x)+\cdots+u_n(x)+\cdots\quad(11.4.1)$$
称为定义在区间 I 上的函数项无穷级数,简称为函数项级数.

对于每一个 $x_0\in I$,函数项级数(11.4.1)化为常数项级数
$$\sum_{n=1}^{\infty}u_n(x_0)=u_1(x_0)+u_2(x_0)+\cdots+u_n(x_0)+\cdots,\quad(11.4.2)$$
这个级数可能收敛也可能发散.

定义 11.4.2 如果常数项级数 $\sum\limits_{n=1}^{\infty} u_n(x_0)$ 收敛,则称 x_0 为函数项级数 $\sum\limits_{n=1}^{\infty} u_n(x)$ 的 收敛点;如果常数项级数 $\sum\limits_{n=1}^{\infty} u_n(x_0)$ 发散,则称 x_0 为函数项级数 $\sum\limits_{n=1}^{\infty} u_n(x)$ 的 发散点.函数项级数 $\sum\limits_{n=1}^{\infty} u_n(x)$ 的收敛点的全体称为它的 收敛域,发散点的全体称为它的 发散域.

定义 11.4.3 对于函数项级数 $\sum\limits_{n=1}^{\infty} u_n(x)$ 收敛域内的任意点 x,都有一个确定的和 s 与之对应,这样就构成了定义在收敛域上的函数 $s(x)$,称为函数项级数 $\sum\limits_{n=1}^{\infty} u_n(x)$ 的 和函数,记作

$$s(x) = u_1(x) + u_2(x) + \cdots + u_n(x) + \cdots,$$

和函数 $s(x)$ 的定义域就是级数 $\sum\limits_{n=1}^{\infty} u_n(x)$ 的收敛域.

设函数项级数 $\sum\limits_{n=1}^{\infty} u_n(x)$ 的前 n 项和为 $s_n(x)$,则在收敛域上有

$$\lim_{n \to \infty} s_n(x) = s(x).$$

记 $r_n(x) = s(x) - s_n(x)$ 为函数项级数 $\sum\limits_{n=1}^{\infty} u_n(x)$ 的余项,则在函数项级数 $\sum\limits_{n=1}^{\infty} u_n(x)$ 的收敛域上有

$$\lim_{n \to \infty} r_n(x) = 0.$$

例 11.4.1 求定义在区间 $(-\infty, +\infty)$ 上的函数项级数

$$\sum_{n=0}^{\infty} x^n = 1 + x + x^2 + \cdots + x^{n-1} + \cdots$$

的收敛域与和函数 $s(x)$.

解 当 $x \neq 1$ 时,级数的部分和函数 $s_n(x) = \dfrac{1 - x^n}{1 - x}$.

当 $|x| < 1$ 时,有

$$s(x) = \lim_{n \to \infty} s_n(x) = \frac{1}{1 - x};$$

当 $|x| > 1$ 时,级数发散;当 $x = \pm 1$ 时,级数也发散.

综上所述,等比级数 $\sum\limits_{n=0}^{\infty} x^n$ 的收敛域为开区间 $(-1, 1)$,和函数 $s(x) = \dfrac{1}{1 - x}$,即

$$\frac{1}{1-x}=1+x+x^2+\cdots+x^{n-1}+\cdots \quad (-1<x<1).$$

11.4.2　幂级数及其收敛性

在函数项级数中,应用最广泛也最重要的两类级数是幂级数以及将在 11.6 节中讨论的三角级数.

> **定义 11.4.4**　每一项都是幂函数的级数,即形如
> $$\sum_{n=0}^{\infty}a_n(x-x_0)^n=a_0+a_1(x-x_0)+\cdots+a_n(x-x_0)^n+\cdots \quad (11.4.3)$$
> 的函数项级数称为**幂级数**,其中 $a_0,a_1,\cdots,a_n,\cdots$ 称为**幂级数的系数**.

特别地,当 $x_0=0$ 时,幂级数(11.4.3)化为如下形式

$$\sum_{n=0}^{\infty}a_nx^n=a_0+a_1x+a_2x^2+\cdots+a_nx^n+\cdots \quad (11.4.4)$$

例如

$$1+x+x^2+\cdots+x^n+\cdots,$$

$$1+x+\frac{1}{2!}x^2+\frac{1}{3!}x^3+\cdots+\frac{1}{n!}x^n+\cdots,$$

$$x+\frac{1}{3!}x^3+\frac{1}{5!}x^5+\cdots+\frac{1}{(2n-1)!}x^{2n-1}+\cdots.$$

注意到只要把幂级数 $\sum\limits_{n=0}^{\infty}a_nx^n$ 中的 x 换成 $x-x_0$ 就可以得到幂级数 $\sum\limits_{n=0}^{\infty}a_n(x-x_0)^n$,于是我们着重研究 $\sum\limits_{n=0}^{\infty}a_nx^n$ 的情形.

对于幂级数 $\sum\limits_{n=0}^{\infty}a_nx^n$,首先要讨论它的收敛域.

显然,幂级数 $\sum\limits_{n=0}^{\infty}a_nx^n$ 在点 $x=0$ 处收敛.

如果 $\sum\limits_{n=0}^{\infty}a_nx^n$ 有非零的收敛点,下面的定理告诉我们,它的收敛域是一个区间.

定理 11.4.1(阿贝尔(Abel)定理)　(1) 如果幂级数 $\sum\limits_{n=0}^{\infty}a_nx^n$ 在 $x_0(x_0\neq0)$ 处收敛,则当 $|x|<|x_0|$ 时,幂级数 $\sum\limits_{n=0}^{\infty}a_nx^n$ 绝对收敛;(2) 如果幂级数 $\sum\limits_{n=0}^{\infty}a_nx^n$ 在 $x_0(x_0\neq0)$ 处发散,则当 $|x|>|x_0|$ 时,幂级数 $\sum\limits_{n=0}^{\infty}a_nx^n$ 发散.

证明　（1）因为 $\sum\limits_{n=0}^{\infty} a_n x_0^n$ 收敛,根据级数收敛的必要条件,有 $\lim\limits_{n\to\infty} a_n x_0^n = 0$,于是存在一个常数 M,使得

$$|a_n x_0^n| \leqslant M \quad (n=0,1,2,\cdots).$$

级数 $\sum\limits_{n=0}^{\infty} a_n x^n$ 的一般项的绝对值满足

$$|a_n x^n| = |a_n x_0^n|\left|\frac{x}{x_0}\right|^n \leqslant M\left|\frac{x}{x_0}\right|^n \quad (n=0,1,2,\cdots).$$

当 $|x| < |x_0|$ 时,$\sum\limits_{n=0}^{\infty} M\left|\dfrac{x}{x_0}\right|^n$ 是公比为 $\left|\dfrac{x}{x_0}\right| < 1$ 的等比级数,故收敛,所以级数 $\sum\limits_{n=0}^{\infty} |a_n x^n|$ 收敛,也就是级数 $\sum\limits_{n=0}^{\infty} a_n x^n$ 绝对收敛.

（2）若级数 $\sum\limits_{n=0}^{\infty} a_n x^n$ 在 x_0 处发散,如有 $|x_1| > |x_0|$ 使得级数 $\sum\limits_{n=0}^{\infty} a_n x_1^n$ 收敛,由定理 11.4.1 的第一部分可知,级数 $\sum\limits_{n=0}^{\infty} a_n x^n$ 在 x_0 处收敛,这与题设矛盾,故对于一切满足 $|x| > |x_0|$ 的 x,级数 $\sum\limits_{n=0}^{\infty} a_n x^n$ 发散.

定理 11.4.1 告诉我们,如果幂级数 $\sum\limits_{n=0}^{\infty} a_n x^n$ 除在 $x=0$ 外还有其他收敛点,则它的收敛域一定是一个以原点为中心的区间.

幂级数 $\sum\limits_{n=0}^{\infty} a_n x^n$ 在 $(-\infty,+\infty)$ 上的敛散性有以下三种情形:

（1）其收敛域是以原点为中心,R 为半径的有限区间.即幂级数在 $(-R,R)$ 内收敛,在 $[-R,R]$ 外一定发散,在端点 $x = \pm R$ 处可能收敛也可能发散.

此时称 R 为幂级数 $\sum\limits_{n=0}^{\infty} a_n x^n$ 的收敛半径,称开区间 $(-R,R)$ 为幂级数 $\sum\limits_{n=0}^{\infty} a_n x^n$ 的收敛区间.幂级数在端点 $x = \pm R$ 处的敛散性决定其收敛域是 $(-R,R)$,$[-R,R]$,$(-R,R]$ 或 $[-R,R)$ 这四个区间之一.

（2）其收敛域是无穷区间 $(-\infty,+\infty)$,此时称幂级数 $\sum\limits_{n=0}^{\infty} a_n x^n$ 的收敛半径为无穷大,即 $R=+\infty$.

（3）其收敛域为 $\{0\}$,即幂级数 $\sum\limits_{n=0}^{\infty} a_n x^n$ 仅在 $x=0$ 处收敛,此时称收敛半径 $R=0$.

由上述讨论可知,求幂级数收敛域的关键在于求出其收敛半

径,下面的定理给出了求收敛半径的具体方法.

定理 11.4.2　设幂级数 $\sum\limits_{n=0}^{\infty} a_n x^n$ 的系数 $a_n \neq 0 (n = 0, 1, 2, \cdots)$,

如果

$$\lim_{n \to \infty} \left| \frac{a_{n+1}}{a_n} \right| = \rho \qquad (\text{或} \lim_{n \to \infty} \sqrt[n]{|a_n|} = \rho),$$

则幂级数 $\sum\limits_{n=0}^{\infty} a_n x^n$ 的收敛半径

$$R = \begin{cases} \dfrac{1}{\rho}, & 0 < \rho < +\infty, \\ +\infty, & \rho = 0, \\ 0, & \rho = +\infty. \end{cases}$$

证明　考察幂级数 $\sum\limits_{n=0}^{\infty} a_n x^n$ 的各项取绝对值所成的正项级数

$$|a_0| + |a_1 x| + |a_2 x^2| + \cdots + |a_{n-1} x^{n-1}| + |a_n x^n| + \cdots,$$

由于

$$\lim_{n \to \infty} \frac{|a_{n+1} x^{n+1}|}{|a_n x^n|} = \lim_{n \to \infty} \left| \frac{a_{n+1}}{a_n} \right| |x| = \rho |x|,$$

由正项级数的比值审敛法可知:

（1）如果 $0 < \rho < +\infty$, 则当 $\rho |x| < 1$, 即 $|x| < \dfrac{1}{\rho}$ 时, 幂级数

$\sum\limits_{n=0}^{\infty} |a_n x^n|$ 收敛, 从而幂级数 $\sum\limits_{n=0}^{\infty} a_n x^n$ 绝对收敛; 当 $\rho |x| > 1$, 即 $|x| > \dfrac{1}{\rho}$

时, 幂级数 $\sum\limits_{n=0}^{\infty} |a_n x^n|$ 发散, 则 $\lim\limits_{n \to \infty} |a_n x^n| \neq 0$, 故 $\lim\limits_{n \to \infty} a_n x^n \neq 0$, 由此

可知幂级数 $\sum\limits_{n=0}^{\infty} a_n x^n$ 发散, 于是收敛半径 $R = \dfrac{1}{\rho}$;

（2）如果 $\rho = 0$, 则对一切 $x \in (-\infty, +\infty)$, 有

$$\lim_{n \to \infty} \frac{|a_{n+1} x^{n+1}|}{|a_n x^n|} = \rho |x| = 0 < 1,$$

从而幂级数 $\sum\limits_{n=0}^{\infty} a_n x^n$ 在 $(-\infty, +\infty)$ 上绝对收敛, 于是 $R = +\infty$;

（3）如果 $\rho = +\infty$, 则对一切 $x \neq 0$, 有 $\lim\limits_{n \to \infty} \dfrac{|a_{n+1} x^{n+1}|}{|a_n x^n|} = +\infty$, 从而

幂级数 $\sum\limits_{n=0}^{\infty} a_n x^n$ 必发散, 于是 $R = 0$.

$\lim\limits_{n \to \infty} \sqrt[n]{|a_n|} = \rho$ 的情形类似可证.

例 11.4.2　求幂级数 $\sum\limits_{n=1}^{\infty} \dfrac{x^n}{n}$ 的收敛半径、收敛区间和收敛域.

解 由于

$$\rho = \lim_{n \to \infty} \left| \frac{a_{n+1}}{a_n} \right| = \lim_{n \to \infty} \frac{\dfrac{1}{n+1}}{\dfrac{1}{n}} = 1,$$

所以收敛半径 $R=1$,收敛区间为 $(-1,1)$.

当 $x=1$ 时,幂级数化为调和级数 $\displaystyle\sum_{n=1}^{\infty} \frac{1}{n}$,该级数发散;

当 $x=-1$ 时,幂级数化为交错级数 $\displaystyle\sum_{n=1}^{\infty} \frac{(-1)^n}{n}$,由莱布尼茨定理可知,该级数收敛.所以收敛域为 $[-1,1)$.

例 11.4.3 求幂级数

$$1 + x + \frac{1}{2!}x^2 + \frac{1}{3!}x^3 + \cdots + \frac{1}{n!}x^n + \cdots$$

的收敛域.

解 因为 $\rho = \lim\limits_{n \to \infty} \left| \dfrac{a_{n+1}}{a_n} \right| = \lim\limits_{n \to \infty} \dfrac{\dfrac{1}{(n+1)!}}{\dfrac{1}{n!}} = \lim\limits_{n \to \infty} \dfrac{1}{n+1} = 0$,所以收敛半径 $R = +\infty$,收敛域为 $(-\infty, +\infty)$.

例 11.4.4 求幂级数 $\displaystyle\sum_{n=0}^{\infty} \frac{(n+1)!}{2^n} x^n$ 的收敛域.

解 因为

$$\rho = \lim_{n \to \infty} \left| \frac{a_{n+1}}{a_n} \right| = \lim_{n \to \infty} \frac{(n+2)!}{2^{n+1}} \cdot \frac{2^n}{(n+1)!} = \lim_{n \to \infty} \frac{n+2}{2} = +\infty,$$

所以收敛半径 $R=0$,幂级数仅在 $x=0$ 处收敛,收敛域为 $\{0\}$.

如果幂级数的形式为 $\displaystyle\sum_{n=0}^{\infty} a_n (x-x_0)^n$,可作变量代换 $x-x_0 = t$,使之成为幂级数 $\displaystyle\sum_{n=0}^{\infty} a_n t^n$ 的形式,再进行讨论.

例 11.4.5 求幂级数 $\displaystyle\sum_{n=1}^{\infty} \frac{(x-1)^n}{2^n \cdot n}$ 的收敛域.

解 令 $x-1=t$,则原来的幂级数成为 $\displaystyle\sum_{n=1}^{\infty} \frac{t^n}{2^n \cdot n}$,由于

$$\rho = \lim_{n \to \infty} \left| \frac{a_{n+1}}{a_n} \right| = \lim_{n \to \infty} \frac{\dfrac{1}{2^{n+1}(n+1)}}{\dfrac{1}{2^n \cdot n}} = \lim_{n \to \infty} \frac{n}{2(n+1)} = \frac{1}{2},$$

故幂级数 $\displaystyle\sum_{n=1}^{\infty} \frac{t^n}{2^n \cdot n}$ 的收敛半径 $R=2$,收敛区间为 $-2<t<2$,即 $-1<x<3$.

当 $x=-1$ 时,幂级数成为 $\sum_{n=1}^{\infty}\dfrac{(-1)^n}{n}$,该级数收敛;当 $x=3$ 时,幂级数成为 $\sum_{n=1}^{\infty}\dfrac{1}{n}$,该级数发散.所以幂级数 $\sum_{n=1}^{\infty}\dfrac{(x-1)^n}{2^n\cdot n}$ 的收敛域为 $[-1,3)$.

在定理 11.4.2 中,要求幂级数所有项的系数 $a_n\neq 0$.如果其中有无穷多项的系数 $a_n=0$,就称为缺项级数,此时不能使用定理 11.4.2,而要根据正项级数的比值审敛法(或根值审敛法)确定幂级数的收敛半径 R.

例 11.4.6 求幂级数 $\sum_{n=0}^{\infty}\dfrac{x^{2n}}{4^n}$ 的收敛域.

解 因为级数中缺少 x 的奇次幂项,所以不能用定理 11.4.2 确定 R,可用根值审敛法求得幂级数的收敛半径 R.
由于

$$\lim_{n\to\infty}\sqrt[n]{|u_n|}=\lim_{n\to\infty}\sqrt[n]{\dfrac{|x^{2n}|}{4^n}}=\dfrac{x^2}{4},$$

当 $\dfrac{x^2}{4}<1$,即 $|x|<2$ 时,幂级数绝对收敛;当 $\dfrac{x^2}{4}>1$,即 $|x|>2$ 时,幂级数发散,故 $R=2$.当 $x=\pm 2$ 时,级数成为 $\sum_{n=0}^{\infty}1$,发散,所以幂级数 $\sum_{n=0}^{\infty}\dfrac{x^{2n}}{4^n}$ 的收敛域为 $(-2,2)$.

例 11.4.7 求幂级数 $\sum_{n=1}^{\infty}\dfrac{x^{2n-1}}{n\cdot 3^n}$ 的收敛域.

解 因为级数中缺少 x 的偶次幂项,所以不能用定理 11.4.2 确定 R,我们可用比值审敛法求得幂级数的收敛半径 R.
由于

$$\lim_{n\to\infty}\left|\dfrac{u_{n+1}(x)}{u_n(x)}\right|=\lim_{n\to\infty}\left|\dfrac{\dfrac{x^{2(n+1)-1}}{(n+1)3^{n+1}}}{\dfrac{x^{2n-1}}{n\cdot 3^n}}\right|=\dfrac{x^2}{3}\lim_{n\to\infty}\dfrac{n}{n+1}=\dfrac{x^2}{3},$$

当 $\dfrac{x^2}{3}<1$,即 $|x|<\sqrt{3}$ 时,幂级数绝对收敛;当 $\dfrac{x^2}{3}>1$,即 $|x|>\sqrt{3}$ 时,幂级数发散,故 $R=\sqrt{3}$.当 $x=\pm\sqrt{3}$ 时,级数成为 $\pm\dfrac{1}{\sqrt{3}}\sum_{n=1}^{\infty}\dfrac{1}{n}$,发散,所以幂级数 $\sum_{n=1}^{\infty}\dfrac{x^{2n-1}}{n\cdot 3^n}$ 的收敛域为 $(-\sqrt{3},\sqrt{3})$.

11.4.3 幂级数的运算

定理 11.4.3 设幂级数 $\sum_{n=0}^{\infty}a_n x^n$ 和 $\sum_{n=0}^{\infty}b_n x^n$ 的收敛半径分别为

R_1 与 R_2，记 $R = \min\{R_1, R_2\}$，则在收敛区间 $(-R, R)$ 上，有

$$（1）\sum_{n=0}^{\infty} a_n x^n \pm \sum_{n=0}^{\infty} b_n x^n = \sum_{n=0}^{\infty}(a_n \pm b_n)x^n;$$

$$（2）\left(\sum_{n=0}^{\infty} a_n x^n\right)\left(\sum_{n=0}^{\infty} b_n x^n\right) = \sum_{n=0}^{\infty} c_n x^n.$$

其中 $c_n = a_0 b_n + a_1 b_{n-1} + \cdots + a_{n-1} b_1 + a_n b_0;$

$$（3）\frac{\displaystyle\sum_{n=0}^{\infty} a_n x^n}{\displaystyle\sum_{n=0}^{\infty} b_n x^n} = \sum_{n=0}^{\infty} c_n x^n.$$

这里 $b_0 \neq 0$，系数 $c_i (i = 0, 1, 2, \cdots)$ 由等式

$$\sum_{n=0}^{\infty} a_n x^n = \left(\sum_{n=0}^{\infty} b_n x^n\right)\left(\sum_{n=0}^{\infty} c_n x^n\right)$$

两边比较同次幂的系数确定.

两个收敛幂级数相加减或相乘所得到的幂级数，其收敛半径 $R \geq \min\{R_1, R_2\}$，相除所得的幂级数的收敛区间可能比原来两个级数的收敛区间小得多.

11.4.4　幂级数和函数的性质

定理 11.4.4　设幂级数 $\displaystyle\sum_{n=0}^{\infty} a_n x^n$ 的和函数为 $s(x)$，收敛半径为 $R > 0$，则

（1）$s(x)$ 在区间 $(-R, R)$ 内连续. 如果幂级数 $\displaystyle\sum_{n=0}^{\infty} a_n x^n$ 在区间 $(-R, R)$ 的端点 $x = R$（或 $x = -R$）处也收敛，则 $s(x)$ 在 $x = R$ 处左连续（或在 $x = -R$ 处右连续）.

（2）$s(x)$ 在区间 $(-R, R)$ 内可导，且可逐项求导：

$$s'(x) = \left(\sum_{n=0}^{\infty} a_n x^n\right)' = \sum_{n=0}^{\infty}(a_n x^n)' = \sum_{n=1}^{\infty} n a_n x^{n-1}, \qquad (11.4.5)$$

逐项求导后所得到的幂级数与原级数有相同的收敛半径.

（3）$s(x)$ 在区间 $(-R, R)$ 内可积，且可逐项积分，即

$$\int_0^x s(x)\,\mathrm{d}x = \int_0^x \left(\sum_{n=0}^{\infty} a_n x^n\right)\mathrm{d}x = \sum_{n=0}^{\infty}\int_0^x (a_n x^n)\,\mathrm{d}x = \sum_{n=0}^{\infty}\frac{a_n}{n+1}x^{n+1}, \quad (11.4.6)$$

逐项积分后所得到的幂级数与原级数有相同的收敛半径.

推论　幂级数 $\displaystyle\sum_{n=0}^{\infty} a_n x^n$ 的和函数 $s(x)$ 在收敛区间 $(-R, R)$ 内具有任意阶导数，且

$$s^{(n)}(x) = \sum_{k=0}^{\infty}(a_k x^k)^{(n)}.$$

注 11.4.1　可以证明，如果逐项求导、逐项积分后所得幂级数

在 $x=R$ 或 $x=-R$ 处收敛,则在 $x=R$ 或 $x=-R$ 处式(11.4.5)、式(11.4.6)仍成立.

例 11.4.8　求幂级数 $\displaystyle\sum_{n=1}^{\infty} nx^{n-1}$ 的和函数.

解　由

$$\lim_{n\to\infty}\left|\frac{a_{n+1}}{a_n}\right|=\lim_{n\to\infty}\frac{n+1}{n}=1,$$

得收敛半径 $R=1$,收敛区间为 $(-1,1)$.当 $x=1$ 和 $x=-1$ 时级数发散,所以幂级数 $\displaystyle\sum_{n=1}^{\infty} nx^{n-1}$ 的收敛域为 $(-1,1)$.

设和函数为 $s(x)$,有

$$s(x)=\sum_{n=1}^{\infty} nx^{n-1}=\sum_{n=1}^{\infty}(x^n)'=\left(\sum_{n=1}^{\infty}x^n\right)'$$
$$=\left(\frac{x}{1-x}\right)'=\frac{1}{(1-x)^2},\quad x\in(-1,1).$$

例 11.4.9　求幂级数 $\displaystyle\sum_{n=0}^{\infty}\frac{x^n}{n+1}$ 的和函数.

解　由

$$\lim_{n\to\infty}\left|\frac{a_{n+1}}{a_n}\right|=\lim_{n\to\infty}\frac{n+1}{n+2}=1,$$

得收敛半径 $R=1$,收敛区间为 $(-1,1)$.

当 $x=-1$ 时,级数成为 $\displaystyle\sum_{n=0}^{\infty}\frac{(-1)^n}{n+1}$,收敛;当 $x=1$ 时,级数成为 $\displaystyle\sum_{n=0}^{\infty}\frac{1}{n+1}$,发散.故幂级数 $\displaystyle\sum_{n=0}^{\infty}\frac{x^n}{n+1}$ 的收敛域为 $[-1,1)$.

设和函数为 $s(x)$,即

$$s(x)=\sum_{n=0}^{\infty}\frac{x^n}{n+1},\quad x\in[-1,1),$$

于是

$$xs(x)=\sum_{n=0}^{\infty}\frac{x^{n+1}}{n+1},$$

逐项求导,得

$$[xs(x)]'=\left(\sum_{n=0}^{\infty}\frac{x^{n+1}}{n+1}\right)'=\sum_{n=0}^{\infty}\left(\frac{x^{n+1}}{n+1}\right)'=\sum_{n=0}^{\infty}x^n=\frac{1}{1-x},\quad x\in(-1,1),$$

上式两端从 0 到 x 积分,得

$$xs(x)=\int_0^x[xs(x)]'\mathrm{d}x=\int_0^x\frac{1}{1-x}\mathrm{d}x=-\ln(1-x),\quad x\in[-1,1).$$

当 $x\neq 0$ 时,

$$s(x)=-\frac{1}{x}\ln(1-x),$$

显然, $s(0) = a_0 = 1$, 所以

$$s(x) = \begin{cases} -\dfrac{1}{x}\ln(1-x), & x \in [-1,1), x \neq 0, \\ 1, & x = 0. \end{cases}$$

11.4.5　同步习题

1. 若幂级数 $\sum\limits_{n=0}^{\infty} a_n x^n$ 在 $x = -2$ 处收敛, 则该级数在 $x = 1$ 处必定(　　).

（A）发散　　　　　　　　　　（B）绝对收敛

（C）条件收敛　　　　　　　　（D）敛散性无法确定

2. 设幂级数 $\sum\limits_{n=0}^{\infty} a_n x^n$ 在 $x = 3$ 处发散, 则该级数(　　).

（A）在 $x = -3$ 处一定收敛　　（B）在 $x = -3$ 处一定发散

（C）在 $x = -2$ 处一定收敛　　（D）在 $x = -5$ 处一定发散

3. 设幂级数 $\sum\limits_{n=0}^{\infty} a_n (x-2)^n$ 在 $x = 0$ 处收敛, 在 $x = 4$ 处发散, 则幂级数 $\sum\limits_{n=0}^{\infty} a_n x^n$ 的收敛域为(　　).

（A）$[-2, 2)$　　　　　　　　（B）$(-2, 2]$

（C）$[0, 4)$　　　　　　　　　（D）$(0, 4]$

4. 幂级数 $\sum\limits_{n=1}^{\infty} n x^n$ 在收敛域 $(-1, 1)$ 内的和函数为(　　).

（A）$\dfrac{1}{(1-x)^2}$　　　　　　（B）$\dfrac{x}{(1-x)^2}$

（C）$\dfrac{1}{(1+x)^2}$　　　　　　（D）$\dfrac{x}{(1+x)^2}$

5. 幂级数 $\sum\limits_{n=1}^{\infty} (n+1) x^n$ 在收敛域 $(-1, 1)$ 内的和函数为(　　).

（A）$\dfrac{1}{(1-x)^2}$　　　　　　（B）$\dfrac{x}{(1-x)^2}$

（C）$\dfrac{1}{(1-x)^2} - 1$　　　　（D）$\dfrac{1}{(1-x)^2} + 1$

6. 求下列幂级数的收敛半径与收敛域:

（1）$\sum\limits_{n=1}^{\infty} n x^n$;　　　　　　　（2）$\sum\limits_{n=1}^{\infty} (-1)^n \dfrac{x^n}{n^2}$;

（3）$\sum\limits_{n=1}^{\infty} 2^n x^n$;　　　　　　　（4）$\sum\limits_{n=1}^{\infty} n!\, x^n$;

(5) $\displaystyle\sum_{n=1}^{\infty}\frac{x^{n}}{2^{n}\cdot n}$;
(6) $\displaystyle\sum_{n=1}^{\infty}(-1)^{n}\frac{5^{n}x^{n}}{\sqrt{n}}$;

(7) $\displaystyle\sum_{n=1}^{\infty}\frac{x^{2n+1}}{3^{n}}$;
(8) $\displaystyle\sum_{n=1}^{\infty}\frac{(x-2)^{n}}{n}$;

(9) $\displaystyle\sum_{n=1}^{\infty}(-1)^{n-1}\frac{(2x-3)^{n}}{2n-1}$;
(10) $\displaystyle\sum_{n=1}^{\infty}2^{n}(x+3)^{2n}$.

7. 利用逐项求导或逐项积分,求下列函数的和函数:

(1) $x-\dfrac{x^{3}}{3}+\dfrac{x^{5}}{5}-\dfrac{x^{7}}{7}+\cdots$;
(2) $2x+4x^{3}+6x^{5}+8x^{7}+\cdots$;

(3) $\displaystyle\sum_{n=1}^{\infty}(-1)^{n-1}\frac{x^{n}}{n}$;
(4) $\displaystyle\sum_{n=0}^{\infty}(-1)^{n-1}\frac{x^{n}}{n+1}$;

(5) $\displaystyle\sum_{n=1}^{\infty}n(n+1)x^{n}$;
(6) $\displaystyle\sum_{n=1}^{\infty}\frac{1}{n\cdot 2^{n}}x^{n-1}$;

(7) $\displaystyle\sum_{n=0}^{\infty}\frac{x^{2n}}{(2n)!}$;
(8) $\displaystyle\sum_{n=1}^{\infty}\frac{x^{n}}{n(n+1)}$.

11.5　函数展开成幂级数

本节要求:通过本节的学习,学生应了解函数展开为泰勒级数的充分必要条件;掌握 e^{x}, $\sin x$, $\cos x$, $\ln(1+x)$, 及 $(1+x)^{\alpha}$ 的麦克劳林(Maclaurin)展开式;会将一些简单函数间接展开为幂级数.

上节讨论了幂级数的收敛域及其和函数的性质.我们知道幂级数在收敛域内可以表示一个函数,但在实际应用中经常会遇到相反的问题,即函数 $f(x)$ 在给定的区间上是否可以展开成一个幂级数,本节就讨论这个问题.

假设函数 $f(x)$ 可以展开成幂级数,即它可以表示成

$$f(x)=\sum_{n=0}^{\infty}a_{n}(x-x_{0})^{n}$$

$$=a_{0}+a_{1}(x-x_{0})+a_{2}(x-x_{0})^{2}+\cdots+a_{n}(x-x_{0})^{n}+\cdots \quad (11.5.1)$$

则由和函数的性质可知, $f(x)$ 必有任意阶导数,且

$$f'(x)=a_{1}+2a_{2}(x-x_{0})+\cdots+na_{n}(x-x_{0})^{n-1}+\cdots,$$

$$f''(x)=2a_{2}+6a_{3}(x-x_{0})+\cdots+n(n-1)a_{n}(x-x_{0})^{n-2}+\cdots,$$

$$\vdots$$

$$f^{(n)}(x)=n!\ a_{n}+(n+1)!\ a_{n+1}(x-x_{0})+\frac{(n+2)!}{2!}a_{n+2}(x-x_{0})^{2}+\cdots,$$

$$\vdots$$

在以上各式中令 $x = x_0$，得

$$f(x_0) = a_0, f'(x_0) = a_1, f''(x_0) = 2a_2, \cdots, f^{(n)}(x_0) = n!\, a_n, \cdots$$

即

$$a_0 = f(x_0), a_1 = f'(x_0), a_2 = \frac{f''(x_0)}{2!}, \cdots, a_n = \frac{f^{(n)}(x_0)}{n!}, \cdots \quad (11.5.2)$$

将求得的系数代入式(11.5.1)，得

$$f(x) = f(x_0) + f'(x_0)(x - x_0) + \frac{f''(x_0)}{2!}(x - x_0)^2 + \cdots +$$
$$\frac{f^{(n)}(x_0)}{n!}(x - x_0)^n + \cdots$$

由此可知，如果函数 $f(x)$ 能展开为 $x - x_0$ 的幂级数，那么这个幂级数是唯一的，且它的系数 a_n 由式(11.5.2)确定，即

$$a_n = \frac{f^{(n)}(x_0)}{n!}, \quad n = 0, 1, 2, \cdots.$$

11.5.1　泰勒(Taylor)级数

定义 11.5.1　幂级数

$$f(x_0) + f'(x_0)(x - x_0) + \frac{f''(x_0)}{2!}(x - x_0)^2 + \cdots + \frac{f^{(n)}(x_0)}{n!}(x - x_0)^n + \cdots$$

$$= \sum_{n=0}^{\infty} \frac{1}{n!} f^{(n)}(x_0)(x - x_0)^n \quad\quad\quad (11.5.3)$$

称为函数 $f(x)$ 在点 x_0 处的泰勒(Taylor)级数.

显然，只要 $f(x)$ 在点 x_0 处具有任意阶导数，就可以在形式上构造出它的泰勒级数(11.5.3).但是，这个泰勒级数未必收敛，在收敛的情况下也不一定收敛于 $f(x)$.

下面讨论在什么条件下，泰勒级数(11.5.3)收敛且收敛于函数 $f(x)$.

泰勒中值定理告诉我们，如果函数 $f(x)$ 在点 x_0 的某一邻域 $U(x_0)$ 内具有任意阶导数，则对 $n \in N$，有如下的泰勒公式：

$$f(x) = f(x_0) + f'(x_0)(x - x_0) + \frac{f''(x_0)}{2!}(x - x_0)^2 + \cdots +$$
$$\frac{f^{(n)}(x_0)}{n!}(x - x_0)^n + R_n(x),$$

其中

$$R_n(x) = \frac{f^{(n+1)}(\xi)}{(n+1)!}(x - x_0)^{n+1} \quad\quad (\xi\ \text{介于}\ x\ \text{与}\ x_0\ \text{之间}).$$

将泰勒公式与泰勒级数加以比较可以看出，泰勒公式中关于 $x - x_0$ 的 n 次多项式就是 $f(x)$ 在点 x_0 处泰勒级数的前 $n+1$ 项部分和 $s_{n+1}(x)$.因此，$f(x)$ 在 $U(x_0)$ 内能展开成它在点 x_0 处的泰勒级数

的充分必要条件是

$$\lim_{n \to \infty} s_{n+1}(x) = f(x), \quad x \in U(x_0),$$

即

$$\lim_{n \to \infty} R_n(x) = 0, \quad x \in U(x_0).$$

综上所述,有如下定理:

定理 11.5.1　设函数 $f(x)$ 在 x_0 的某邻域 $U(x_0)$ 内具有各阶导数,则在该邻域内 $f(x)$ 可展开成泰勒级数的充分必要条件是 $f(x)$ 的泰勒公式中余项 $R_n(x)$ 当 $n \to \infty$ 时极限为零,即

$$\lim_{n \to \infty} R_n(x) = 0, \quad x \in U(x_0).$$

这时,有等式

$$f(x) = f(x_0) + f'(x_0)(x - x_0) + \frac{f''(x_0)}{2!}(x - x_0)^2 + \cdots +$$

$$\frac{f^{(n)}(x_0)}{n!}(x - x_0)^n + R_n(x), x \in U(x_0). \quad (11.5.4)$$

> **定义 11.5.2**　展开式 (11.5.4) 称为函数 $f(x)$ 在点 x_0 处的**泰勒展开式**.
>
> 特别地,取 $x_0 = 0$,得函数 $f(x)$ 在点 $x_0 = 0$ 处的泰勒展开式
>
> $$f(x) = f(0) + f'(0)x + \frac{f''(0)}{2!}x^2 + \cdots + \frac{f^{(n)}(0)}{n!}x^n + \cdots. \quad (11.5.5)$$
>
> 式 (11.5.5) 称为函数 $f(x)$ 的**麦克劳林**(Maclaurin)**展开式**,右端的级数称为函数 $f(x)$ 的**麦克劳林级数**.
>
> 函数 $f(x)$ 的泰勒级数是 $x - x_0$ 的幂级数;函数 $f(x)$ 的麦克劳林级数是 x 的幂级数.

11.5.2　函数展开成幂级数

1. 直接展开法

根据函数展开成幂级数的充要条件,可按下列步骤将函数 $f(x)$ 展开成 x 的幂级数,这种方法称为**直接展开法**.

（1）求出 $f(x)$ 的各阶导数: $f'(x), f''(x), \cdots, f^{(n)}(x), \cdots$;

（2）求出 $f(x)$ 及其各阶导数在 $x = 0$ 处的函数值: $f(0), f'(0), f''(0), \cdots, f^{(n)}(0), \cdots$;

（3）写出函数的麦克劳林级数

$$f(0) + f'(0)x + \frac{f''(0)}{2!}x^2 + \cdots + \frac{f^{(n)}(0)}{n!}x^n + \cdots$$

并求出其收敛半径 R;

（4）考察当 $x \in (-R, R)$ 时,余项 $R_n(x)$ 的极限

$$\lim_{n \to \infty} R_n(x) = \lim_{n \to \infty} \frac{f^{(n+1)}(\xi)}{(n+1)!}x^{n+1} \quad (\xi \text{ 介于 } 0 \text{ 与 } x \text{ 之间})$$

是否为零. 如果 $\lim\limits_{n\to\infty}R_n(x)=0$, 则函数 $f(x)$ 在 $(-R,R)$ 内的幂级数展开式为

$$f(x)=f(0)+f'(0)x+\frac{f''(0)}{2!}x^2+\cdots+\frac{f^{(n)}(0)}{n!}x^n+\cdots,x\in(-R,R).$$

例 11.5.1　将函数 $f(x)=e^x$ 展开成 x 的幂级数.

解　(1) $f^{(n)}(x)=e^x,n=0,1,2,\cdots$;

(2) $f^{(n)}(0)=1,n=0,1,2,\cdots$;

(3) $f(x)=e^x$ 的麦克劳林级数为

$$1+x+\frac{1}{2!}x^2+\frac{1}{3!}x^3+\cdots+\frac{1}{n!}x^n+\cdots,$$

其收敛半径 $R=+\infty$;

(4) $R_n(x)=\dfrac{e^\xi}{(n+1)!}x^{n+1}$ (ξ 介于 0 与 x 之间), 对于任意有限的数 x, 有

$$|R_n(x)|=\left|\frac{e^\xi}{(n+1)!}x^{n+1}\right|<e^{|x|}\cdot\frac{|x|^{n+1}}{(n+1)!},$$

因 $e^{|x|}$ 为有限值, 而 $\dfrac{|x|^{n+1}}{(n+1)!}$ 是收敛级数 $\sum\limits_{n=0}^{\infty}\dfrac{|x|^{n+1}}{(n+1)!}$ 的一般项, 故 $\lim\limits_{n\to\infty}\dfrac{|x|^{n+1}}{(n+1)!}=0$, 从而 $\lim\limits_{n\to\infty}|R_n(x)|=0$, 即 $\lim\limits_{n\to\infty}R_n(x)=0$, 于是可得展开式

$$e^x=1+x+\frac{1}{2!}x^2+\frac{1}{3!}x^3+\cdots+\frac{1}{n!}x^n+\cdots,x\in(-\infty,+\infty).$$

例 11.5.2　将函数 $f(x)=\sin x$ 展开成 x 的幂级数.

解　(1) $f^{(n)}(x)=\sin\left(x+n\cdot\dfrac{\pi}{2}\right)$　$(n=0,1,2,\cdots)$;

(2) $f(0)=0,f'(0)=1,f''(0)=0,f'''(0)=-1,f^{(4)}(0)=0,\cdots$;

(3) $f(x)=\sin x$ 的麦克劳林级数为

$$x-\frac{1}{3!}x^3+\frac{1}{5!}x^5-\frac{1}{7!}x^7+\cdots+(-1)^{n-1}\frac{x^{2n-1}}{(2n-1)!}+\cdots,$$

可求得收敛半径 $R=+\infty$.

(4) $R_n(x)=\dfrac{\sin\left[\xi+\dfrac{n(n+1)}{2}\pi\right]}{(n+1)!}x^{n+1}$ (ξ 介于 0 与 x 之间), 对于任意有限的数 x, 有

$$|R_n(x)|=\left|\frac{\sin\left[\xi+\dfrac{n(n+1)}{2}\pi\right]}{(n+1)!}x^{n+1}\right|\leqslant\frac{|x|^{n+1}}{(n+1)!}\to0\quad(n\to\infty),$$

于是可得展开式

$$\sin x=x-\frac{1}{3!}x^3+\frac{1}{5!}x^5-\frac{1}{7!}x^7+\cdots+(-1)^n\frac{x^{2n+1}}{(2n+1)!}+\cdots\quad(-\infty<x<+\infty).$$

2. 间接展开法

直接展开法计算量较大,还要考察余项 $R_n(x)$ 的极限是否为零,如果 $f(x)$ 是比较复杂的函数,那么用直接展开法往往很不方便. 根据函数展开为幂级数的唯一性,可以从一些已知函数的幂级数展开式出发,通过变量代换、四则运算、逐项求导以及逐项积分等运算,求得所给函数的幂级数展开式,这种方法称为间接展开法. 间接展开法不但计算简单,而且避免研究余项,是求函数的幂级数展开式的常用方法.

前面我们已经求得的幂级数展开式有

$$e^x = \sum_{n=0}^{\infty} \frac{1}{n!} x^n \quad (-\infty < x < +\infty)$$

$$\sin x = \sum_{n=0}^{\infty} \frac{(-1)^n}{(2n+1)!} x^{2n+1} \quad (-\infty < x < +\infty)$$

$$\frac{1}{1+x} = \sum_{n=0}^{\infty} (-1)^n x^n \quad (-1 < x < 1)$$

利用这些展开式,可以求得许多函数的幂级数展开式.

例 11.5.3 将函数 $f(x) = \cos x$ 展开成 x 的幂级数.

解 由于

$$\sin x = x - \frac{1}{3!} x^3 + \frac{1}{5!} x^5 - \frac{1}{7!} x^7 + \cdots + (-1)^n \frac{x^{2n+1}}{(2n+1)!} + \cdots \quad (-\infty < x < +\infty),$$

逐项求导,得

$$\cos x = 1 - \frac{1}{2!} x^2 + \frac{1}{4!} x^4 - \frac{1}{6!} x^6 + \cdots + (-1)^n \frac{x^{2n}}{(2n)!} + \cdots \quad (-\infty < x < +\infty).$$

例 11.5.4 将函数 $f(x) = \ln(1+x)$ 展开成 x 的幂级数.

解 因为 $f'(x) = \dfrac{1}{1+x}$,而

$$\frac{1}{1+x} = \sum_{n=0}^{\infty} (-1)^n x^n = 1 - x + x^2 - x^3 + x^4 - x^5 + \cdots + (-1)^n x^n + \cdots \quad (-1 < x < 1),$$

将上式两边从 0 到 x 积分,得

$$\ln(1+x) = x - \frac{x^2}{2} + \frac{x^3}{3} - \frac{x^4}{4} + \cdots + (-1)^n \frac{x^{n+1}}{n+1} + \cdots \quad (-1 < x < 1).$$

由于 $\ln(1+x)$ 在 $x=1$ 处连续,而当 $x=1$ 时,级数 $\sum_{n=0}^{\infty} (-1)^n \dfrac{x^{n+1}}{n+1}$ 是收敛的交错级数,所以上述展开式在 $x=1$ 处也成立,于是有

$$\ln(1+x) = x - \frac{x^2}{2} + \frac{x^3}{3} - \frac{x^4}{4} + \cdots + (-1)^n \frac{x^{n+1}}{n+1} + \cdots \quad x \in (-1, 1].$$

例 11.5.5 将函数 $f(x) = \arctan x$ 展开成麦克劳林级数.

解 因为 $\arctan x = \int_0^x \dfrac{1}{1+t^2} dt$,

将函数 $\dfrac{1}{1+x}$ 的幂级数展开式中的 x 换成 x^2,得

微课:例 11.5.5

$$\frac{1}{1+x^2}=1-x^2+x^4-x^6+\cdots+(-1)^n x^{2n}+\cdots \quad (-1<x<1).$$

将上式两边从 0 到 x 积分,得

$$\arctan x=x-\frac{x^3}{3}+\frac{x^5}{5}-\frac{x^7}{7}+\cdots+(-1)^n\frac{x^{2n+1}}{2n+1}+\cdots \quad (-1<x<1).$$

由于 $\arctan x$ 在 $x=\pm1$ 处连续,而当 $x=\pm1$ 时,级数 $\displaystyle\sum_{n=0}^{\infty}(-1)^n\frac{x^{2n+1}}{2n+1}$ 是收敛的交错级数,所以上述展开式在 $x=\pm1$ 处也成立,于是有

$$\arctan x=x-\frac{x^3}{3}+\frac{x^5}{5}-\frac{x^7}{7}+\cdots+(-1)^n\frac{x^{2n+1}}{2n+1}+\cdots \quad (-1\leqslant x\leqslant1).$$

特别地,取 $x=1$,可得

$$\frac{\pi}{4}=1-\frac{1}{3}+\frac{1}{5}-\frac{1}{7}+\cdots.$$

例 11.5.6 将函数 $f(x)=(1+x)^m$ 展开成 x 的幂级数,其中 m 为任意实数.

解 因为

$$f'(x)=m(1+x)^{m-1},$$
$$f''(x)=m(m-1)(1+x)^{m-2},$$
$$\vdots$$
$$f^{(n)}(x)=m(m-1)\cdots(m-n+1)(1+x)^{m-n},$$
$$\vdots$$

得

$$f(0)=1,f'(0)=m,f''(0)=m(m-1),\cdots,$$
$$f^{(n)}(0)=m(m-1)\cdots(m-n+1).$$
$$\vdots$$

于是得幂级数

$$1+mx+\frac{m(m-1)}{2!}x^2+\cdots+\frac{m(m-1)\cdots(m-n+1)}{n!}x^n+\cdots.$$

由于 $\displaystyle\lim_{n\to\infty}\left|\frac{a_{n+1}}{a_n}\right|=\lim_{n\to\infty}\left|\frac{m-n}{n+1}\right|=1$,收敛半径 $R=1$,所以对于任何实数 m,级数在开区间 $(-1,1)$ 内收敛.

可以证明在 $(-1,1)$ 内余项 $R_n(x)\to0(n\to\infty)$(证明从略),于是得 $(1+x)^m$ 的幂级数的展开式为

$$(1+x)^m=1+mx+\frac{m(m-1)}{2!}x^2+\cdots+\frac{m(m-1)\cdots(m-n+1)}{n!}x^n+\cdots$$
$$(-1<x<1). \tag{11.5.6}$$

在区间的端点 $x=\pm1$ 处,展开式是否成立由 m 的取值而定:当 $m\leqslant-1$ 时,收敛域为 $(-1,1)$;当 $-1<m<0$ 时,收敛域为 $(-1,1]$;当 $m>0$ 时,收敛域为 $[-1,1]$.

式(11.5.6)称为**二项展开式**.当 m 为正整数时,级数成为 x 的

m 次多项式,这就是代数学中的二项式定理.

在二项展开式中 m 取不同的值,就可以得到不同函数的麦克劳林展开式.例如当 $m=-1$ 时,得到等比级数

$$\frac{1}{1+x}=1-x+x^2-x^3+x^4-x^5+\cdots+(-1)^n x^n+\cdots \quad (-1<x<1);$$

当 $m=-\dfrac{1}{2}$ 时,得到

$$\frac{1}{\sqrt{1+x}}=1-\frac{1}{2}x+\frac{1\cdot 3}{2\cdot 4}x^2-\frac{1\cdot 3\cdot 5}{2\cdot 4\cdot 6}x^3+\cdots \quad (-1<x\leqslant 1),$$

在上式中,以 $-x^2$ 代换 x,得到

$$\frac{1}{\sqrt{1-x^2}}=1+\frac{1}{2}x^2+\frac{1\cdot 3}{2\cdot 4}x^4+\frac{1\cdot 3\cdot 5}{2\cdot 4\cdot 6}x^6+\cdots \quad (-1<x<1).$$

例 11.5.7 将函数 $f(x)=\dfrac{1}{x^2+3x+2}$ 展开成 $(x+3)$ 的幂级数.

解 因为

$$f(x)=\frac{1}{(x+1)(x+2)}=\frac{1}{x+1}-\frac{1}{x+2}$$

$$=\frac{1}{(x+3)-2}-\frac{1}{(x+3)-1}=\frac{1}{1-(x+3)}-\frac{1}{2}\cdot\frac{1}{1-\dfrac{x+3}{2}},$$

而

$$\frac{1}{1-(x+3)}=\sum_{n=0}^{\infty}(x+3)^n, \quad -4<x<-2,$$

$$\frac{1}{1-\dfrac{x+3}{2}}=\sum_{n=0}^{\infty}\left(\frac{x+3}{2}\right)^n=\sum_{n=0}^{\infty}\frac{1}{2^n}(x+3)^n, \quad -5<x<-1.$$

所以

$$f(x)=\frac{1}{x^2+3x+2}=\sum_{n=0}^{\infty}(x+3)^n-\frac{1}{2}\sum_{n=0}^{\infty}\frac{1}{2^n}(x+3)^n$$

$$=\sum_{n=0}^{\infty}\left(1-\frac{1}{2^{n+1}}\right)(x+3)^n, \quad -4<x<-2.$$

例 11.5.8 将函数 $f(x)=\sin x$ 展开成 $\left(x-\dfrac{\pi}{4}\right)$ 的幂级数.

解 因为

$$\sin x=\sin\left[\frac{\pi}{4}+\left(x-\frac{\pi}{4}\right)\right]=\sin\frac{\pi}{4}\cos\left(x-\frac{\pi}{4}\right)+\cos\frac{\pi}{4}\sin\left(x-\frac{\pi}{4}\right)$$

$$=\frac{\sqrt{2}}{2}\left[\cos\left(x-\frac{\pi}{4}\right)+\sin\left(x-\frac{\pi}{4}\right)\right],$$

又由于

$$\cos\left(x - \frac{\pi}{4}\right) = 1 - \frac{\left(x - \frac{\pi}{4}\right)^2}{2!} + \frac{\left(x - \frac{\pi}{4}\right)^4}{4!} - \frac{\left(x - \frac{\pi}{4}\right)^6}{6!} + \cdots,$$

$$\sin\left(x - \frac{\pi}{4}\right) = \left(x - \frac{\pi}{4}\right) - \frac{\left(x - \frac{\pi}{4}\right)^3}{3!} + \frac{\left(x - \frac{\pi}{4}\right)^5}{5!} - \frac{\left(x - \frac{\pi}{4}\right)^7}{7!} + \cdots,$$

所以

$$\sin x = \frac{\sqrt{2}}{2}\left[1 + \left(x - \frac{\pi}{4}\right) - \frac{\left(x - \frac{\pi}{4}\right)^2}{2!} - \frac{\left(x - \frac{\pi}{4}\right)^3}{3!} + \frac{\left(x - \frac{\pi}{4}\right)^4}{4!} + \frac{\left(x - \frac{\pi}{4}\right)^5}{5!} - \cdots\right]$$

$$(-\infty < x < +\infty).$$

下面列出常用函数的麦克劳林展开式以便于应用：

（1）$e^x = 1 + x + \frac{1}{2!}x^2 + \frac{1}{3!}x^3 + \cdots + \frac{1}{n!}x^n + \cdots$ $\quad(-\infty < x < +\infty)$；

（2）$\sin x = x - \frac{1}{3!}x^3 + \frac{1}{5!}x^5 - \frac{1}{7!}x^7 + \cdots + (-1)^n\frac{x^{2n+1}}{(2n+1)!} + \cdots$

$$(-\infty < x < +\infty);$$

（3）$\cos x = 1 - \frac{1}{2!}x^2 + \frac{1}{4!}x^4 - \frac{1}{6!}x^6 + \cdots + (-1)^n\frac{x^{2n}}{(2n)!} + \cdots$

$$(-\infty < x < +\infty);$$

（4）$\ln(1+x) = x - \frac{x^2}{2} + \frac{x^3}{3} - \frac{x^4}{4} + \cdots + (-1)^n\frac{x^{n+1}}{n+1} + \cdots$ $\quad(-1 < x \leqslant 1)$；

（5）$(1+x)^m = 1 + mx + \frac{m(m-1)}{2!}x^2 + \cdots + \frac{m(m-1)\cdots(m-n+1)}{n!}x^n + \cdots$

$$(-1 < x < 1),$$

特别地，有

$$\frac{1}{1-x} = 1 + x + x^2 + \cdots + x^n + \cdots \quad (-1 < x < 1),$$

$$\frac{1}{1+x} = 1 - x + x^2 - x^3 + \cdots + (-1)^n x^n + \cdots \quad (-1 < x < 1);$$

（6）$\arctan x = x - \frac{x^3}{3} + \frac{x^5}{5} - \frac{1}{7}x^7 + \cdots + (-1)^n\frac{x^{2n+1}}{2n+1} + \cdots$ $\quad(-1 \leqslant x \leqslant 1).$

11.5.3 同步习题

1. 函数 $f(x) = \dfrac{1}{1+x^2}$ $\quad(-1 < x < 1)$ 的麦克劳林展开式为（ 　　 ）.

（A）$\displaystyle\sum_{n=0}^{\infty} x^{2n}$ 　　　　　　　（B）$\displaystyle\sum_{n=0}^{\infty} (-1)^n x^{2n}$

（C）$\displaystyle\sum_{n=0}^{\infty} (-1)^{n+1} x^{2n}$ 　　　（D）$\displaystyle\sum_{n=0}^{\infty} \frac{1}{n!} x^{2n}$

2. 函数 $f(x)=\ln(1-x)\,(-1\leqslant x<1)$ 的麦克劳林展开式为(　　　).

(A) $-\sum_{n=1}^{\infty}\dfrac{1}{n}x^n$ 　　　　　(B) $\sum_{n=1}^{\infty}\dfrac{1}{n}x^n$

(C) $\sum_{n=1}^{\infty}\dfrac{(-1)^{n-1}}{n}x^n$ 　　　(D) $\sum_{n=0}^{\infty}\dfrac{(-1)^n}{n+1}x^n$

3. 设 $f(x)=\dfrac{1}{1-x}$,则 $f^{(5)}(0)=($ 　　　).

(A) 1 　　　(B) $\dfrac{1}{5}$ 　　　(C) $\dfrac{1}{5!}$ 　　　(D) 5!

4. 利用已知展开式将下列函数展开成 x 的幂级数:

(1) $f(x)=\mathrm{e}^{-x^2}$; 　　　　　(2) $f(x)=\cos^2 x$;

(3) $f(x)=\dfrac{1}{\sqrt{1-x^2}}$; 　　　(4) $f(x)=x^3\mathrm{e}^{-x}$;

(5) $f(x)=\dfrac{1}{3-x}$; 　　　　　(6) $f(x)=\ln(a+x)\,(a>0)$.

5. 将函数 $f(x)=\dfrac{1}{x+2}$ 展开成 $(x-2)$ 的幂级数.

6. 将函数 $f(x)=\dfrac{1}{x^2+3x+2}$ 展开成 $(x+4)$ 的幂级数.

7. 将函数 $f(x)=\cos x$ 展开成 $\left(x+\dfrac{\pi}{3}\right)$ 的幂级数.

11.6 　傅里叶级数

本节要求:通过本节的学习,学生应了解傅里叶级数的概念和狄利克雷收敛定理,会将定义在 $[-l,l]$ 上的函数展开为傅里叶级数,会将定义在 $[0,l]$ 上的函数展开为正弦级数与余弦级数,会写出傅里叶级数的和函数的表达式.

函数项级数中,在理论上最重要、应用中最常见的除了幂级数外还有三角级数.

前面讨论函数的幂级数展开时知道,一个函数能够展开成幂级数的要求是很高的,如任意阶可导、余项随 n 增大趋于零等.如果函数没有这么好的性质,我们还是希望能够用一些熟知的函数组成的级数来表示该函数,这就是本节要讨论的傅里叶级数,即将一个周期函数展开成三角函数级数.

11.6.1 　三角级数和三角函数系的正交性

在物理学中常常要研究一些非正弦函数的周期函数,它们反映了较复杂的周期运动.下面讨论周期函数在什么情况下能展开成三角函数组成的级数(简称三角级数).

> **定义 11.6.1**　形如
> $$\frac{a_0}{2}+\sum_{n=1}^{\infty}(a_n\cos nx+b_n\sin nx) \tag{11.6.1}$$
> 的级数称为三角级数.

显然,如果三角级数(11.6.1)收敛,则其和函数也是周期函数.反过来,一个周期函数 $f(x)$ 是否能展开成三角级数? 若能够展开成三角级数,如何由 $f(x)$ 来确定系数 a_n,b_n,以及这些系数确定后,三角级数是否一定收敛于 $f(x)$ 呢? 下面一一解决这些问题.

首先介绍三角函数系的正交性.

> **定义 11.6.2**　由三角函数
> $$1,\cos x,\sin x,\cos 2x,\sin 2x,\cdots,\cos nx,\sin nx,\cdots \tag{11.6.2}$$
> 所组成的函数系称为三角函数系.

三角函数系有两个重要的性质:

(1) 其中任意两个不同函数的乘积在区间 $[-\pi,\pi]$ 上的积分为零,即

$$\int_{-\pi}^{\pi}\cos nx\,\mathrm{d}x=0,(n=1,2,3,\cdots),$$

$$\int_{-\pi}^{\pi}\sin nx\,\mathrm{d}x=0,(n=1,2,3,\cdots),$$

$$\int_{-\pi}^{\pi}\sin kx\cos nx\,\mathrm{d}x=0,(k,n=1,2,3,\cdots),$$

$$\int_{-\pi}^{\pi}\cos kx\cos nx\,\mathrm{d}x=0,(k,n=1,2,3,\cdots;k\neq n),$$

$$\int_{-\pi}^{\pi}\sin kx\sin nx\,\mathrm{d}x=0,(k,n=1,2,3,\cdots;k\neq n).$$

以上等式都可以通过计算定积分来验证.

(2) 每一个函数的平方在区间 $[-\pi,\pi]$ 上的积分为正,即

$$\int_{-\pi}^{\pi}1^2\,\mathrm{d}x=2\pi,$$

$$\int_{-\pi}^{\pi}\cos^2 nx\,\mathrm{d}x=\pi,(n=1,2,3,\cdots),$$

$$\int_{-\pi}^{\pi}\sin^2 nx\,\mathrm{d}x=\pi,(n=1,2,3,\cdots).$$

> **定义 11.6.3**　三角函数系的上述两种性质,称为三角函数系在 $[-\pi,\pi]$ 上的正交性.

11.6.2　周期为 2π 的函数的傅里叶级数

设 $f(x)$ 是周期为 2π 的周期函数,且在 $[-\pi,\pi]$ 上能展开成三

角级数,即

$$f(x) = \frac{a_0}{2} + \sum_{n=1}^{\infty} (a_n \cos nx + b_n \sin nx) \qquad (11.6.3)$$

现在要问:系数 $a_0, a_n, b_n (n=1,2,\cdots)$ 与函数 $f(x)$ 之间存在什么样的关系? 即能不能利用 $f(x)$ 把这些系数表达出来? 为此,假定式(11.6.3)右端可以逐项积分,并且用 $\sin kx$ 和 $\cos kx$ 去乘式(11.6.3)的右端后所得到的函数项级数还可以逐项积分.

首先求出 a_0. 对式(11.6.3)从 $-\pi$ 到 π 积分,于是有

$$\int_{-\pi}^{\pi} f(x) dx = \int_{-\pi}^{\pi} \frac{a_0}{2} dx + \sum_{n=1}^{\infty} \int_{-\pi}^{\pi} (a_n \cos nx + b_n \sin nx) dx.$$

根据三角函数系的正交性,等式右端除第一项外,其余各项均为零,所以

$$\int_{-\pi}^{\pi} f(x) dx = \frac{a_0}{2} \cdot 2\pi,$$

于是得

$$a_0 = \frac{1}{\pi} \int_{-\pi}^{\pi} f(x) dx. \qquad (11.6.4)$$

其次求 a_n. 用 $\cos kx$ 乘式(11.6.3)的两端,再从 $-\pi$ 到 π 积分,得

$$\int_{-\pi}^{\pi} f(x) \cos kx dx = \int_{-\pi}^{\pi} \frac{a_0}{2} \cos kx dx + \sum_{k=1}^{\infty} \int_{-\pi}^{\pi} (a_n \cos nx + b_n \sin nx) \cos kx dx.$$

根据三角函数系的正交性,等式右端除 $k=n$ 的一项外,其余各项均为零,所以

$$\int_{-\pi}^{\pi} f(x) \cos nx dx = a_n \int_{-\pi}^{\pi} \cos^2 nx dx = a_n \pi,$$

于是得

$$a_n = \frac{1}{\pi} \int_{-\pi}^{\pi} f(x) \cos nx dx \quad (n=1,2,3,\cdots). \qquad (11.6.5)$$

类似地,用 $\sin nx$ 乘式(11.6.3)的两端,再从 $-\pi$ 到 π 积分,得

$$b_n = \frac{1}{\pi} \int_{-\pi}^{\pi} f(x) \sin nx dx \quad (n=1,2,3,\cdots). \qquad (11.6.6)$$

式(11.6.4)可以看作式(11.6.5)当 $n=0$ 时的特殊情形.

定义 11.6.4　由式(11.6.4)～式(11.6.6)所确定的系数 $a_0, a_n, b_n (n=1,2,\cdots)$ 称为函数 $f(x)$ 的**傅里叶系数**,将这些系数代入式(11.6.3)右端所得的三角级数

$$\frac{a_0}{2} + \sum_{n=1}^{\infty} (a_n \cos nx + b_n \sin nx)$$

称为函数 $f(x)$ 的**傅里叶级数**,记作

$$f(x) \sim \frac{a_0}{2} + \sum_{n=1}^{\infty} (a_n \cos nx + b_n \sin nx).$$

这里,并没有写成等式,因为右边的这个傅里叶级数可能不是收敛的,即使收敛也未必收敛于 $f(x)$.

到目前为止,一个函数的傅里叶级数完全是形式上构造出来的.那么对于一个定义在 $(-\infty,+\infty)$ 上周期为 2π 的函数 $f(x)$ 来说,在什么条件下,它的傅里叶级数收敛,而且收敛于 $f(x)$ 呢?

下面的定理给出了关于上述问题的一个重要结论:

定理 11.6.1(收敛定理 狄利克雷(Dirichlet)充分条件)　设以 2π 为周期的函数 $f(x)$ 在区间 $[-\pi,\pi]$ 上满足下列条件:

(1) 连续或只有有限个第一类间断点;

(2) 至多只有有限个极值点.

则 $f(x)$ 的傅里叶级数收敛,并且当 x 是 $f(x)$ 的连续点时,级数收敛于 $f(x)$;当 x 是 $f(x)$ 的间断点时,级数收敛于 $\dfrac{1}{2}[f(x-0)+f(x+0)]$,特别

在 $x=\pm\pi$ 处,级数收敛于 $\dfrac{1}{2}[f(-\pi+0)+f(\pi-0)]$.

收敛定理告诉我们,只要函数在 $[-\pi,\pi]$ 上至多有有限个第一类间断点,并且不做无限次振动,那么函数的傅里叶级数在连续点处收敛于该点的函数值,在间断点处收敛于该点左极限与右极限的算术平均值.可见,函数展开成傅里叶级数的条件比展开成幂级数的条件低得多.

例 11.6.1　设 $f(x)$ 是以 2π 为周期的函数,它在 $[-\pi,\pi)$ 上的表达式为

$$f(x)=\begin{cases} -\dfrac{\pi}{2}, & -\pi\leqslant x<0, \\[2mm] \dfrac{\pi}{2}, & 0\leqslant x<\pi. \end{cases}$$

将 $f(x)$ 展开成傅里叶级数.

解　所给函数在点 $x=k\pi(k=0,\pm1,\pm2,\cdots)$ 处有第一类间断点,在其他点处连续且没有极值存在,满足收敛定理的条件,故 $f(x)$ 的傅里叶级数收敛,并且在间断点 $x=k\pi$ 处级数收敛于

$$\frac{-\dfrac{\pi}{2}+\dfrac{\pi}{2}}{2}=\frac{\dfrac{\pi}{2}+\left(-\dfrac{\pi}{2}\right)}{2}=0.$$

在连续点 $x(x\neq k\pi)$ 处级数收敛于 $f(x)$,和函数的图形如图 11-1 所示.

$f(x)$ 的傅里叶系数是:

$$a_n=\frac{1}{\pi}\int_{-\pi}^{\pi}f(x)\cos nx\mathrm{d}x$$

$$=\frac{1}{\pi}\int_{-\pi}^{0}\left(-\frac{\pi}{2}\right)\cos nx\mathrm{d}x+\frac{1}{\pi}\int_{0}^{\pi}\frac{\pi}{2}\cos nx\mathrm{d}x$$

$$=0,(n=0,1,2,\cdots);$$

$$b_n=\frac{1}{\pi}\int_{-\pi}^{\pi}f(x)\sin nx\mathrm{d}x$$

$$=\frac{1}{\pi}\int_{-\pi}^{0}\left(-\frac{\pi}{2}\right)\sin nx\mathrm{d}x+\frac{1}{\pi}\int_{0}^{\pi}\frac{\pi}{2}\sin nx\mathrm{d}x$$

$$=\frac{1}{2}\left[\frac{\cos nx}{n}\right]_{-\pi}^{0}+\frac{1}{2}\left[-\frac{\cos nx}{n}\right]_{0}^{\pi}$$

$$=\frac{1}{n}(1-\cos n\pi)$$

$$=\begin{cases}\dfrac{2}{n}, & n=1,3,5,\cdots,\\[2mm]0, & n=2,4,6,\cdots.\end{cases}$$

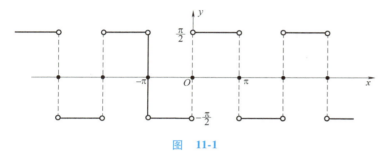

图 **11-1**

将求得的系数代入式(11.6.3),就得到 $f(x)$ 的傅里叶级数展开式为

$$f(x)=2\left(\sin x+\frac{1}{3}\sin 3x+\frac{1}{5}\sin 5x+\cdots+\frac{1}{2k-1}\sin(2k-1)x+\cdots\right)$$

$$(-\infty<x<+\infty;x\neq 0,\pm\pi,\pm 2\pi,\cdots).$$

若将此函数理解为矩形波的波形函数,那么所得到的展开式表明:矩形波是由一系列不同频率的正弦波叠加而成的,这些正弦波的频率依次为基波频率的奇数倍.

例 11.6.2 设 $f(x)$ 是以 2π 为周期的函数,它在 $[-\pi,\pi)$ 上的表达式为

$$f(x)=\begin{cases}x, & -\pi\leqslant x<0,\\0, & 0\leqslant x<\pi.\end{cases}$$

将 $f(x)$ 展开成傅里叶级数.

解 所给函数在点 $x=(2k+1)\pi(k=0,\pm1,\pm2,\cdots)$ 处有第一类间断点,在其他点处连续且没有极值存在,满足收敛定理的条件,故 $f(x)$ 的傅里叶级数收敛,并且在间断点 $x=(2k+1)\pi$ 处级数收敛于

$$\frac{f(-\pi+0)+f(\pi-0)}{2}=\frac{-\pi+0}{2}=-\frac{\pi}{2}.$$

在连续点 $x(x\neq(2k+1)\pi)$ 处级数收敛于 $f(x)$,和函数的图形如图 11-2 所示.

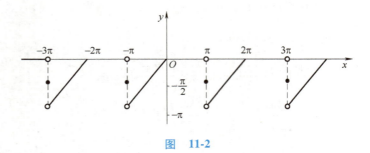

图 11-2

$f(x)$ 的傅里叶系数是：

$$a_0 = \frac{1}{\pi}\int_{-\pi}^{\pi} f(x)\,\mathrm{d}x = \frac{1}{\pi}\int_{-\pi}^{0} x\,\mathrm{d}x = -\frac{\pi}{2};$$

$$a_n = \frac{1}{\pi}\int_{-\pi}^{\pi} f(x)\cos nx\,\mathrm{d}x = \frac{1}{\pi}\int_{-\pi}^{0} x\cos nx\,\mathrm{d}x$$

$$= \frac{1}{\pi}\left[\frac{x\sin nx}{n} + \frac{\cos nx}{n^2}\right]_{-\pi}^{0}$$

$$= \begin{cases} \dfrac{2}{n^2\pi}, & n = 1,3,5,\cdots, \\[2mm] 0, & n = 2,4,6,\cdots; \end{cases}$$

$$b_n = \frac{1}{\pi}\int_{-\pi}^{\pi} f(x)\sin nx\,\mathrm{d}x = \frac{1}{\pi}\int_{-\pi}^{0} x\sin nx\,\mathrm{d}x$$

$$= \frac{1}{\pi}\left[-\frac{x\cos nx}{n} + \frac{\sin nx}{n^2}\right]_{-\pi}^{0} = -\frac{\cos n\pi}{n} = \frac{(-1)^{n+1}}{n}$$

$$= \begin{cases} \dfrac{1}{n}, & n = 1,3,5,\cdots, \\[2mm] -\dfrac{1}{n}, & n = 2,4,6,\cdots. \end{cases}$$

将求得的系数代入式（11.6.3），就得到 $f(x)$ 的傅里叶级数展开式为

$$f(x) = -\frac{\pi}{4} + \frac{2}{\pi}\left(\frac{\cos x}{1^2} + \frac{\cos 3x}{3^2} + \frac{\cos 5x}{5^2} + \cdots\right) + \left(\sin x - \frac{\sin 2x}{2} + \frac{\sin 3x}{3} - \cdots\right)$$

$$(-\infty < x < +\infty; x \neq \pm\pi, \pm 3\pi, \cdots).$$

一般说来，一个函数的傅里叶级数既含有正弦项又含有余弦项，但有些函数的傅里叶级数只含有正弦项（如例 11.6.1），另一些则只含有常数项和余弦项，这是由所给函数的奇偶性决定的.

定理 11.6.2　当周期为 2π 的奇函数 $f(x)$ 展开成傅里叶级数时，它的傅里叶系数为

$$a_n = 0 \quad (n = 0,1,2,\cdots),$$

$$b_n = \frac{2}{\pi}\int_{0}^{\pi} f(x)\sin nx\,\mathrm{d}x \quad (n = 1,2,3,\cdots).$$

当周期为 2π 的偶函数 $f(x)$ 展开成傅里叶级数时，它的傅里叶

系数为

$$a_n = \frac{2}{\pi}\int_0^{\pi} f(x)\cos nx\,dx \quad (n=0,1,2,\cdots),$$

$$b_n = 0 \quad (n=1,2,3,\cdots).$$

证明　由于奇函数在对称区间上的积分为零,偶函数在对称区间上的积分等于半区间上积分的两倍,因此当 $f(x)$ 为奇函数时, $f(x)\cos nx$ 是奇函数, $f(x)\sin nx$ 是偶函数,故

$$a_n = \frac{1}{\pi}\int_{-\pi}^{\pi} f(x)\cos nx\,dx = 0 \quad (n=0,1,2,\cdots),$$

$$b_n = \frac{1}{\pi}\int_{-\pi}^{\pi} f(x)\sin nx\,dx = \frac{2}{\pi}\int_0^{\pi} f(x)\sin nx\,dx \quad (n=1,2,3,\cdots).$$

当 $f(x)$ 为偶函数时, $f(x)\cos nx$ 是偶函数, $f(x)\sin nx$ 是奇函数,故

$$a_n = \frac{1}{\pi}\int_{-\pi}^{\pi} f(x)\cos nx\,dx = \frac{2}{\pi}\int_0^{\pi} f(x)\cos nx\,dx \quad (n=0,1,2,\cdots),$$

$$b_n = \frac{1}{\pi}\int_{-\pi}^{\pi} f(x)\sin nx\,dx = 0 \quad (n=1,2,\cdots).$$

定义 11.6.5　只含有正弦项的傅里叶级数 $\sum\limits_{n=1}^{\infty} b_n\sin nx$ 称为

正弦级数;只含有常数项和余弦项的傅里叶级数 $\dfrac{a_0}{2}+\sum\limits_{n=1}^{\infty} a_n\cos nx$

称为余弦级数.

如果函数 $f(x)$ 只在 $[-\pi,\pi]$ 上有定义,并且满足收敛定理的条件,则 $f(x)$ 也可以展开成傅里叶级数.

事实上,我们可以对 $f(x)$ 进行周期延拓,即在 $[-\pi,\pi)$($或 $(-\pi,\pi]$)之外补充函数 $f(x)$ 的定义,将它拓展成周期为 2π 的周期函数 $F(x)$,令

$$F(x)=\begin{cases} f(x), & x\in[-\pi,\pi), \\ f(x-2k\pi), & x\in[(2k-1)\pi,(2k+1)\pi), \end{cases} \quad (k=0,\pm1,\pm2,\cdots),$$

将 $F(x)$ 展开成傅里叶级数,则在 $(-\pi,\pi)$ 内,由于 $F(x)=f(x)$,这样便得到了 $f(x)$ 的傅里叶级数.根据收敛定理,该级数在区间端点 $x=\pm\pi$ 处收敛于 $\dfrac{f(-\pi+0)+f(\pi-0)}{2}$.

例 11.6.3　将函数 $f(x)=x(-\pi\leqslant x\leqslant\pi)$ 展开成傅里叶级数.

解　函数 $f(x)=x$ 在区间 $[-\pi,\pi]$ 满足收敛定理的条件.对 $f(x)$ 进行周期延拓,得到的周期函数 $F(x)$ 仅在点 $x=(2k+1)\pi(k=0,\pm1,\pm2,\cdots)$ 处有第一类间断点,因此其傅里叶级数在 $x=\pm\pi$ 处收敛于

$$\frac{1}{2}[f(-\pi+0)+f(\pi-0)]=\frac{1}{2}(-\pi+\pi)=0.$$

$F(x)$ 在 $(-\pi,\pi)$ 上收敛于 $f(x)$,其傅里叶系数如下:

$$a_n = \frac{1}{\pi}\int_{-\pi}^{\pi} f(x)\cos nx \mathrm{d}x = \frac{1}{\pi}\int_{-\pi}^{\pi} x\cos nx \mathrm{d}x = 0 \quad (n = 0,1,2,\cdots),$$

$$b_n = \frac{1}{\pi}\int_{-\pi}^{\pi} f(x)\sin nx \mathrm{d}x = \frac{2}{\pi}\int_{0}^{\pi} x\sin nx \mathrm{d}x$$

$$= -\frac{2}{n}\cos n\pi$$

$$= (-1)^{n+1}\frac{2}{n}, (n = 1,2,\cdots).$$

于是得到 $f(x)$ 的傅里叶级数展开式为

$$x = 2\left(\sin x - \frac{1}{2}\sin 2x + \frac{1}{3}\sin 3x - \cdots\right), \quad -\pi < x < \pi.$$

11.6.3 周期为 $2l$ 的函数的傅里叶级数

实际问题中的周期函数,其周期不一定是 2π. 对于周期为 $2l$ 的函数,可以通过变量代换将它转变为周期是 2π 的函数,从而得到其傅里叶级数的展开式.

定理 11.6.3   设 $f(x)$ 是周期为 $2l$ 的函数,且满足收敛定理的条件,则它的傅里叶级数展开式为

$$f(x) = \frac{a_0}{2} + \sum_{n=1}^{\infty}\left(a_n\cos\frac{n\pi x}{l} + b_n\sin\frac{n\pi x}{l}\right) \qquad (11.6.7)$$

其中

$$\begin{cases} a_n = \dfrac{1}{l}\int_{-l}^{l} f(x)\cos\dfrac{n\pi x}{l}\mathrm{d}x \quad (n = 0,1,2,\cdots), \\[3mm] b_n = \dfrac{1}{l}\int_{-l}^{l} f(x)\sin\dfrac{n\pi x}{l}\mathrm{d}x \quad (n = 1,2,3,\cdots). \end{cases} \qquad (11.6.8)$$

证明   令 $z = \dfrac{\pi x}{l}$,设函数 $f(x) = f\left(\dfrac{lz}{\pi}\right) = F(z)$,则 $F(z)$ 就是以 2π 为周期的函数,并且满足收敛定理的条件. 将 $F(z)$ 展开成傅里叶级数

$$F(z) = \frac{a_0}{2} + \sum_{n=1}^{\infty}(a_n\cos nz + b_n\sin nz),$$

其中

$$a_n = \frac{1}{\pi}\int_{-\pi}^{\pi} F(z)\cos nz \mathrm{d}z, \quad n = 0,1,2,\cdots.$$

$$b_n = \frac{1}{\pi}\int_{-\pi}^{\pi} F(z)\sin nz \mathrm{d}z, \quad n = 1,2,3,\cdots.$$

将 $z = \dfrac{\pi x}{l}$ 回代,并注意到 $F(z) = f(x)$,于是有

$$f(x) = \frac{a_0}{2} + \sum_{n=1}^{\infty}\left(a_n\cos\frac{n\pi x}{l} + b_n\sin\frac{n\pi x}{l}\right).$$

其中

$$a_n = \frac{1}{l}\int_{-l}^{l} f(x)\cos\frac{n\pi x}{l}\mathrm{d}x, \quad n=0,1,2,\cdots.$$

$$b_n = \frac{1}{l}\int_{-l}^{l} f(x)\sin\frac{n\pi x}{l}\mathrm{d}x, \quad n=1,2,3,\cdots.$$

由定理 11.6.2 可知,当 $f(x)$ 为奇函数时,有

$$a_n = 0 \quad (n=0,1,2,\cdots),$$

$$b_n = \frac{2}{l}\int_0^l f(x)\sin\frac{n\pi x}{l}\mathrm{d}x \quad (n=1,2,3,\cdots).$$

其傅里叶级数为

$$f(x) = \sum_{n=1}^{\infty} b_n\sin\frac{n\pi x}{l}.$$

当 $f(x)$ 为偶函数时,有

$$b_n = 0 \quad (n=1,2,3,\cdots),$$

$$a_n = \frac{2}{l}\int_0^l f(x)\cos\frac{n\pi x}{l}\mathrm{d}x \quad (n=0,1,2,\cdots).$$

其傅里叶级数为

$$f(x) = \frac{a_0}{2} + \sum_{n=1}^{\infty} a_n\cos\frac{n\pi x}{l}.$$

例 11.6.4 设 $f(x)$ 是周期为 4 的周期函数,它在 $[-2,2)$ 上的表达式为

$$f(x) = \begin{cases} 0, & -2 \leqslant x < 0, \\ h, & 0 \leqslant x < 2. \end{cases} \quad (h>0)$$

将 $f(x)$ 展开成傅里叶级数.

微课:例 11.6.4

解 这时 $l=2$,由式(11.6.8)可得

$$a_0 = \frac{1}{2}\int_{-2}^{0} 0\mathrm{d}x + \frac{1}{2}\int_0^2 h\mathrm{d}x = h;$$

$$a_n = \frac{1}{2}\int_0^2 h\cos\frac{n\pi x}{2}\mathrm{d}x = \left[\frac{h}{n\pi}\sin\frac{n\pi x}{2}\right]_0^2 = 0 \quad (n=1,2,3,\cdots);$$

$$b_n = \frac{1}{2}\int_0^2 h\sin\frac{n\pi x}{2}\mathrm{d}x = \left[-\frac{h}{n\pi}\cos\frac{n\pi x}{2}\right]_0^2$$

$$= \frac{h}{n\pi}(1-\cos n\pi)$$

$$= \begin{cases} \dfrac{2h}{n\pi}, & n=1,3,5,\cdots, \\ 0, & n=2,4,6,\cdots. \end{cases}$$

将求得的系数 a_n, b_n 代入式(11.6.7),得

$$f(x) = \frac{h}{2} + \frac{2h}{\pi}\left(\sin\frac{\pi x}{2} + \frac{1}{3}\sin\frac{3\pi x}{2} + \frac{1}{5}\sin\frac{5\pi x}{2} + \cdots\right)$$

$$(-\infty < x < +\infty; x \neq 0, \pm 2, \pm 4, \cdots).$$

11. 6. 4 同步习题

1. (1) 设 $f(x) = \begin{cases} -1, & -\pi < x \leq 0, \\ 1+x^2, & 0 < x \leq \pi, \end{cases}$ 则其以 2π 为周期的傅

里叶级数在点 $x = \pi$ 处收敛于 _____;

(2) 设 $x^2 = \sum_{n=0}^{\infty} a_n \cos nx \, (-\pi \leq x \leq \pi)$,则 $a_2 = $ _____.

2. 设 $f(x) = \begin{cases} x, & 0 \leq x \leq \dfrac{1}{2}, \\ 2-2x, & \dfrac{1}{2} < x < 1, \end{cases}$ $s(x) = \dfrac{a_0}{2} + \sum_{n=1}^{\infty} a_n \cos n\pi x,$

$-\infty < x < +\infty$,其中 $a_n = 2\displaystyle\int_0^1 f(x) \cos n\pi x \, \mathrm{d}x \, (n = 0, 1, 2, \cdots)$,则

$s\left(-\dfrac{5}{2}\right) = ($ $).$

(A) $\dfrac{1}{2}$ (B) $-\dfrac{1}{2}$ (C) $\dfrac{3}{4}$ (D) $-\dfrac{3}{4}$

3. 下列周期函数 $f(x)$ 的周期为 2π,试将 $f(x)$ 展开成傅里叶
级数:

(1) $f(x) = 3x^2 + 1 \quad (-\pi \leq x < \pi)$;

(2) $f(x) = \mathrm{e}^{2x} \quad (-\pi \leq x < \pi)$;

(3) $f(x) = \begin{cases} -\dfrac{\pi}{2}, & -\pi \leq x < -\dfrac{\pi}{2}, \\ x, & -\dfrac{\pi}{2} \leq x < \dfrac{\pi}{2}, \\ \dfrac{\pi}{2}, & \dfrac{\pi}{2} \leq x < \pi. \end{cases}$

4. 将下列函数 $f(x)$ 展开成傅里叶级数:

(1) $f(x) = \cos \dfrac{x}{2} \quad (-\pi \leq x \leq \pi)$;

(2) $f(x) = \begin{cases} \mathrm{e}^x, & -\pi \leq x < 0, \\ 1, & 0 \leq x \leq \pi. \end{cases}$

5. 将下列各周期函数展开成傅里叶级数:

(1) $f(x) = 1 - x^2 \quad \left(-\dfrac{1}{2} \leq x < \dfrac{1}{2}\right)$;

(2) $f(x) = \begin{cases} x, & -1 \leq x < 0, \\ 1, & 0 \leq x < \dfrac{1}{2}, \\ -1, & \dfrac{1}{2} \leq x < 1; \end{cases}$

$$(3)\ f(x)=\begin{cases}2x+1, & -3\leqslant x<0,\\ 1, & 0\leqslant x\leqslant 3.\end{cases}$$

数学家的故事

陈省身(1911—2004),祖籍浙江嘉兴,是20世纪最伟大的几何学家之一,被誉为"整体微分几何之父".他在整体微分几何上的卓越贡献,影响了整个数学的发展,是继欧几里得、高斯、黎曼、嘉当之后又一里程碑式的人物.他曾先后主持、创办了三大数学研究所,造就了一批世界知名的数学家.晚年情系故园,每年回天津南开大学数学研究所主持工作,培育新人,只为实现心中的一个梦想——使中国成为21世纪的数学大国.

陈省身

总复习题 11

第一部分:基础题

一、选择题

1. 若级数 $\displaystyle\sum_{n=1}^{\infty}u_n$ 收敛,则下列级数中发散的是(　　).

(A) $\displaystyle\sum_{n=1}^{\infty}100u_n$　　　　　　(B) $\displaystyle\sum_{n=1}^{\infty}(u_n+100)$

(C) $100+\displaystyle\sum_{n=1}^{\infty}u_n$　　　　　　(D) $\displaystyle\sum_{n=1}^{\infty}u_{n+100}$

2. 已知 $\lim\limits_{n\to\infty}u_n=a$,则级数 $\displaystyle\sum_{n=1}^{\infty}(u_n-u_{n+1})$(　　).

(A) 收敛于 0　　　　　　　(B) 收敛于 a

(C) 收敛于 u_1-a　　　　　(D) 发散

3. 关于级数 $\displaystyle\sum_{n=1}^{\infty}\frac{(-1)^{n-1}}{n^p}$ 收敛性的下述结论中,正确的是(　　).

(A) $0<p\leqslant 1$ 时条件收敛　(B) $0<p\leqslant 1$ 时绝对收敛

(C) $p>1$ 时条件收敛　　　(D) $0<p\leqslant 1$ 时发散

4. 级数 $\displaystyle\sum_{n=1}^{\infty}\left(\frac{na}{n+1}\right)^n(a>0)$,下列结论中不正确的是(　　).

(A) $a>1$ 时发散　　　　　(B) $a<1$ 时收敛

(C) $a=1$ 时发散　　　　　(D) $a=1$ 时收敛

5. 设 $p_n=\dfrac{u_n+|u_n|}{2}$,$q_n=\dfrac{u_n-|u_n|}{2}$,则(　　).

（A）若 $\sum\limits_{n=1}^{\infty} u_n$ 条件收敛,则 $\sum\limits_{n=1}^{\infty} p_n$ 与 $\sum\limits_{n=1}^{\infty} q_n$ 都收敛

（B）若 $\sum\limits_{n=1}^{\infty} u_n$ 绝对收敛,则 $\sum\limits_{n=1}^{\infty} p_n$ 与 $\sum\limits_{n=1}^{\infty} q_n$ 都收敛

（C）若 $\sum\limits_{n=1}^{\infty} u_n$ 绝对收敛,则 $\sum\limits_{n=1}^{\infty} p_n$ 与 $\sum\limits_{n=1}^{\infty} q_n$ 的敛散性都不确定

（D）若 $\sum\limits_{n=1}^{\infty} u_n$ 条件收敛,则 $\sum\limits_{n=1}^{\infty} p_n$ 与 $\sum\limits_{n=1}^{\infty} q_n$ 的敛散性都不确定

6. 设函数 $f(x)=\begin{cases} \dfrac{1-\cos x}{x^2}, & x\neq 0, \\ \dfrac{1}{2}, & x=0, \end{cases}$ 则 $f^{(6)}(0)=($ $).$

（A）$\dfrac{1}{6!}$ （B）$-\dfrac{1}{8!}$ （C）$\dfrac{1}{48}$ （D）$-\dfrac{1}{56}$

二、填空题

1. $\sum\limits_{n=1}^{\infty} \dfrac{1}{n(n+1)(n+2)}=$ _____.

2. 设级数 $\sum\limits_{n=1}^{\infty} u_n$ 的部分和 $s_n=\dfrac{n}{2n-1}$,则 $\sum\limits_{n=1}^{\infty}(u_n+u_{n+1}+u_{n+2})=$

_____.

3. $\sum\limits_{n=1}^{\infty} n\left(\dfrac{1}{2}\right)^{n-1}=$ _____.

4. 设 $a_n\neq 0$ 且幂级数 $\sum\limits_{n=0}^{\infty} a_n x^n$ 在 $x=-3$ 处条件收敛,则 $\sum\limits_{n=0}^{\infty} a_n x^n$

的收敛域为 _____.

5. 设幂级数 $\sum\limits_{n=1}^{\infty} a_n x^n$ 的收敛半径为 2,则 $\sum\limits_{n=1}^{\infty} na_n(x+1)^n$ 的收敛

区间为 _____.

6. 设函数 $f(x)=x^2(0\leqslant x\leqslant 1), s(x)=\sum\limits_{n=1}^{\infty} b_n\sin n\pi x, -\infty<x<+\infty$,其

中 $b_n=2\int_0^1 f(x)\sin n\pi x\mathrm{d}x (n=1,2,3,\cdots)$,则 $s\left(-\dfrac{1}{2}\right)=$ _____.

第二部分:拓展题

1. 判断下列级数的敛散性:

（1）$\sum\limits_{n=2}^{\infty} \dfrac{1}{\sqrt[n]{\ln n}}$;   （2）$\sum\limits_{n=1}^{\infty} \dfrac{1}{3^{n+(-1)^n}}$;

（3）$\sum\limits_{n=1}^{\infty}\left[\dfrac{1}{n}-\ln\left(1+\dfrac{1}{n}\right)\right]$;   （4）$\sum\limits_{n=1}^{\infty}\left(\dfrac{2n-1}{2n+1}\right)^{n^2}$;

（5）$\sum\limits_{n=1}^{\infty} \dfrac{n^{n-1}}{(n+1)^{n+1}}$;   （6）$\sum\limits_{n=1}^{\infty} \dfrac{n^n}{5^n n!}$.

2. 判断下列级数的敛散性,若收敛,指出是绝对收敛还是条件收敛:

（1）$\sum\limits_{n=1}^{\infty}\dfrac{\cos n\pi}{\sqrt{n^4+1}}$;　　　　　　（2）$\sum\limits_{n=2}^{\infty}\sin\left(n\pi+\dfrac{1}{\ln n}\right)$;

（3）$\sum\limits_{n=1}^{\infty}(-1)^{n-1}\dfrac{3^n n!}{n^n}$;　　　（4）$\sum\limits_{n=1}^{\infty}(-1)^{n-1}\dfrac{1}{3^n}\left(1+\dfrac{1}{n}\right)^{n^2}$.

3. 求下列幂级数的收敛域:

（1）$\sum\limits_{n=1}^{\infty}\dfrac{(x+1)^n}{n}$;　　　　　（2）$\sum\limits_{n=1}^{\infty}\dfrac{2n-1}{2^n}(x-2)^{2n}$.

4. 求下列数项级数的和:

（1）$\sum\limits_{n=1}^{\infty}\dfrac{n}{9^n}$;　　　　　　（2）$\sum\limits_{n=1}^{\infty}\dfrac{1}{(n+1)2^n}$.

5. 将函数 $f(x)=\dfrac{1}{(2-x)^2}$ 展开成 x 的幂级数.

6. 设 $f(x)$ 是周期为 2π 的函数,它在 $[-\pi,\pi)$ 上的表达式为

$$f(x)=\begin{cases}0, & -\pi\leqslant x<0,\\ \mathrm{e}^x, & 0\leqslant x\leqslant\pi.\end{cases}$$

将 $f(x)$ 展开成傅里叶级数.

第三部分:考研真题

一、选择题

1.（2006 年,数学一）若级数 $\sum\limits_{n=1}^{\infty}a_n$ 收敛,则级数（　　）.

（A）$\sum\limits_{n=1}^{\infty}|a_n|$ 收敛　　　　　（B）$\sum\limits_{n=1}^{\infty}(-1)^n a_n$ 收敛

（C）$\sum\limits_{n=1}^{\infty}a_n a_{n+1}$ 收敛　　　（D）$\sum\limits_{n=1}^{\infty}\dfrac{a_n+a_{n+1}}{2}$ 收敛

2.（2009 年,数学一）设有两个数列 $\{a_n\}$,$\{b_n\}$,若 $\lim\limits_{n\to\infty}a_n=0$,则（　　）.

（A）当 $\sum\limits_{n=1}^{\infty}b_n$ 收敛时,$\sum\limits_{n=1}^{\infty}a_n b_n$ 收敛

（B）当 $\sum\limits_{n=1}^{\infty}b_n$ 发散时,$\sum\limits_{n=1}^{\infty}a_n b_n$ 发散

（C）当 $\sum\limits_{n=1}^{\infty}|b_n|$ 收敛时,$\sum\limits_{n=1}^{\infty}a_n^2 b_n^2$ 收敛

（D）当 $\sum\limits_{n=1}^{\infty}|b_n|$ 发散时,$\sum\limits_{n=1}^{\infty}a_n^2 b_n^2$ 发散

3.（2016 年,数学三）级数 $\sum\limits_{n=1}^{\infty}\left(\dfrac{1}{\sqrt{n}}-\dfrac{1}{\sqrt{n+1}}\right)\sin(n+k)$（$k$ 为常数）（　　）.

(A) 绝对收敛　　　　　　　(B) 条件收敛

(C) 发散　　　　　　　　　(D) 收敛性与 k 有关

4. (2023 年, 数学一) 已知 $a_n < b_n (n = 1, 2, \cdots)$, 若级数 $\sum\limits_{n=1}^{\infty} a_n$ 与 $\sum\limits_{n=1}^{\infty} b_n$ 均收敛, 则 "$\sum\limits_{n=1}^{\infty} a_n$ 绝对收敛" 是 "$\sum\limits_{n=1}^{\infty} b_n$ 绝对收敛" 的 (　　).

(A) 充分必要条件　　　　　(B) 充分不必要条件

(C) 必要不充分条件　　　　(D) 既不充分也不必要条件

5. (2017 年, 数学三) 若级数 $\sum\limits_{n=1}^{\infty} \left[\sin \dfrac{1}{n} - k \ln \left(1 - \dfrac{1}{n} \right) \right]$ 收敛, 则 $k = (　　)$.

(A) 1　　　　(B) 2　　　　(C) −1　　　　(D) −2

6. (2020 年, 数学一) 设 R 为幂级数 $\sum\limits_{n=1}^{\infty} a_n r^n$ 的收敛半径, r 是实数, 则 (　　).

(A) $\sum\limits_{n=1}^{\infty} a_n r^n$ 发散时, $|r| \geqslant R$

(B) $\sum\limits_{n=1}^{\infty} a_n r^n$ 发散时, $|r| \leqslant R$

(C) $|r| \geqslant R$ 时, $\sum\limits_{n=1}^{\infty} a_n r^n$ 发散

(D) $|r| \leqslant R$ 时, $\sum\limits_{n=1}^{\infty} a_n r^n$ 发散

7. (2020 年, 数学三) 设幂级数 $\sum\limits_{n=1}^{\infty} n a_n (x-2)^n$ 的收敛区间为 $(-2, 6)$, 则 $\sum\limits_{n=1}^{\infty} a_n (x+1)^{2n}$ 的收敛区间为 (　　).

(A) $(-2, 6)$　　　　　　　(B) $(-3, 1)$

(C) $(-5, 3)$　　　　　　　(D) $(-17, 15)$

8. (2021 年, 数学一) 设函数 $f(x) = \dfrac{\sin x}{1 + x^2}$ 在 $x = 0$ 处的三次泰勒多项式为 $ax + bx^2 + cx^3$, 则 (　　).

(A) $a = 1, b = 0, c = -\dfrac{7}{6}$　　　　(B) $a = 1, b = 0, c = \dfrac{7}{6}$

(C) $a = -1, b = -1, c = -\dfrac{7}{6}$　　　(D) $a = -1, b = -1, c = \dfrac{7}{6}$

二、填空题

1. (1995 年, 数学一) 幂级数 $\sum\limits_{n=1}^{\infty} \dfrac{n}{2^n + (-3)^n} x^{2n-1}$ 的收敛半径 $R = \underline{\qquad}$.

2. (2017 年,数学一)幂级数 $\sum\limits_{n=1}^{\infty}(-1)^{n-1}nx^{n-1}$ 在区间 $(-1,1)$ 内的和函数 $s(x)=$ _____.

3. (2008 年,数学一)已知幂级数 $\sum\limits_{n=0}^{\infty}a_n(x+2)^n$ 在 $x=0$ 处收敛,在 $x=-4$ 处发散,则幂级数 $\sum\limits_{n=0}^{\infty}a_n(x-3)^n$ 的收敛域为 _____.

4. (2022 年,数学一)已知级数 $\sum\limits_{n=1}^{\infty}\dfrac{n!}{n^n}e^{-nx}$ 的收敛域为 $(a,+\infty)$,则 $a=$ _____.

5. (2023 年,数学三) $\sum\limits_{n=0}^{\infty}\dfrac{x^{2n}}{(2n)!}=$ _____.

6. (2023 年,数学一)设 $f(x)=1-x,x\in[0,1]$ 是周期为 2 的周期函数,若 $f(x)=\dfrac{a_0}{2}+\sum\limits_{n=1}^{\infty}a_n\cos n\pi x$,则 $\sum\limits_{n=1}^{\infty}a_{2n}=$ _____.

自 测 题 11

(满分 100 分,测试时间 45min)

一、单项选择题(本题共 10 个小题,每小题 5 分,共 50 分)

1. 已知级数 $\sum\limits_{n=1}^{\infty}(-1)^{n-1}u_n=2$, $\sum\limits_{n=1}^{\infty}u_{2n-1}=5$,则级数 $\sum\limits_{n=1}^{\infty}u_n=($).

(A) 3   (B) 7   (C) 8   (D) 9

2. 已知级数 $\sum\limits_{n=1}^{\infty}(-1)^n\sqrt{n}\sin\dfrac{1}{n^\alpha}$ 绝对收敛, $\sum\limits_{n=1}^{\infty}(-1)^n\dfrac{1}{n^{2-\alpha}}$ 条件收敛,则 α 的范围为( ).

(A) $0<\alpha\leqslant\dfrac{1}{2}$ (B) $\dfrac{1}{2}<\alpha<1$

(C) $1\leqslant\alpha<\dfrac{3}{2}$ (D) $\dfrac{3}{2}<\alpha<2$

3. 设级数 $\sum\limits_{n=1}^{\infty}u_n$ 收敛,则下列级数中必收敛的是( ).

(A) $\sum\limits_{n=1}^{\infty}(-1)^n\dfrac{u_n}{n}$ (B) $\sum\limits_{n=1}^{\infty}u_n^2$

(C) $\sum\limits_{n=1}^{\infty}(u_n+u_{n+1})$ (D) $\sum\limits_{n=1}^{\infty}(u_{2n-1}-u_{2n})$

4. 下列级数中收敛的是( ).

(A) $\sum\limits_{n=1}^{\infty}\dfrac{n}{2n-1}$ (B) $\sum\limits_{n=1}^{\infty}\dfrac{n^3}{2^n}$

(C) $\sum\limits_{n=1}^{\infty}\dfrac{\sqrt{n}}{n+1}$ (D) $\sum\limits_{n=1}^{\infty}(-1)^{\frac{n(n+1)}{2}}\dfrac{n!}{3^n}$

5. 设幂级数 $\sum\limits_{n=0}^{\infty}a_n(x-1)^n$ 在 $x=-1$ 处收敛,则该级数在 $x=2$ 处(   ).

(A) 发散   (B) 条件收敛
(C) 绝对收敛   (D) 敛散性无法确定

6. 正项级数 $\sum\limits_{n=1}^{\infty}u_n$ 收敛是级数 $\sum\limits_{n=1}^{\infty}u_n^2$ 收敛的(   ).

(A) 充分但非必要条件   (B) 必要但非充分条件
(C) 充分必要条件   (D) 既非充分又非必要条件

7. 设 α 为常数,则级数 $\sum\limits_{n=1}^{\infty}\left[\dfrac{\sin(n\alpha)}{n^2}-\dfrac{1}{n}\right]$(   ).

(A) 发散   (B) 条件收敛
(C) 绝对收敛   (D) 敛散性无法确定

8. 幂级数 $\sum\limits_{n=1}^{\infty}\dfrac{2n-1}{2^n}x^{2n}$ 的收敛半径为(   ).

(A) $\dfrac{1}{\sqrt{2}}$ (B) $\sqrt{2}$ (C) $\dfrac{1}{2}$ (D) 2

9. 幂级数 $\sum\limits_{n=1}^{\infty}(-1)^n\dfrac{(x+1)^n}{n}$ 的收敛域为(   ).

(A) $(-2,0)$ (B) $(-2,0]$
(C) $[-2,0)$ (D) $[-2,0]$

10. 设幂级数 $\sum\limits_{n=1}^{\infty}a_nx^n$ 与 $\sum\limits_{n=1}^{\infty}b_nx^n$,若 $\lim\limits_{n\to\infty}\dfrac{a_{n+1}}{a_n}=\dfrac{3}{\sqrt{5}}$,$\lim\limits_{n\to\infty}\dfrac{b_{n+1}}{b_n}=3$,则

$\sum\limits_{n=1}^{\infty}\dfrac{a_n^2}{b_n^2}x^n$ 的收敛半径为(   ).

(A) $\dfrac{1}{5}$ (B) $\dfrac{1}{3}$ (C) $\dfrac{\sqrt{5}}{3}$ (D) 5

二、判断题(用√、×表示.本题共 10 个小题,每小题 5 分,共 50 分)

1. $\lim\limits_{n\to\infty}s_n$ 存在是 $\sum\limits_{n=1}^{\infty}u_n$ 收敛的充分必要条件.   (   )

2. 若正项级数 $\sum\limits_{n=1}^{\infty}u_n$ 收敛,则必有 $\lim\limits_{n\to\infty}\dfrac{u_{n+1}}{u_n}<1$.   (   )

3. 级数 $\sum\limits_{n=0}^{\infty}\dfrac{(\ln 3)^n}{2^n}$ 的和为 $\dfrac{\ln 3}{2-\ln 3}$.   (   )

4. 级数 $\sum\limits_{n=1}^{\infty}\dfrac{1}{2\sqrt{n(n+1)}}$ 是发散级数.   (   )

5. 级数 $\displaystyle\sum_{n=1}^{\infty}\frac{2^n}{5^n-3^n}$ 是收敛级数. 　　　　　（　　）

6. 级数 $\displaystyle\sum_{n=1}^{\infty}\frac{(-1)^{n-1}}{\ln(n+1)}$ 是绝对收敛级数. 　　（　　）

7. 幂级数 $\displaystyle\sum_{n=1}^{\infty}\frac{x^n}{(2n)!}$ 的收敛半径是 $R=+\infty$. 　　（　　）

8. 幂级数 $\displaystyle\sum_{n=1}^{\infty}\frac{e^n-(-1)^n}{n^2}x^n$ 的收敛区间是 $\left(-\dfrac{1}{\sqrt{e}},\dfrac{1}{\sqrt{e}}\right)$. 　　（　　）

9. 幂级数 $x-\dfrac{x^3}{3}+\dfrac{x^5}{5}-\dfrac{x^7}{7}+\cdots$ 在收敛域 $[-1,1]$ 内的和函数为 $s(x)=\arctan x,x\in[-1,1]$. 　　　　　　（　　）

10. 函数 $f(x)=\dfrac{1}{x^2-2x-3}$ 展开为 x 的幂级数是 $f(x)=$ $\dfrac{1}{4}\displaystyle\sum_{n=0}^{\infty}\left[(-1)^{n+1}+\dfrac{1}{3^{n+1}}\right]x^n(-1<x\leqslant 1)$. 　　（　　）

参 考 答 案

第 7 章参考答案

7.1.6 同步习题

1. $a^0 = \left(\dfrac{\sqrt{3}}{3}, -\dfrac{\sqrt{3}}{3}, \dfrac{\sqrt{3}}{3}\right)$.

2. 在 x 轴上的投影为 9,在 y 轴上的分向量为 $28j$.

3. M_1:IV;M_2:V;M_3:VIII;M_4:III.

4. $P_0D \perp xOy$ 平面,垂足 D 的坐标为 $(x_0, y_0, 0)$;

   $P_0E \perp yOz$ 平面,垂足 E 的坐标为 $(0, y_0, z_0)$;

   $P_0F \perp zOx$ 平面,垂足 F 的坐标为 $(x_0, 0, z_0)$;

5. $P_1(2,3,-1)$,$P_2(2,3,1)$,$P_3(-2,3,-1)$.

6. $\left|\overrightarrow{M_1M_2}\right| = \sqrt{(2-1)^2 + (3-2)^2 + (3-3)^2} = \sqrt{2}$.

   方向余弦分别为 $\cos\alpha = \dfrac{\sqrt{2}}{2}$,$\cos\beta = \dfrac{\sqrt{2}}{2}$,$\cos\gamma = 0$,方向角分别为 $\dfrac{\pi}{4}$,$\dfrac{\pi}{4}$,$\dfrac{\pi}{2}$.

7. $A(3, 3\sqrt{2}, 3)$.

7.2.4 同步习题

1. D.

2. C.

3. -3.

4. $(-4, 2, -4)$.

5. 8.

6. (1) -5;$-i-11j-7k$.   (2) 10;$-3i-33j-21k$.   (3) $-\dfrac{5}{14}$.

7. $\left(-\dfrac{\sqrt{2}}{2}, -\dfrac{\sqrt{2}}{2}, 0\right)$.

8. 6.

7.3.5 同步习题

1. (1) 过点 $(3,0,0)$ 且平行于坐标面 yOz 的平面.

   (2) 过 x 轴且垂直于坐标面 yOz 的平面.

   (3) 截距分别为 $6, -2, 3$ 的平面.

2. (1) $x+z-2=0$;   (2) $2x+y+2z-10=0$;   (3) $2x-y-z=0$;

（4）$x+y-3z-5=0$；　　　（5）$y=-5$；　　　　（6）$9x+4y-z-1=0$.

3.（1）平行；　（2）垂直.

4. $\dfrac{\pi}{3}$.

5. 1.

7.4.4　同步习题

1. $\dfrac{x-1}{2}=\dfrac{y-2}{1}=\dfrac{z-3}{5}$.

2. $\dfrac{x}{-2}=\dfrac{y-2}{3}=\dfrac{z-4}{1}$.

3. $-16x+14y+11z+65=0$.

4. $8x-9y-22z-59=0$.

5. 0.

6. 两条直线垂直.

7.5.4　同步习题

1. $x^2-2x+y^2-6x+z^2+4z=0$.

2. 球面.

3.（1）旋转抛物面，$y^2+z^2=2x$；

　（2）单叶双曲面，$\dfrac{x^2+z^2}{9}-\dfrac{y^2}{4}=1$.

　（3）双叶双曲面，$\dfrac{x^2}{9}-\dfrac{y^2+z^2}{4}=1$.

4. $2x=9+y^2$.

5. 圆柱面方程，$3x^2+3y^2=1$.

总复习题 7

第一部分：基础题

1.（1）Ⅴ；　　　（2）x 轴的正半轴上；　　　（3）y 轴的负半轴上；

　（4）Ⅵ；　　　（5）Ⅳ；　　　　　（6）xOz 平面上.

2. A 到坐标原点以及 x,y,z 轴的距离分别为 $5\sqrt{2}$，$\sqrt{34}$，$\sqrt{41}$ 和 5.

3. $\left(0,\dfrac{3}{2},0\right)$.

4. 略.

5.（1）$(1,-9,15)$；　　　（2）$(3m+2n-4,-m-2,2m+3n+1)$.

6. $(4,1,3)$.

7. 方向余弦 $\cos\alpha=\dfrac{a_x}{|\boldsymbol{a}|}=\dfrac{1}{2}$，$\cos\beta=\dfrac{a_y}{|\boldsymbol{a}|}=\dfrac{\sqrt{2}}{2}$，$\cos\gamma=\dfrac{a_z}{|\boldsymbol{a}|}=-\dfrac{1}{2}$，

　方向角 $\alpha=60°,\beta=45°,\gamma=120°$.

8.（1）-1；　（2）-15；　（3）$(3,-7,-5)$；　（4）$(-42,98,70)$；　（5）$(-3,7,5)$.

9.（1）1；　　（2）4；　　（3）28.

10. $90°$.

11. $-\dfrac{4}{3}$.

12. $\pm\dfrac{\sqrt{5}}{5}(2\boldsymbol{j}+\boldsymbol{k})$.

13. $\sqrt{2}$.

14. （1）$-\dfrac{10}{3}$；　　　　　（2）6.

15. （1）$-\boldsymbol{i}+3\boldsymbol{j}+5\boldsymbol{k}$；　　　（2）$2\boldsymbol{i}-6\boldsymbol{j}-10\boldsymbol{k}$.

16. ±6；$\boldsymbol{O}$.

17. 6860J.

18. $3\sqrt{10}$.

19. （1）平面过 x 轴；　　　（2）平面过点 $\left(0,\dfrac{9}{2},0\right)$ 且平行于 xOz 坐标面；

　　（3）平面在 x,y,z 轴上的截距分别为 $\dfrac{5}{3},-\dfrac{5}{2},\dfrac{5}{2}$；

　　（4）平面平行于 z 轴；　（5）平面过 y 轴；　　　（6）平面过原点.

20. （1）$a=-6,b=4,c=12,\boldsymbol{n}=(2,-3,-1)$；

　　（2）$a=b=c=3,\boldsymbol{n}=(1,1,1)$.

21. （1）$2x-4y+3z-3=0$；

　　（2）$3x+3y+z-8=0$；

　　（3）$z=3$；

　　（4）$x+3y=0$；

　　（5）$9y-z-2=0$；

　　（6）$2x-y-3z=0$.

22. 2.

23. $\dfrac{\pi}{3}$.

24. $x-y=0$.

25. $\dfrac{x-4}{2}=\dfrac{y+1}{1}=\dfrac{z-3}{5}$.

26. $x-1=y=-z-1$.

27. $\begin{cases} x=5+2t, \\ y=-t, \\ z=-2+3t. \end{cases}$

第二部分：拓展题

1. $\dfrac{x-2}{3}=\dfrac{y+3}{-1}=\dfrac{z-4}{2}$.

2. $\dfrac{x}{-2}=\dfrac{y-2}{3}=\dfrac{z-4}{1}$.

3. $L_1 /\!/ L_2$.

4. （1）直线 L 在平面 Π 上；　　（2）平行；　　（3）垂直；　　（4）垂直.

5. 0.

6. （1）垂直；　　　　　　　（2）平行；　　（3）垂直.

7. $n=4$.

8. A 点，C 点.

9. $(x-3)^2+(y+2)^2+(z-5)^2=16$.

10. $(1,2,-2),r=5$.

11. （1）$x^2=\dfrac{1}{9}(y^2+z^2),z^2=9(x^2+y^2)$; 　　（2）$x^2+z^2=4y$;

　　（3）$x^2+y^2+z^2=16$; 　　（4）$9x^2+4(y^2+z^2)=36$.

12. （1）椭球面;

　　（2）xOz 平面上的双曲线 $x^2-\dfrac{z^2}{16}=1$ 绕 z 轴旋转一周所成的单叶旋转双曲面;

　　（3）以 $\left(x-\dfrac{1}{2}\right)^2+y^2=\dfrac{1}{4}$ 为准线,母线平行于 z 轴的圆柱面;

　　（4）抛物柱面;

　　（5）以 $(0,2,0)$ 为球心,$\sqrt{13}$ 为半径的球面;

　　（6）由 yOz 平面上的直线 $z=2y$ $(y>0)$ 绕 z 轴旋转一周所形成的顶点在坐标原点的上半圆锥面;

　　（7）以原点为球心,3 为半径的上半球面;

　　（8）xOy 平面上的椭圆 $\dfrac{x^2}{4}+\dfrac{y^2}{9}=1$ 绕 x 轴旋转所形成的旋转椭球面;

　　（9）xOy 平面上的双曲线 $x^2-y^2=1$ 绕 x 轴旋转所形成的双叶双曲面;

　　（10）双曲抛物面(鞍形曲面).

13. （1）中心在 $(0,0,4)$,半径为 3 的圆;

　　（2）球心在原点,半径为 3 的球面与母线平行于 z 轴的平面 $x+y=1$ 的交线,即为椭圆;

　　（3）顶点在原点,对称轴为 y 轴的上半圆锥面与平面 $x-y+1=0$ 的交线,即为抛物线;

　　（4）顶点在原点,对称轴为 z 轴的上、下圆锥面与平面 $x=3$ 的交线,即为双曲线.

14. $5x^2-3y^2=1$.

15. $\left(x-\dfrac{3-\sqrt{3}}{6}\right)^2+\left(y-\dfrac{3-\sqrt{3}}{6}\right)^2+\left(z-\dfrac{3-\sqrt{3}}{6}\right)^2=\left(\dfrac{3-\sqrt{3}}{6}\right)^2$.

16. $x^2+y^2-z^2=1$.

第三部分:考研真题

$4x^2-17y^2+4z^2+2y-1=0$

自 测 题 7

一、单项选择题

1. B. 　2. D. 　3. A. 　4. A. 　5. C. 　6. D. 　7. C. 　8. B. 　9. A. 　10. D.

二、判断题

1. $\checkmark$. 　2. $\times$. 　3. $\times$. 　4. $\times$. 　5. $\checkmark$. 6. $\checkmark$. 　7. $\times$. 　8. $\times$. 　9. $\checkmark$. 　10. $\times$.

第 8 章参考答案

8.1.5　同步习题

1. （1）$\{(x,y)\mid y\geqslant 0,x\geqslant\sqrt{y}\}$; 　　（2）$\{(x,y)\mid y>x\geqslant 0$ 且 $x^2+y^2<1\}$;

　　（3）$\{(x,y)\mid xy\geqslant 1\}$; 　　（4）$\{(x,y)\mid |z|\leqslant\sqrt{x^2+y^2}$ 且 $x^2+y^2\neq 0\}$.

2. （1）1; 　　（2）0; 　　（3）5; 　　（4）2.

3. 略.

4. （1）连续; 　　（2）不连续.

8.2.3　同步习题

1. （1）$\dfrac{\partial z}{\partial x}=y+\dfrac{1}{y}$，$\dfrac{\partial z}{\partial y}=x-xy^{-2}$；　　（2）$\dfrac{\partial z}{\partial x}=3x^2-3y^2$，$\dfrac{\partial z}{\partial y}=3y^2-6xy$；

（3）$\dfrac{\partial z}{\partial x}=\dfrac{2x}{x^2+y}$，$\dfrac{\partial z}{\partial y}=\dfrac{1}{x^2+y}$；　　（4）$\dfrac{\partial w}{\partial x}=yze^{xyz}$，$\dfrac{\partial w}{\partial y}=xze^{xyz}$，$\dfrac{\partial w}{\partial z}=xye^{xyz}$.

2. （1）$1,0$；　　（2）$-\dfrac{1}{2}$，$\dfrac{1}{2}$.

3. （1）$\dfrac{\partial^2 f}{\partial x^2}=y(y-1)x^{y-2}$，$\dfrac{\partial^2 f}{\partial x\partial y}=\dfrac{\partial^2 f}{\partial y\partial x}=x^{y-1}+y(x^{y-1}\ln x)$，$\dfrac{\partial^2 f}{\partial y^2}=x^y(\ln x)^2$；

（2）$\dfrac{\partial^2 f}{\partial x^2}=\dfrac{2xy}{(x^2+y^2)^2}$，$\dfrac{\partial^2 f}{\partial y^2}=-\dfrac{2xy}{(x^2+y^2)^2}$，$\dfrac{\partial^2 f}{\partial x\partial y}=\dfrac{\partial^2 f}{\partial y\partial x}=\dfrac{(x^2+y^2)-2x^2}{(x^2+y^2)^2}=\dfrac{y^2-x^2}{(x^2+y^2)^2}$.

4. $\dfrac{\partial^3 z}{\partial x^2\partial y}=0$，$\dfrac{\partial^3 z}{\partial x\partial y^2}=-\dfrac{1}{y^2}$.

8.3.3　同步习题

1. （1）$\mathrm{d}z=(-\sin(x+y)+y\cos xy)\mathrm{d}x+(-\sin(x+y)+x\cos xy)\mathrm{d}y$

（2）$\mathrm{d}z=\dfrac{2}{x^2+y^2}(x\mathrm{d}x+y\mathrm{d}y)$

（3）$\mathrm{d}z=\dfrac{1}{1+x^2y^2}(y\mathrm{d}x+x\mathrm{d}y)$

（4）$\mathrm{d}u=\dfrac{1}{\sqrt{x^2+y^2+z^2}}(x\mathrm{d}x+y\mathrm{d}y+z\mathrm{d}z)$

2. $\mathrm{d}z=\dfrac{1}{3}\mathrm{d}x+\dfrac{2}{3}\mathrm{d}y$

*3. 2.95.

8.4.3　同步习题

1. （1）$\dfrac{\partial z}{\partial x}=\dfrac{2x}{y^2}\ln(3x-2y)+\dfrac{3x^2}{y^2(3x-2y)}$，$\dfrac{\partial z}{\partial y}=-\dfrac{2x^2}{y^3}\ln(3x-2y)-\dfrac{2x^2}{y^2(3x-2y)}$；

（2）$\dfrac{\partial z}{\partial x}=e^{\frac{x^2+y^2}{xy}}\left[2x+\dfrac{2(x^2+y^2)}{y}-\dfrac{(x^2+y^2)^2}{x^2 y}\right]$，

$\dfrac{\partial z}{\partial y}=e^{\frac{x^2+y^2}{xy}}\left[2y+\dfrac{2(x^2+y^2)}{x}-\dfrac{(x^2+y^2)^2}{xy^2}\right]$；

（3）$\dfrac{\partial z}{\partial r}=3r^2\sin\theta\cos\theta(\cos\theta-\sin\theta)$，$\dfrac{\partial z}{\partial\theta}=r^3(\sin\theta+\cos\theta)(1-3\sin\theta\cos\theta)$；

（4）$\dfrac{\mathrm{d}u}{\mathrm{d}x}=-\dfrac{1}{x^2\sqrt{1-x^2}}$.

2. （1）$\dfrac{\partial z}{\partial x}=f_1'+f_2'\cdot y\cdot e^{xy}$，$\dfrac{\partial z}{\partial y}=f_2'\cdot x\cdot e^{xy}$；

（2）$\dfrac{\partial z}{\partial x}=yf_1'+\dfrac{1}{y}f_2'$，$\dfrac{\partial z}{\partial y}=xf_1'-\dfrac{x}{y^2}f_2'$；

（3）$\dfrac{\partial z}{\partial x}=2xf_1'+f_2'$，$\dfrac{\partial z}{\partial y}=-2yf_1'+f_2'$.

3. 略.

4. $\dfrac{\partial^2 z}{\partial x^2}=4x^2 f''+2f'$，$\dfrac{\partial^2 z}{\partial x\partial y}=4xyf''$，$\dfrac{\partial^2 z}{\partial y^2}=4y^2 f''+2f'$.

8.5.3　同步习题

1. （1）$\dfrac{\mathrm{d}y}{\mathrm{d}x}=\dfrac{\mathrm{e}^x+y^2}{\cos y-2xy}$；

　　（2）$\dfrac{\partial z}{\partial x}=-\dfrac{yz\mathrm{e}^{xyz}}{xy\mathrm{e}^{xyz}-1}$，$\dfrac{\partial z}{\partial y}=-\dfrac{xz\mathrm{e}^{xyz}}{xy\mathrm{e}^{xyz}-1}$；

　　（3）$\dfrac{\partial^2 z}{\partial x\partial y}=\dfrac{(1+\mathrm{e}^z)^2-xy\mathrm{e}^z}{(1+\mathrm{e}^z)^3}$.

2. 略.

3. $\dfrac{\mathrm{d}y}{\mathrm{d}x}=\dfrac{-x(6z+1)}{2y(3z+1)}$，$\dfrac{\mathrm{d}z}{\mathrm{d}x}=\dfrac{x}{3z+1}$.

8.6.3　同步习题

1. （1）切线方程 $l:\dfrac{x-1}{2}=\dfrac{y-0}{0}=\dfrac{z-1}{0}$；法平面方程 $S:x=1$.

　　（2）切线方程 $l:\dfrac{x}{0}=\dfrac{y}{-2a^2}=\dfrac{z-a}{0}$；法平面方程 $S:y=0$.

2. $2x+2y-z-3=0$.

3. （1）切平面方程为：$2x+z-2=0$，法线方程为：$\dfrac{x}{2}=\dfrac{y-1}{0}=\dfrac{z-2}{1}$；

　　（2）切平面方程为：$x-y+2z-\dfrac{\pi}{2}=0$，法线方程为：$\dfrac{x-1}{1}=\dfrac{y-1}{-1}=\dfrac{z-\dfrac{\pi}{4}}{2}$；

　　（3）切平面方程为：$x-2y+z-1=0$，法线方程为：$\dfrac{x-1}{1}=\dfrac{y-1}{-2}=\dfrac{z-2}{1}$.

8.7.3　同步习题

1. （1）$\dfrac{\sqrt{5}}{5}\left(\pi-\dfrac{1}{2}\right)$；　　　　（2）$\dfrac{2}{3}$.

2. $-\dfrac{1}{\sqrt{2}}$.

3. （1）$\mathbf{grad}f=(1,-1)$；　　（2）$\mathbf{grad}f=(6,3,0)$.

4. $\sqrt{2}$.

8.8.4　同步习题

1. （1）极大值 $f(1,1)=1$；　　（2）极大值为 2；　　（3）没有极值.

2. 极大值为 $27a^3$.

3. （1）最大值 $f(2,0)=8$，最小值 $f\left(-\dfrac{1}{4},0\right)=-\dfrac{17}{8}$；

　　（2）最大值 $f(2,4)=3$，最小值 $f(-2,4)=-9$.

4. 4.

8.9.3　同步习题

1. $f(x,y)=5+2(x-1)^2-(x-1)(y+2)-(y+2)^2$.

2. $f(x,y)=y+\dfrac{1}{2!}(2xy-y^2)+\dfrac{1}{3!}(3x^2y-3xy^2+2y^3)+R_3$,

$$R_3=\frac{e^{\theta x}}{24}\left[x^4\ln(1+\theta y)+\frac{4x^3y}{1+\theta y}-\frac{6x^2y^2}{(1+\theta y)^2}+\frac{8xy^3}{(1+\theta y)^3}-\frac{6y^4}{(1+\theta y)^4}\right]\quad(0<\theta<1).$$

总复习题 8

第一部分：基础题

1. (1) $\{(x,y)\mid x+y>0\}$;

   (2) $\{(x,y,z)\mid r^2<x^2+y^2+z^2\leqslant R^2\}$.

2. (1) $\ln 2$;　(2) $-\dfrac{1}{4}$;　(3) 2;　(4) 0.

3. (1) $\dfrac{\partial z}{\partial x}=\dfrac{1}{x+y^2}$, $\dfrac{\partial z}{\partial y}=\dfrac{2y}{x+y^2}$;　(2) $\dfrac{\partial z}{\partial x}=2xye^y$, $\dfrac{\partial z}{\partial y}=(1+y)x^2e^y$

4. $\mathrm{d}z\big|_{\left(\frac{1}{4}\pi,\frac{1}{4}\pi\right)}=(1+e^{\frac{\pi}{2}})\mathrm{d}x+e^{\frac{\pi}{2}}\mathrm{d}y$.

5. (1) $\dfrac{\partial z}{\partial x}=2xf_1+ye^{xy}f_2$, $\dfrac{\partial z}{\partial y}=-2yf_1+xe^{xy}f_2$;

   (2) $\dfrac{\partial u}{\partial x}=f_1+yf_2+yzf_3$, $\dfrac{\partial u}{\partial y}=xf_2+xzf_3$, $\dfrac{\partial u}{\partial z}=xyf_3$.

6. $\dfrac{\partial^2 z}{\partial x^2}=\dfrac{1}{x}$, $\dfrac{\partial^2 z}{\partial x\partial y}=\dfrac{1}{y}$.

第二部分：拓展题

1. (1) $\dfrac{\partial^2 z}{\partial x^2}=2f_1+y^2e^{xy}f_2+4x^2f_{11}+4xye^{xy}f_{12}+y^2e^{2xy}f_{22}$,

   $\dfrac{\partial^2 z}{\partial x\partial y}=(1+xy)e^{xy}f_2-4xyf_{11}+(2x^2-2y^2)e^{xy}f_{12}+xye^{2xy}f_{22}$,

   $\dfrac{\partial^2 z}{\partial y^2}=-2f_1+x^2e^{xy}f_2+4y^2f_{11}-4xye^{xy}f_{12}+x^2e^{2xy}f_{22}$;

   (2) $\dfrac{\partial^2 z}{\partial x^2}=-\sin xf_1+e^{x+y}f_3+\cos^2xf_{11}+2e^{x+y}\cos xf_{13}+e^{2(x+y)}f_{33}$,

   $\dfrac{\partial^2 z}{\partial x\partial y}=e^{x+y}f_3-\cos x\sin yf_{12}+e^{x+y}\cos xf_{13}-e^{x+y}\sin yf_{32}+e^{2(x+y)}f_{33}$,

   $\dfrac{\partial^2 z}{\partial y^2}=-\cos yf_2+e^{x+y}f_3+\sin^2yf_{22}-2e^{x+y}\sin yf_{23}+e^{2(x+y)}f_{33}$.

2. 略.

3. (1) $\mathrm{d}z=\dfrac{yz}{e^z-xy}\mathrm{d}x+\dfrac{xz}{e^z-xy}\mathrm{d}y$;

   (2) $\mathrm{d}z=\dfrac{z}{y(1+x^2z^2)-x}\mathrm{d}x-\dfrac{z(1+x^2z^2)}{y(1+x^2z^2)-x}\mathrm{d}y$;

   (3) $\mathrm{d}z=-\dfrac{\sin 2x}{\sin 2z}\mathrm{d}x-\dfrac{\sin 2y}{\sin 2z}\mathrm{d}y$;

（4）$\mathrm{d}z = -\mathrm{d}x - \mathrm{d}y$.

4.（1）切线方程：$\dfrac{x-1}{2} = \dfrac{y-0}{0} = \dfrac{z-1}{0}$；法平面方程：$x = 1$.

　（2）切线方程：$\dfrac{x}{0} = \dfrac{y}{-2a^2} = \dfrac{z-a}{0}$；法平面方程：$y = 0$.

5. $2x + 2y - z - 3 = 0$.

6. $\dfrac{2}{3}$.

7. 最大值 $\mathrm{e}^{\frac{1}{2}}$，最小值 $\mathrm{e}^{-\frac{1}{2}}$.

第三部分：考研真题

一、选择题

1. C.　2. A.　3. A.

二、填空题

1. 4e.　2. $\dfrac{2}{3}$.　3. $x + 2y - z = 0$.　4. $-\dfrac{3}{2}$.

三、计算题

极小值 $-\dfrac{1}{216}$.

自 测 题 8

一、单项选择题

1. C.　2. A.　3. D.　4. D.　5. C.　6. B.　7. A.　8. A.　9. B.　10. C.

二、判断题

1. √.　2. ×.　3. √.　4. √.　5. √.　6. ×.　7. ×.　8. √.　9. ×.　10. √.

第 9 章参考答案

9.1.4　同步习题

1. $Q = \iint\limits_{D} \mu(x, y)\,\mathrm{d}\sigma$.

2.（1）$\iint\limits_{D} \ln(x+y)\,\mathrm{d}\sigma \leqslant \iint\limits_{D} [\ln(x+y)]^2\,\mathrm{d}\sigma$；

　（2）$\iint\limits_{D} \ln^3(x+y)\,\mathrm{d}\sigma \leqslant \iint\limits_{D} (x+y)^3\,\mathrm{d}\sigma$；

　（3）$\iint\limits_{D} (x+y)^3\,\mathrm{d}\sigma \geqslant \iint\limits_{D} [\sin(x+y)]^3\,\mathrm{d}\sigma$.

9.2.4　同步习题

1.（1）1；　（2）$\dfrac{20}{3}$；　（3）e-2；　（4）$\dfrac{76}{3}$；　（5）$\dfrac{35}{3} + \dfrac{49}{5} + 210$；　（6）$\dfrac{1}{6}$.

2.（1）$\displaystyle\int_0^1 \mathrm{d}y \int_0^{1-y} f(x,y)\,\mathrm{d}x$；　（2）$\displaystyle\int_0^1 \mathrm{d}x \int_x^{2-x} f(x,y)\,\mathrm{d}y$；

　（3）$\displaystyle\int_0^1 \mathrm{d}x \int_{x^2}^{x} f(x,y)\,\mathrm{d}y$；　（4）$\displaystyle\int_0^1 \mathrm{d}x \int_{x^3}^{2-x} f(x,y)\,\mathrm{d}y$.

3.（1）$\pi\ln5$；　　（2）$\dfrac{2}{3}\pi a^3$；　　（3）$\pi(1-e^{-R^2})$；　　（4）$\dfrac{32}{9}$.

4.（1）$-6\pi^2$；　　（2）$\dfrac{9}{4}$；　　（3）$\dfrac{46}{3}a^4$；　　　（4）$\dfrac{R^3}{3}\left(\pi-\dfrac{4}{3}\right)$；　　（5）$\dfrac{3\pi}{2}$.

5. $A=\dfrac{1}{3}$.

6. $V=\dfrac{17}{6}$.

9.3.5　同步习题

1.（1）$I=\displaystyle\int_0^1 dx\int_0^{1-x}dy\int_0^{xy}f(x,y,z)\,dz$；

　（2）$I=\displaystyle\int_{-1}^1 dx\int_{-\sqrt{1-x^2}}^{\sqrt{1-x^2}}dy\int_{x^2+2y^2}^{2-x^2}f(x,y,z)\,dz$.

2.（1）0；　　　　　　（2）$\dfrac{17}{30}$.

3.（1）$\pi(2\ln2-1)$；　（2）$\dfrac{16a^2}{9}$.

4.（1）$\dfrac{\pi}{10}$；　　　　（2）$\dfrac{4\pi}{5}$.

5.（1）$\dfrac{1}{8}$；　　　　　（2）8π；　　（3）$\dfrac{4\pi}{15}(A^5-a^5)$.

9.4.3　同步习题

1. $\dfrac{\pi}{6}$.

2. $\dfrac{7}{6}\pi$.

3. 重心坐标为$\left(0,\dfrac{3a}{2\pi}\right)$.

4. $\left(\dfrac{2a}{5},\dfrac{2a}{5},\dfrac{7a^2}{5}\right)$.

5. $\dfrac{\pi R^4 h}{2}$.

总复习题 9

第一部分:基础题

1. $-\dfrac{3}{2}\pi$. 　　　　2. $\dfrac{a^4}{2}$. 　　　3. $\displaystyle\int_0^{\frac{\pi}{4}}d\theta\int_{\tan\theta\sec\theta}^{\sec\theta}f(\rho\cos\theta,\rho\sin\theta)\rho\,d\rho$.

4. $\displaystyle\int_0^1 dx\int_0^{1-x}dy\int_0^{xy}f(x,y,z)\,dz$. 　5. 0. 　　6. $\pi\left(\ln2-2+\dfrac{\pi}{2}\right)$. 　　7. $\dfrac{R^5}{5}\left(\dfrac{2}{3}-\dfrac{5\sqrt{2}}{12}\right)\pi$.

8. $16R^2$. 　　　　　9. $\left(0,\dfrac{3a}{2\pi}\right)$. 　10. $\left(\dfrac{2}{5}a,\dfrac{2}{5}a,\dfrac{7}{30}a^2\right)$.

第二部分:拓展题

1. $\dfrac{2}{3}a^3\left(\pi-\dfrac{2}{3}\right)$. 　　　　2. $\dfrac{2}{5}$. 　　　3. $\pi-2$. 　　　　4. $f(0,0)$.

5. 略.　　　　　　　　6. $\dfrac{14}{3}\pi$.　　　7. $\dfrac{31}{4}\pi$.　　　　　　8. $\dfrac{\pi}{4}(e^4-e)$.

第三部分:考研真题

一、选择题

1. B.　2. B.　3. A.　4. C.　5. A.

二、填空题

1. $\dfrac{1}{4}$.　　　　2. $(e-1)^2$.　　　3. $\dfrac{1}{3}-\dfrac{2}{3e}$.

三、计算题

1. $\dfrac{\sqrt{3}\ln 2}{24}\pi$.　　2. $3\sqrt{3}-\dfrac{32+\pi}{9}$.　　3. (1) 8π;(2) $-\pi$.

4. (1) $x^2+y^2=2z^2-2z+1$;(2) $\left(0,0,\dfrac{7}{5}\right)$.　5. $\dfrac{2-\sqrt{2}}{16}\pi$.　6. $\dfrac{\pi}{4}-\dfrac{2}{5}$.　7. $\dfrac{416}{3}$.

自 测 题 9

一、单项选择题

1. D.　2. B.　3. A.　4. A.　5. C.　6. A.　7. C.　8. B.　9. C.　10. B.

二、判断题

1. √.　2. ×.　3. ×.　4. ×.　5. √.　6. ×.　7. √.　8. ×.　9. √.　10. √.

第 10 章参考答案

10.1.3　同步习题

(1) $\dfrac{1}{2}a^3$;　　　(2) $\dfrac{1}{12}(5\sqrt{5}-1)$;　　　(3) $\dfrac{256}{15}a^3$.

10.2.3　同步习题

1. (1) $\dfrac{4}{5}$;　　(2) -2π;　　(3) -6π;　　(4) 13.

2. (1) 2;　　(2) 2;　　(3) 2.

10.3.3　同步习题

1. (1) $\dfrac{1}{2}\pi a^4$;　　(2) $\dfrac{1}{6}$;　　(3) $2ab\pi$;　　(4) $-\dfrac{7}{6}+\dfrac{1}{4}\sin 2$.

2. $\dfrac{5}{2}$.　　　3. 12π.

10.4.3　同步习题

(1) $\dfrac{13}{3}\pi$;　　(2) $\dfrac{\sqrt{3}}{120}$;　　(3) $-\dfrac{27}{4}$;　　(4) $\dfrac{13}{9}\pi$.

10.5.3　同步习题

(1) $\dfrac{\pi}{2}R^3$;　　(2) 6π;　　(3) $-\dfrac{\pi}{2}R^4$;　　(4) π.

10.6.3　同步习题

1. （1）81π；　　　（2）$-\dfrac{12}{5}\pi a^5$；　　（3）$\dfrac{\pi}{4}$.　　　　2. $\dfrac{3}{2}$.

总复习题 10

第一部分：基础题

1. $e^a\left(2+\dfrac{\pi}{4}a\right)-2$.　　2. $2a^2$.　　3. 0.　　4. -2π.　　5. 0.　　6. 0.　　7. $4\sqrt{61}$.　　8. $\dfrac{2}{5}\pi a^5$.　　9. $-\dfrac{12}{5}\pi a^5$.

第二部分：拓展题

1. $\dfrac{\sqrt{3}}{2}$.　　2. $\dfrac{\pi}{2}$.　　3. $-\dfrac{\pi}{4}-\dfrac{3}{2}$.　　4. $\dfrac{1}{2}$.　　5. （1）0；（2）2π.　　6. $\dfrac{2}{15}$.　　7. 34π.　　8. $\pi a\ln2$.　　9. -2π.

第三部分：考研真题

一、填空题

1. π.　　2. $\dfrac{\sqrt{3}}{12}$.　　3. π.　　4. -1.　　5. $-\dfrac{\pi}{3}$.　　6. $\dfrac{32}{3}$.

二、计算题

1. $\dfrac{\sqrt{2}}{2}\pi$.　　2. $\dfrac{1}{2}$.　　3. （1）$\begin{cases}x^2+y^2=2x,\\ z=0;\end{cases}$　（2）$M=64$.　　4. $\dfrac{14\pi}{45}$.　　5. $\dfrac{14}{3}\pi$.　　6. 0.　　7. $\dfrac{5}{4}\pi$.

自 测 题 10

一、单项选择题

1. D.　2. B.　3. A.　4. C.　5. C.　6. B.　7. A.　8. D.　9. C.　10. C.

二、判断题

1. √.　2. √.　3. ×.　4. ×.　5. √.　6. √.　7. ×.　8. ×.　9. √.　10. ×.

第 11 章参考答案

11.1.3　同步习题

1. （1）$u_n=\dfrac{1}{2n-1}, n=1,2,\cdots$；

（2）$u_n=(-1)^{n-1}\dfrac{1}{n}, n=1,2,\cdots$；

（3）$u_n=\dfrac{n}{n^2+1}, n=1,2,\cdots$；

（4）$u_n=\dfrac{x^{n-1}}{(3n-2)(3n+1)}, n=1,2,\cdots$；

（5）$u_n=\dfrac{n-(-1)^n}{n}, n=1,2,\cdots$；

（6）$u_n=\dfrac{x^{\frac{n}{2}}}{2^n\cdot n!}, n=1,2,\cdots$.

2. $u_1=\dfrac{4}{5}, u_2=-\dfrac{16}{25}, u_n=(-1)^{n-1}\left(\dfrac{4}{5}\right)^n$；

$$s_1 = \frac{4}{5}, s_2 = \frac{4}{25}, s_n = \frac{4}{9}\left[1 - \left(-\frac{4}{5}\right)^n\right].$$

3. $\displaystyle\sum_{n=1}^{\infty} \frac{3}{n(n+1)}, 3.$

4. （1）收敛，$\dfrac{1}{5}$；

（2）发散；

（3）发散；

（4）收敛，1；

（5）收敛，1；

（6）收敛，$1-\sqrt{2}$.

5. （1）发散；

（2）发散；

（3）收敛；

（4）发散；

（5）发散；

（6）发散.

6. （1）发散；

（2）收敛，$\dfrac{4}{9}$；

（3）发散；

（4）收敛，$\dfrac{3}{4}$；

（5）发散.

11.2.5　同步习题

1. （1）发散；

（2）收敛；

（3）发散；

（4）发散；

（5）发散；

（6）收敛；

（7）发散；

（8）收敛；

（9）收敛；

（10）发散；

（11）收敛；

（12）当 $a>1$ 时，收敛；当 $0<a\leqslant1$ 时，发散.

2. （1）收敛；

（2）收敛；

（3）发散；

（4）收敛；

（5）收敛；

（6）收敛；

(7) 发散；

(8) 收敛.

3. （1）收敛；

（2）发散；

（3）收敛；

（4）收敛；

（5）收敛；

（6）收敛.

4. （1）发散；

（2）收敛；

（3）收敛；

（4）发散.

5. （1）发散；

（2）发散；

（3）收敛；

（4）发散；

（5）收敛；

（6）收敛；

（7）发散；

（8）收敛.

11.3.3　同步习题

1. （1）×；　（2）√；　（3）×；　（4）√.

2. （1）B；　（2）D；　（3）A；　（4）C.

3. （1）条件收敛；

（2）绝对收敛；

（3）绝对收敛；

（4）条件收敛；

（5）绝对收敛；

（6）发散；

（7）条件收敛；

（8）绝对收敛；

（9）绝对收敛；

（10）发散.

11.4.5　同步习题

1. B.

2. D.

3. A.

4. B.

5. C.

6. （1）$R=1,(-1,1)$；

（2）$R=1,[-1,1]$；

（3）$R = \dfrac{1}{2}, \left(-\dfrac{1}{2}, \dfrac{1}{2} \right)$；

（4）$R = 0, \{0\}$；

（5）$R = 2, [-2, 2)$；

（6）$R = \dfrac{1}{5}, \left(-\dfrac{1}{5}, \dfrac{1}{5} \right]$；

（7）$R = \sqrt{3}, (-\sqrt{3}, \sqrt{3})$；

（8）$R = 1, [1, 3)$；

（9）$R = 1, (1, 2]$；

（10）$R = \dfrac{\sqrt{2}}{2}, \left(-3 - \dfrac{\sqrt{2}}{2}, -3 + \dfrac{\sqrt{2}}{2} \right)$.

7. （1）$s(x) = \arctan x, x \in [-1, 1]$；

（2）$s(x) = \dfrac{2x}{(1 - x^2)^2}, \quad x \in (-1, 1)$；

（3）$s(x) = \ln(1 + x), \quad x \in (-1, 1]$；

（4）$s(x) = \begin{cases} -\dfrac{1}{x} \ln(1 + x), & x \neq 0, \\ -1, & x = 0, \end{cases} \quad x \in (-1, 1]$；

（5）$s(x) = \dfrac{2x}{(1 - x)^3}, \quad x \in (-1, 1)$；

（6）$s(x) = \begin{cases} -\dfrac{1}{x} \ln\left(1 - \dfrac{x}{2} \right), & x \neq 0 \\ \dfrac{1}{2}, & x = 0, \end{cases} \quad x \in [-2, 2)$；

（7）$\dfrac{1}{2}(e^x + e^{-x}), -\infty < x < +\infty$；

（8）$s(x) = \begin{cases} 0, & x = 0, \\ 1 + \left(\dfrac{1}{x} - 1 \right) \ln(1 - x), & -1 \leqslant x < 1, \text{且 } x \neq 0, \\ 1, & x = 1. \end{cases}$

11.5.3　同步习题

1. B.

2. A.

3. D.

4. （1）$e^{-x^2} = \displaystyle\sum_{n=0}^{\infty} \dfrac{(-1)^n}{n!} x^{2n} \quad (-\infty < x < +\infty)$；

（2）$\cos^2 x = \dfrac{1}{2} + \dfrac{1}{2} \displaystyle\sum_{n=0}^{\infty} (-1)^n \dfrac{(2x)^{2n}}{(2n)!} \quad (-\infty < x < +\infty)$；

（3）$\dfrac{1}{\sqrt{1 - x^2}} = 1 + \displaystyle\sum_{n=1}^{\infty} \dfrac{(2n-1)!!}{(2n)!!} x^{2n} \quad (-1 < x < 1)$；

（4）$x^3 e^{-x} = \displaystyle\sum_{n=0}^{\infty} \dfrac{(-1)^n}{n!} x^{n+3} \quad (-\infty < x < +\infty)$；

（5）$\dfrac{1}{3 - x} = \displaystyle\sum_{n=0}^{\infty} \dfrac{1}{3^{n+1}} x^n \quad (-3 < x < 3)$；

（6）$\ln(a+x)=\ln a+\sum\limits_{n=1}^{\infty}(-1)^{n-1}\dfrac{1}{n}\left(\dfrac{x}{a}\right)^n$ $(-a<x\leqslant a)$.

5. $\dfrac{1}{x+2}=\dfrac{1}{4}\left[1-\dfrac{x-2}{4}+\left(\dfrac{x-2}{4}\right)^2-\left(\dfrac{x-2}{4}\right)^3+\cdots+(-1)^n\left(\dfrac{x-2}{4}\right)^n+\cdots\right]$ $(-2<x<6)$.

6. $\dfrac{1}{x^2+3x+2}=\sum\limits_{n=0}^{\infty}\left(\dfrac{1}{2^{n+1}}-\dfrac{1}{3^{n+1}}\right)(x+4)^n$ $(-6<x<-2)$.

7. $\cos x=\dfrac{1}{2}\sum\limits_{n=0}^{\infty}(-1)^n\left[\dfrac{\left(x+\dfrac{\pi}{3}\right)^{2n}}{(2n)!}+\sqrt{3}\dfrac{\left(x+\dfrac{\pi}{3}\right)^{2n+1}}{(2n+1)!}\right]$ $(-\infty<x<+\infty)$.

11.6.4 同步习题

1. （1）$\dfrac{1}{2}\pi^2$；　（2）1.

2. C.

3. （1）$f(x)=\pi^2+1+12\sum\limits_{n=1}^{\infty}\dfrac{(-1)^n}{n^2}\cos nx$ $(-\infty<x<+\infty)$；

（2）$f(x)=\dfrac{e^{2\pi}-e^{-2\pi}}{\pi}\left[\dfrac{1}{4}+\sum\limits_{n=1}^{\infty}\dfrac{(-1)^n}{n^2+4}(2\cos nx-n\sin nx)\right]$ $x\neq(2k+1)\pi,k=0,\pm1,\pm2,\cdots$；

（3）$f(x)=\dfrac{2}{\pi}\sum\limits_{n=1}^{\infty}\left[\dfrac{1}{n^2}\sin\dfrac{n\pi}{2}+(-1)^{n+1}\dfrac{\pi}{2n}\right]\sin nx$ $x\neq(2k+1)\pi,k=0,\pm1,\pm2,\cdots$.

4. （1）$\cos\dfrac{x}{2}=\dfrac{2}{\pi}+\dfrac{4}{\pi}\sum\limits_{n=1}^{\infty}\dfrac{(-1)^{n+1}}{4n^2-1}\cos nx$，　$-\pi\leqslant x\leqslant\pi$；

（2）$f(x)=\dfrac{1+\pi-e^{-\pi}}{2\pi}+\dfrac{1}{\pi}\sum\limits_{n=1}^{\infty}\dfrac{(-1)^n}{n^2+4}\left\{\dfrac{1-(-1)^n e^{-\pi}}{1+n^2}\cos nx+\left[\dfrac{-n+(-1)^n ne^{-\pi}}{1+n^2}+\dfrac{1}{n}(1-(-1)^n)\right]\sin nx\right\}$　$-\pi<x<\pi$.

5. （1）$f(x)=\dfrac{11}{12}+\dfrac{1}{\pi^2}\sum\limits_{n=1}^{\infty}\dfrac{(-1)^{n+1}}{n^2}\cos 2n\pi x$ $(-\infty<x<+\infty)$；

（2）$f(x)=-\dfrac{1}{4}+\sum\limits_{n=1}^{\infty}\left\{\left[\dfrac{1-(-1)^n}{n^2\pi^2}+\dfrac{2\sin\dfrac{n\pi}{2}}{n\pi}\right]\cos n\pi x+\dfrac{1-2\cos\dfrac{n\pi}{2}}{n\pi}\sin n\pi x\right\}$ $x\neq2k,2k+\dfrac{1}{2},k=0,\pm1,\pm2,\cdots$；

（3）$f(x)=-\dfrac{1}{2}+\sum\limits_{n=1}^{\infty}\left\{\dfrac{6}{n^2\pi^2}[1-(-1)^n]\cos\dfrac{n\pi x}{3}+(-1)^{n+1}\dfrac{6}{n\pi}\sin\dfrac{n\pi x}{3}\right\}$ $x\neq3(2k+1),k=0,\pm1,\pm2,\cdots$.

总复习题 11

第一部分：基础题
一、选择题
1. B.　2. C.　3. A.　4. D.　5. B.　6. D.
二、填空题
1. $\dfrac{1}{4}$.　2. $-\dfrac{1}{6}$.　3. 4.　4. $[-3,3)$.　5. $(-3,1)$.　6. $-\dfrac{1}{4}$.

第二部分：拓展题
1. （1）发散；　（2）收敛；　（3）收敛；　（4）收敛；　（5）收敛；　（6）收敛.
2. （1）绝对收敛；　（2）条件收敛；　（3）发散；　（4）绝对收敛.

3. （1）$[-2,0]$；　　（2）$(2-\sqrt{2},2+\sqrt{2})$.

4. （1）$\dfrac{9}{64}$；　　（2）$2\ln2-1$.

5. $\dfrac{1}{(2-x)^2}=\displaystyle\sum_{n=1}^{\infty}\dfrac{n}{2^{n+1}}x^{n-1},x\in(-2,2)$.

6. $f(x)=\dfrac{e^\pi-1}{2\pi}+\dfrac{1}{\pi}\displaystyle\sum_{n=1}^{\infty}\left[\dfrac{(-1)^n e^\pi-1}{n^2+1}\cos nx+\dfrac{n((-1)^{n+1}e^\pi+1)}{n^2+1}\sin nx\right],-\infty<x<+\infty$ 且 $x\neq k\pi,k=0,\pm1,\pm2,\cdots$.

第三部分：考研真题

一、选择题

1. D.　2. C.　3. A.　4. A.　5. C.　6. A.　7. B.　8. A.

二、填空题

1. $\sqrt{3}$.

2. $s(x)=\dfrac{1}{(1+x)^2}$.

3. $(1,5]$.

4. -1.

5. $\dfrac{1}{2}(e^x+e^{-x})$.

6. 0.

自 测 题 11

一、单项选择题

1. C.　2. D.　3. C.　4. B.　5. C.　6. A.　7. A.　8. B.　9. B.　10. D.

二、判断题

1. √.　2. ×.　3. ×.　4. √.　5. √.　6. ×.　7. √.　8. ×.　9. √.　10. ×.

参 考 文 献

[1] 同济大学数学系.高等数学:下册[M].7版.北京:高等教育出版社,2014.

[2] 林伟初,郭安学.高等数学:经管类下册[M].北京:北京大学出版社,2018.

[3] 侯风波.高等数学[M].2版.北京:高等教育出版社,2006.

[4] 顾聪,姜永艳.微积分:经管类上册[M].北京:人民邮电出版社,2019.

[5] 顾聪,姜永艳.微积分:经管类下册[M].北京:人民邮电出版社,2018.

[6] 国防科学技术大学数学竞赛指导组.大学数学竞赛指导[M].北京:清华大学出版社,2009.

[7] 华东师范大学数学科学学院.数学分析:下册[M].5版.北京:高等教育出版社,2019.

[8] 复旦大学数学系.数学分析:下册[M].4版.北京:高等教育出版社,2018.

[9] 李振杰.微积分若干重要内容的历史学研究[D].郑州:中原工学院,2019.

[10] 陈文灯.高等数学复习指导:思路、方法与技巧[M].北京:清华大学出版社,2011.

[11] 朱雯,张朝伦,刘鹏惠,等.高等数学:下册[M].北京:科学出版社,2010.

[12] 范周田,张汉林.高等数学教程:下册[M].3版.北京:机械工业出版社,2018.

[13] 刘玉琏.数学分析讲义[M].4版.北京:高等教育出版社,2006.

[14] 吴赣昌.微积分:经管类[M].3版.北京:中国人民大学出版社,2010.

[15] 傅英定,谢云荪.微积分:下册[M].2版.北京:高等教育出版社,2003.